食品の無菌包装

— その技術とシステム化 —

横山理雄
矢野俊博

Aseptic packaging of Food

— its technology and systematization —

幸書房

■ 著者紹介

横山理雄（よこやま・みちお）

  1932年 愛知県名古屋市に生まれる．
  1951年 挙母高校(現 豊田西高校)を経て，桜台高校 卒業．
  1957年 京都大学農学部水産学科 卒業．
  1977年 農学博士(京都大学)．
 1960～93年 呉羽化学工業(株)にて食品包装の研究に従事し，同社 食品研究所長を務める．
  1993年 同社退社．
  同　年 石川県農業短期大学食品科学科 教授．
  1998年 停年退官．石川県農業短期大学名誉教授．
  現　在 神奈川大学理学部非常勤講師，食品産業戦略研究所総括研究員．

〈著　書〉 「レトルト食品の基礎と応用」(共著，幸書房)
    「新版 食品包装講座」(共著，日報)
    「新殺菌工学実用ハンドブック」(共編・著，サイエンスフォーラム)
    「食品の無菌化包装システム」(共編・著，サイエンスフォーラム)
    「食品の殺菌」(幸書房)
    「食品の安全・衛生包装」(幸書房)
    他，多数．

矢野俊博（やの・としひろ）

  1949年 京都府宇治市に生まれる．
  1967年 城南高校 卒業．
  1978年 立命館大学理工学部基礎工学科 卒業．
 1969～93年 京都大学農学部食品工学科 文部技官．
  1991年 農学博士(京都大学)．
  1993年 石川県農業短期大学食品科学科 助教授．
  1996年 同上 教授(現在に至る)．

〈著　書〉 「食品の腐敗変敗防止対策ハンドブック」(共著，サイエンスフォーラム)
    「HACCP必須技術―殺菌からモニタリングまで―」(共編・著，幸書房)
    「レトルト食品入門」(共・著著，日本食糧新聞社)
    「食品の安全・衛生包装」(共著，幸書房)
    他，多数．

発刊にあたって

　食料を輸入している国はもちろんのこと，輸出をしている国においても，欧州を席巻した狂牛病（BSE）を教訓とし，これまで以上に食品の安全を脅かすものに対して官民あげての取組みを強化している．

　日本におけるBSEは，その発覚の後，迅速に監視体制が敷かれたが，やはりその教訓から「国民の健康」を第一とする「食品安全基本法」が施行された．この出来事は，日本における食品の安全もまたこうした世界的動きと深く係わっていることを示していた．

　食品の安全を脅かすものはいくつか挙げられるが，やはりその中で最も注目し監視しなければならないのは微生物などからの危害である．日本に限らずO157，サルモネラ（SE）などの被害は国を超えて広がった食中毒菌として捉えられるだろうし，2003年上半期に世界を震撼させた「SARS」も特定されてはいないが，何らかの動物を食したことから感染した疑いももたれた．

　こうした新興感染菌の出現はもちろんのこと，既存の食中毒菌の存在は，とりわけ免疫力の衰えた高齢者や病人には大きな影響を与えかねない．日本はいうに及ばず先進国の高齢化は急激に進んでおりより安全で質の高い食品が求められている．

　本書では，こうした新しい時代に即応した食品の安全と高品質の食品開発において，従来の殺菌・静菌処理をより高度にすることで食品のおいしさや栄養の保持効果を今以上に期待できる，食品の無菌包装システムを取り上げた．

　食品の無菌包装は，HACCPを頂点としたGMP，PP，SSOPの実施と深く係わっており，食品原材料の洗浄・殺菌，製造工程の除菌，殺菌，そして無菌包装工程への一連の流れの中で基準を守り達成できるものである．

すでに世界に名を知られる食品会社では積極的に取り組まれ多くの商品が生み出されているし，日本においても中食や介護食，高齢者食などの開発で大いに期待されるシステムである．

　本書では，基礎的知識として食中毒菌や腐敗菌，ウイルスの挙動，食品微生物の殺菌メカニズムなどの新しい知見に基づく知識を記し，食品原材料の洗浄・殺菌の手法，除菌装置，殺菌装置を紹介している．実際的知識としては，無菌包装機と包装システム，食品製造環境の洗浄・殺菌，食品工場のおける検証，液状・流動状食品，固液混合食品，高齢者・医療向け食品の無菌包装の動向についてまとめた．

　本書は，食品の無菌包装にこれから取り組む食品会社や包装材料・包装機械会社，食品の洗浄・殺菌装置会社，食品工場のサニテーションに係わる会社，PBブランドを手掛ける流通企業，福祉関係の食品事業を展開する会社など，その読者層を広く捉えており平易にそれぞれを解説したつもりである．本書が高齢化社会を迎える日本の食の質向上と安全にすこしでも貢献し，この分野の研究者，技術者，学生の方々の参考になればというのが著者らの願いである．

　食品の無菌包装に関しては長い歴史があるが，まとまった文献はあまりなく，貴重な資料，図表や写真を業界の方々や学会の先輩や仲間の方々から提供頂いた．ここに深くそのご厚意に感謝いたすとともに，本書の出版に骨折っていただいた幸書房の桑野社長，夏野さんにお礼申し上げる．

2003年10月

横山理雄・矢野俊博

目　　次

第1章　食品の無菌包装とは……………………………………………1

　1.1　無菌包装の定義と無菌包装食品…………………………………1
　　1.1.1　無菌包装の定義………………………………………………1
　　1.1.2　無菌包装食品の種類…………………………………………2
　　1.1.3　台頭する無菌化包装食品の動向……………………………3
　1.2　食品の安全を重視した無菌包装…………………………………5
　　1.2.1　食品の安全を脅かす要因と対策……………………………5
　　　1)　食品の安全を脅かす要因……………………………………5
　　　2)　食品分野での微生物殺菌……………………………………5
　　1.2.2　無菌包装の重要性……………………………………………6
　　　1)　健康食化と簡便化……………………………………………7
　　　2)　食品の安全性…………………………………………………7
　　　3)　環境を考慮に入れた包装材料………………………………8
　1.3　世界の無菌包装はどう進んでいるか……………………………8
　　1.3.1　アメリカでの無菌包装………………………………………8
　　1.3.2　ヨーロッパでの無菌包装……………………………………10
　　1.3.3　日本での無菌包装……………………………………………13

第2章　食品の微生物基準と生物学的危害……………………………17

　2.1　食品における微生物基準…………………………………………17
　　2.1.1　食品衛生法による微生物基準………………………………17
　　2.1.2　衛生規範による微生物基準…………………………………19

 2.1.3 地方自治体による微生物基準……………………20
 2.1.4 業界団体による微生物基準…………………………20
 2.1.5 通知などによる微生物基準…………………………20
 2.1.6 製造基準および保存基準……………………………21
2.2 腐敗微生物 ………………………………………………21
 2.2.1 腐敗微生物の由来………………………………………21
 2.2.2 微生物の特異な形態……………………………………26
  1) 胞子（芽胞）……………………………………………26
  2) 損傷菌と培養不能生存菌………………………………27
  3) その他の特徴的性質……………………………………28
2.3 カ　　ビ ……………………………………………………28
 2.3.1 カビの汚染経路…………………………………………31
  1) 原料や副原料による汚染………………………………31
  2) 製造環境からの汚染……………………………………31
 2.3.2 カビ汚染対策……………………………………………32
 2.3.3 カ　ビ　毒………………………………………………32
2.4 食 中 毒 菌 …………………………………………………33
 2.4.1 病原大腸菌（pathogenic *Escherichia coli*）…………33
  1) 腸管出血性大腸菌（EHEC）…………………………34
  2) その他の病原大腸菌……………………………………37
 2.4.2 カンピロバクター（*Campylobacter* spp.）……………38
 2.4.3 腸炎ビブリオ（*Vibrio parahaemolyticus*）……………39
 2.4.4 ビブリオ（*Vibrio* spp.）………………………………42
 2.4.5 サルモネラ（*Salmonella* spp.）………………………43
 2.4.6 黄色ブドウ球菌（*Staphylococcus aureus*）…………44
 2.4.7 ボツリヌス菌（*Clostridium botulinum*）……………45
 2.4.8 ウエルシュ菌（*Clostridium perfringens*）……………48
 2.4.9 リステリア（*Listeria monocytogenes*）………………49
2.5 原虫およびウイルス ……………………………………49

    2.5.1　クリプトスポリジウム（*Cryptosporidium* spp.）……………50
    2.5.2　サイクロスポラ（*Cyclospora* spp.）………………………51
    2.5.3　アニサキス（*Anisakis* spp.）………………………………51
    2.5.4　小型球形ウイルス（SRSV; small round structured virus）…51
    2.5.5　西ナイルウイルス（West Nile virus）……………………52
  2.6　プリオン………………………………………………………53

第3章　食品微生物の殺菌とそのメカニズム ……………57

  3.1　食品微生物殺菌の考え方…………………………………58
  3.2　ハードル理論………………………………………………61
  3.3　予測微生物学………………………………………………62
    3.3.1　予測微生物学のデータベース………………………63
      1）ComBase モデル……………………………………63
      2）Thermokill Database………………………………64
    3.3.2　予測微生物学の適用…………………………………65
    3.3.3　リスクアナリシスと予測微生物学…………………66
    3.3.4　予測微生物学の問題点………………………………67
  3.4　加熱殺菌……………………………………………………67
    3.4.1　超高温短時間（UHT）殺菌…………………………68
    3.4.2　通電加熱殺菌…………………………………………68
    3.4.3　マイクロ波殺菌………………………………………69
    3.4.4　過熱水蒸気殺菌………………………………………71
    3.4.5　その他の加熱殺菌……………………………………71
  3.5　非加熱殺菌…………………………………………………74
    3.5.1　紫外線殺菌……………………………………………74
    3.5.2　ソフトエレクトロン殺菌……………………………76
    3.5.3　閃光パルス殺菌………………………………………78
    3.5.4　高圧殺菌………………………………………………80

3.6 薬剤殺菌 ………………………………………………………………80
　3.6.1 次亜塩素酸 …………………………………………………………83
　　1) 次亜塩素酸塩 ………………………………………………………85
　　2) 強酸性次亜塩素酸水 ………………………………………………85
　　3) 微酸性次亜塩素酸水 ………………………………………………90
　3.6.2 オ ゾ ン ……………………………………………………………91
　　1) オゾンガスの殺菌特性 ……………………………………………93
　　2) オゾン水の殺菌特性 ………………………………………………93
　3.6.3 過 酢 酸 ……………………………………………………………94
　3.6.4 過酸化水素 …………………………………………………………95

第4章　食品原材料の洗浄・殺菌 …………………………………101

4.1 食品加工と初発菌数の低減 ……………………………………………101
　4.1.1 食品原材料に付着する微生物 ……………………………………101
　4.1.2 食品原材料の除菌における技術的ポイント ……………………104
4.2 野菜類の危害微生物と除菌 ……………………………………………105
　4.2.1 カット野菜などの微生物汚染 ……………………………………105
　4.2.2 カット野菜などの洗浄・殺菌 ……………………………………107
　　1) 次亜塩素酸ナトリウム ……………………………………………108
　　2) 強酸性次亜塩素酸水 ………………………………………………108
　　3) 有 機 酸 ……………………………………………………………109
　　4) オ ゾ ン ……………………………………………………………110
　　5) グリセリン脂肪酸エステル ………………………………………110
　　6) 酵素含有洗浄剤 ……………………………………………………111
　　7) カルシウム製剤溶液 ………………………………………………112
　　8) そ の 他 ……………………………………………………………112
　4.2.3 カット野菜製造における留意点 …………………………………113
4.3 魚介類の危害微生物と除菌 ……………………………………………114

4.3.1　魚介類の微生物汚染 …………………………………114
　　4.3.2　魚介類の洗浄・殺菌 …………………………………115
　4.4　食肉類の危害微生物と除菌 ……………………………………119
　　4.4.1　食肉類の微生物汚染 …………………………………119
　　4.4.2　食肉類の洗浄・殺菌 …………………………………121
　4.5　食品製造用水からの危害微生物の除去 ………………………123
　　4.5.1　水 質 基 準 ……………………………………………123
　　4.5.2　水の消毒法 ……………………………………………124
　　4.5.3　水質の改善 ……………………………………………126
　　4.5.4　クリプトスポリジウム対策 …………………………126

第5章　食品製造工程における除菌装置 ……………………131

　5.1　食品製造工程におけるろ過装置 ………………………………131
　　5.1.1　空中浮遊菌除去 ………………………………………131
　　　1）　空中浮遊菌の挙動 ……………………………………131
　　　2）　バイオクリーンルーム ………………………………132
　　　3）　空気清浄方法 …………………………………………135
　　5.1.2　水中浮遊菌除去 ………………………………………135
　5.2　食品製造工程における洗浄装置 ………………………………137
　　5.2.1　CIP 装 置 ………………………………………………137
　　　1）　集中型マルチユース式CIP装置 ……………………139
　　　2）　分散型マルチユース式CIP装置 ……………………139
　　　3）　シングルユース式CIP装置 …………………………140
　　　4）　洗 浄 条 件 ……………………………………………140
　　5.2.2　ピグシステム …………………………………………142
　　5.2.3　泡洗浄装置 ……………………………………………142
　　5.2.4　次亜塩素酸発生装置 …………………………………144
　　　1）　強酸性水製造装置 ……………………………………144

2）微酸性水製造装置 …………………………………………146
 5.2.5 オゾン発生装置 ………………………………………………148
  1）オゾンガス発生装置 ………………………………………149
  2）オゾン水発生装置 …………………………………………150

第6章 食品製造工程における殺菌装置 …………………………153

6.1 食品の殺菌とは……………………………………………………153
6.2 無菌処理方法と無菌化技術………………………………………154
6.3 食品の殺菌装置……………………………………………………156
 6.3.1 UHT（超高温短時間）殺菌装置 …………………………156
  1）低粘性食品のUHT殺菌装置 ………………………………157
  2）高粘性食品のUHT殺菌装置 ………………………………157
  3）固液混合食品のUHT殺菌装置 ……………………………159
  4）粉末食品・香辛料のUHT殺菌装置 ………………………161
 6.3.2 加圧・蒸気加熱殺菌装置 …………………………………163
 6.3.3 通電加熱殺菌装置 …………………………………………164
  1）通電加熱とは ………………………………………………164
  2）オーミック通電加熱殺菌装置 ……………………………164
 6.3.4 マイクロ波加熱殺菌装置 …………………………………165
  1）マイクロ波加熱とは ………………………………………166
  2）各種マイクロ波殺菌装置 …………………………………166
 6.3.5 閃光パルス殺菌装置 ………………………………………168
  1）Pure Brightパルスライトプロセスとは …………………168
  2）Pure Brightの微生物に対する殺菌効果 …………………169
  3）わが国での閃光パルス殺菌装置 …………………………170
 6.3.6 高電圧パルス殺菌装置 ……………………………………171
  1）高電圧パルス殺菌とは ……………………………………171
  2）パルス電界殺菌装置 ………………………………………172

6.4　包装材料の殺菌装置……………………………………………172
　6.4.1　紫外線殺菌装置 …………………………………………172
　　1)　微生物殺菌のメカニズム …………………………………173
　　2)　紫外線殺菌装置 ……………………………………………173
　　3)　紫外線の各種微生物に対する殺菌効果 …………………174
　　4)　包装材料の紫外線殺菌 ……………………………………176
　6.4.2　放射線殺菌装置 …………………………………………176
　　1)　放射線殺菌のメカニズム …………………………………177
　　2)　放射線照射装置 ……………………………………………177
　　3)　放射線の微生物に対する殺菌効果 ………………………179
　　4)　食品と包装材料の殺菌 ……………………………………180

第7章　食品の無菌包装機と包装システム ……………………185

7.1　食品の無菌充填包装機と包装システム……………………185
　7.1.1　紙容器詰め無菌充填包装機と包装システム …………185
　7.1.2　ガラス瓶詰め無菌充填包装機と包装システム ………191
　7.1.3　金属缶詰め無菌充填包装機と包装システム …………193
　7.1.4　PETボトル詰め無菌充填包装機と包装システム ……193
　7.1.5　プラスチック包装材料詰め無菌充填包装機と
　　　　　包装システム ……………………………………………196
　　1)　プラスチック軟包材詰め無菌充填包装機 ………………196
　　2)　プラスチックカップ詰め無菌充填包装機 ………………199
7.2　業務用食品の無菌充填包装機と包装システム……………203
　7.2.1　外食産業向け食品の無菌充填包装機と包装システム ………203
　7.2.2　食品工場向け食品の無菌充填包装機と包装システム ………204
7.3　食品の無菌化包装機と包装システム………………………205
　7.3.1　食肉加工品の無菌化包装機とその包装システム ……206
　7.3.2　米飯の無菌化包装機と包装システム …………………207

第8章　食品製造環境の洗浄・殺菌 …………………………………211

8.1　食品微生物とバイオフィルム……………………………………211
　8.1.1　バイオフィルムの形成過程 ……………………………………212
　8.1.2　薬剤耐性の増大 …………………………………………………213
　8.1.3　熱抵抗性の増大 …………………………………………………213
　8.1.4　バイオフィルムの制御対策 ……………………………………213
　8.1.5　バイオフィルムの除去手順 ……………………………………214
　8.1.6　設備機器類におけるバイオフィルム対策規格 ………………215
　　1）ヨーロッパ ………………………………………………………215
　　2）アメリカ …………………………………………………………215
　　3）日　　本 …………………………………………………………216
8.2　食品工場の洗浄・殺菌……………………………………………216
　8.2.1　HACCPと洗浄・殺菌 …………………………………………216
　8.2.2　洗浄・殺菌の役割 ………………………………………………220
　8.2.3　洗浄作用の要素 …………………………………………………220
　　1）洗　浄　時　間 …………………………………………………220
　　2）物理的作用 ………………………………………………………221
　　3）化学的作用 ………………………………………………………221
　　4）洗　浄　温　度 …………………………………………………221
　8.2.4　洗浄・殺菌の手順 ………………………………………………221
　　1）予　備　洗　浄 …………………………………………………221
　　2）洗浄剤による洗浄 ………………………………………………221
　　3）す　す　ぎ ………………………………………………………223
　　4）乾燥・殺菌 ………………………………………………………223
　8.2.5　洗浄の要素 ………………………………………………………223
　8.2.6　殺　　　　　菌 …………………………………………………225
　8.2.7　洗浄・殺菌における教育の重要性 ……………………………226
8.3　食品製造設備の洗浄・殺菌………………………………………228

8.3.1 洗浄方法 …………………………………………228
     1) ブラッシング洗浄 ………………………………228
     2) 撹拌・循環洗浄 …………………………………228
     3) 超音波洗浄 ………………………………………229
     4) 高圧洗浄 …………………………………………229
     5) 水蒸気洗浄 ………………………………………229
     6) 泡洗浄・ジェル洗浄 ……………………………229
     7) CIP洗浄 …………………………………………229
   8.3.2 殺菌方法 …………………………………………230
     1) スプレー殺菌 ……………………………………230
     2) 撹拌・循環殺菌 …………………………………230
     3) 泡殺菌 ……………………………………………230
     4) 熱殺菌 ……………………………………………230
 8.4 洗浄・殺菌の評価…………………………………………231
   8.4.1 洗浄・殺菌の評価試験方法 ……………………231
   8.4.2 表面付着細菌測定法 ……………………………233
     1) スタンプ (stamp) 法 …………………………233
     2) 拭き取り (スワッブ；swab) 法 ………………233
     3) 酵素基質法 ………………………………………234
   8.4.3 ATPバイオルミネッセンス法 …………………235
     1) 拭き取り検査への応用 …………………………235
     2) 一般生菌数の測定 ………………………………236
   8.4.4 タンパク質呈色反応法 …………………………237
   8.4.5 洗浄および殺菌の評価 …………………………238
     1) 評価対象微生物 …………………………………238
     2) 評価の方法 ………………………………………238

第9章 食品工場における検証……243

9.1 ベリフィケーションとバリデーション……243
9.2 検証とモニタリング……245
9.3 検証の重要性……245
　9.3.1 HACCPプランの有効性評価……245
　9.3.2 HACCPプランの修正……246
9.4 検証の内容……247
9.5 行政による検証……248
　9.5.1 検証の基本……248
　9.5.2 現場での主なチェック項目……249
　　1）入　　場……249
　　2）工　場　全　体……249
　　3）製造ライン……249
　　4）従　事　者……250
　　5）モニタリング場所（当日の記録を確認しながら）……250
　　6）現場での記録の仕方……250
　　7）現場担当者の動き……251
　　8）改　善　措　置……251
　9.5.3 書　類　検　証……251
　9.5.4 記　　　録……255
　9.5.5 消費者からの苦情，回収……255
　9.5.6 製　品　検　査……256
9.6 流通業界による検証……256
9.7 内　部　検　証……259

第10章 液状・流動状食品の無菌充填包装の実際……263

10.1 食品の無菌充填包装とは……263

10.2　液状・流動状食品の殺菌装置 …………………………………265
　10.2.1　液状食品のUHT殺菌装置 ………………………………266
　10.2.2　流動状食品のUHT殺菌装置 ……………………………267
10.3　食品包装材料の微生物と殺菌方法 …………………………269
　10.3.1　包装材料と容器に付着している微生物 ………………269
　10.3.2　包装材料の微生物殺菌 …………………………………271
　　1）加熱による殺菌 ……………………………………………271
　　2）エチレンオキサイドガスによる殺菌 ……………………271
　　3）過酸化水素による殺菌 ……………………………………271
　　4）紫外線による殺菌 …………………………………………272
　　5）放射線による殺菌 …………………………………………273
　　6）過酢酸系殺菌剤による殺菌 ………………………………273
10.4　液状食品の無菌充填包装の実際 ……………………………273
　10.4.1　ロングライフミルク ………………………………………273
　10.4.2　果汁飲料 ……………………………………………………274
　10.4.3　茶飲料 ………………………………………………………275
　10.4.4　金属缶入りコーヒー ………………………………………276
10.5　流動状食品の無菌充填包装の実際 …………………………278
　10.5.1　タレ，濃縮スープ …………………………………………278
　10.5.2　濃縮果汁，ジャム類 ………………………………………278
　10.5.3　プディング，ヨーグルト …………………………………279
　10.5.4　トマトペースト ……………………………………………279

第11章　固形および固液混合食品の無菌包装の実際 ………283

11.1　固形食品の無菌化包装 ………………………………………283
　11.1.1　固形食品の無菌化包装システム …………………………283
　11.1.2　無菌化包装食品の新しい動き ……………………………284
　11.1.3　固形食品の無菌化包装の実際 ……………………………285

1）食肉加工品 …………………………………285
　　　2）水産加工品 …………………………………287
　　　3）乳　製　品 …………………………………289
　　　4）包　装　米　飯 ……………………………291
　　　5）切　　り　　餅 ……………………………292
　　　6）洋（生）菓子 ………………………………294
　11.2　固液混合食品の無菌充填包装 ………………295
　　11.2.1　混合食品の無菌充填包装 …………………295
　　11.2.2　無菌充填包装された混合食品の種類 ……295
　　11.2.3　固液混合食品の無菌充填包装の実際 ……295
　　　1）肉と野菜・果実の混合食品 ………………295
　　　2）業務用フルーツプレパレーション ………296
　　　3）肉・野菜入りカレールー …………………296

第12章　高齢者・医療向け食品と無菌包装の動向 ……299

　12.1　高齢者・医療向け食品の形状と形態 ………299
　12.2　高齢者用食品の包装技法と包装材料 ………301
　　12.2.1　食品の包装技法 ……………………………301
　　12.2.2　レトルト殺菌食品の包装材料 ……………302
　　　1）レトルトパウチ ……………………………302
　　　2）レトルト容器 ………………………………305
　12.3　院外調理はどこまで進むか …………………307
　　12.3.1　院外調理とは ………………………………307
　　12.3.2　院外調理食の種類，包装と保存 …………308
　　　1）調　理　方　法 ……………………………308
　　　2）運　搬　方　式 ……………………………308
　　　3）食品の保存 …………………………………309
　12.4　高齢者・医療向け食品の包装 ………………310

12.4.1　院外調理食の包装 …………………………………310
　　12.4.2　高齢者・医療向け食品の包装 ……………………310
　12.5　高齢者・医療向け食品の無菌包装 ………………………312
　　12.5.1　流動食・介護食の無菌充填包装 …………………312
　　12.5.2　高齢者用・医療用食品の無菌化包装 ……………314

索　　引 ……………………………………………………………317

第1章 食品の無菌包装とは

　世界的に食品の安全・衛生に関心が持たれ，食中毒菌を含めた食品微生物の殺菌・除菌に力が注がれている．また，食品包装材料の開発や新しい包装技法の確立により，食中毒菌や腐敗菌のいないレトルト食品や無菌包装食品が伸びてきている．

　レトルト食品は，包装材料に詰められたのち密封した食品を120℃・4分以上殺菌するのに対し，無菌包装食品は，食品を高温・短時間殺菌した後，殺菌済みの包装容器に無菌包装するものである．無菌包装食品は，レトルト食品に比べ，熱のかかり方が少ないので，香気成分が残り，ビタミンや栄養成分の破壊が少なく，うまさが持続するという長所がある．この利点を生かして，乳製品，果汁飲料や茶飲料，食肉加工品，水産加工品，米飯などの食品が無菌包装されている．最近では，高栄養流動食，経口栄養剤なども無菌包装されてきている．食品の無菌包装は，一般の食品ばかりか，医療・介護食の分野でも採用されるようになり，応用範囲が広がってきている．

　この章では，食品の無菌包装とはどういうものであるかについて説明しよう．

1.1 無菌包装の定義と無菌包装食品

1.1.1 無菌包装の定義[1]

　食品の無菌包装[2]は，次の4つに大別される．
① 液状食品の無菌充填包装
② 業務用を中心とした高粘性食品の無菌充填包装
③ 固液混合食品の無菌充填包装

④ 固形食品の無菌化包装

これら食品では,食品製造機械装置と無菌包装機,バイオクリーンルームなどで無菌包装システムが組まれている.バイオクリーンルームの清浄度は,無菌充填包装,無菌化包装ともにクラス10 000以下である.

ここでは,無菌充填包装食品と無菌化包装食品の定義について触れてみたい.

ロングライフミルク(常温で長期間保存できる牛乳)やコーヒー用ミルクのように,充填する食品を高温短時間殺菌してから,過酸化水素などで殺菌した包装容器の中へ無菌充填包装するものを無菌充填包装食品,すなわち,aseptic filling packaged foodと呼んでいる.

無菌充填包装における無菌=asepticの定義[3]は,これまで明確でなかった.しかし最近では,無菌充填包装における無菌とは,商業的無菌を意味すると定義されている.商業的無菌とは,腐敗菌,食中毒菌や病原菌が存在せず,常温流通下において腐敗や経済的損失をもたらすような微生物が存在しないことを意味する.

一方,微生物的なレベルが商業的無菌までは至らないが,冷蔵などで流通を行うことにより保存期間を延長できる程度に無菌化処理を行う食品を無菌化包装食品[4],すなわち,semi-aseptic packaged foodとかextended shelf life (ESL) packaged foodと呼んでいる.

無菌充填包装と無菌化包装の共通点として,どちらも包装後に加熱殺菌を行わないことが挙げられる.

1.1.2 無菌包装食品の種類

海外では,ロングライフミルク,果汁飲料,ワイン,豆乳,豆腐,クッキングソースやベビーフードなどが無菌充填包装されている[1].また業務用として,トロピカル果汁,トマト原料も無菌充填包装されており,肉と野菜の混合食品も無菌充填包装されている.

表1.1に,わが国で市販されている無菌包装食品を示した.無菌充填包装食品では,ロングライフミルク,コーヒー用ミルク,果汁飲料,酒,ワ

1.1 無菌包装の定義と無菌包装食品

表 1.1　わが国で市販されている無菌包装食品

無菌包装食品	食品の種類
無菌充填包装食品	（乳製品）発酵牛乳，ロングライフミルク，ヨーグルト飲料，コーヒー用ミルク，プディング （果汁飲料）オレンジ，トマト，リンゴ，メロン，果汁ネクター （調味料・酒）ケチャップ，醤油，酒，ワイン，濃縮スープ （その他）紅茶入り飲料，茶飲料，豆乳，豆腐，水
無菌化包装食品	米飯，餅，水産加工品・カニ足風かまぼこ，畜産加工品・スライスハム，乳製品・スライスチーズ，そうざい

写真 1.1　無菌充填包装された各種フルーツヨーグルト

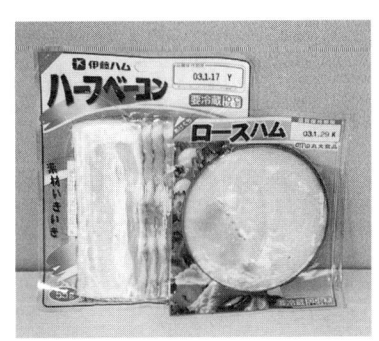

写真 1.2　無菌化包装されたスライスベーコンとスライスハム

イン，豆腐，醤油，茶飲料などがあり，無菌化包装食品では，スライスハム，スライスチーズ，米飯や餅などがある．また，乳製品用原料となる砂糖漬イチゴも無菌化包装されている．

写真 1.1 に，無菌充填包装された各種フルーツヨーグルトを示した．また写真 1.2 に，無菌化包装されたスライスベーコンとスライスハムを示した．

1.1.3　台頭する無菌化包装食品の動向[5]

最近，加工米飯の無菌化包装が活発になってきており，完全に無菌状態で包装された無菌包装米飯と pH コントロール（有機酸添加）された無菌化

包装米飯が市場に出回っている．また，弁当，調理パンやそうざい類については原料，器具類の洗浄・殺菌処理が行われ，微生物の少ない製品が売られてきている．特に，パンの分野にヨーロッパで開発された無菌パンの技術が導入されようとしている．

食肉加工品分野では，スライスハムなどはバイオクリーンルームで無菌化包装されてから低温で流通販売されている．また，生鮮肉の分野でもバイオクリーンルーム内でガス置換包装しようとする動きがあり，すでに製品も市場に出てきている．

乳製品分野では，ロングライフミルク，プディングなどの無菌充填包装食品以外にスライスチーズ，クリームチーズ，バターなどが無菌化包装されている．

水産食品分野では，魚肉ソーセージ，チーズかまぼこなどはレトルト殺菌され，完全に無菌にされてから常温流通販売されている．また，揚げかまぼこやカニ足風かまぼこは，無菌的に冷却され，バイオクリーンルームなどで無菌化包装されている．焼き魚や煮魚についても無菌化包装の試みがなされており，真空包装ののち常温やチルドの状態で売られている．

農産食品分野では，豆乳や豆腐は無菌充填包装されたものが売られているが，一般の豆腐製造工程にも無菌化包装システムが組み込まれており，微生物がほとんどいない豆腐が生産されている．漬物については浅漬が主体になってきており，真空または含気包装され，低温で流通販売されている．

和・洋生菓子にも無菌化包装の技術が導入され，シュークリームなどでは，無菌化包装されたものが市場に出回っている．

こう見てくると，腐敗しやすく水分の多い食品では，無菌包装の技術が取り入れられ，食中毒菌，腐敗微生物の発育に対して殺菌，静菌などの処理がなされている．今後は，これら無菌化包装食品の種類も増えて伸びていくことは間違いない．

1.2 食品の安全を重視した無菌包装

1.2.1 食品の安全を脅かす要因と対策
1） 食品の安全を脅かす要因

食品に対する危害には，生物学的危害，化学的危害と物理的危害の3種類がある．表1.2に，生物学的な危害原因物質の代表例[6]を示した．この表からも分かるように，ボツリヌス菌，病原性大腸菌，サルモネラ属菌やブドウ球菌のほかに，ウイルス，寄生虫なども含まれる．1995年までは，腸炎ビブリオ，サルモネラ，ブドウ球菌が上位を占めていた．しかし1996年以降は，腸炎ビブリオ，サルモネラとカンピロバクターを中心に食中毒発生件数の急増が見られた．最近では，リステリア，小型球形ウイルスやクリプトスポリジウムによる食中毒が世界的に問題となっている．

2） 食品分野での微生物殺菌[7]

食品分野では，食品原材料，使用水から製造・加工，包装工程に至るまで各種の微生物殺菌が行われている．微生物殺菌は，安全な調理加工食品を製造するだけでなく，無菌包装などの包装技法を使うことによって，食品の保存性向上の点でも重要な役割を果たしている．

表1.3に，食品業界で使われている主な殺菌方法[8]を示した．海外から輸入される穀物や果物などはメチルブロマイド（臭化メチル）などでくん蒸殺菌され，国内原料は，次亜塩素酸ナトリウムなどで洗浄・殺菌される．

表1.2 生物学的な危害原因物質の代表例[6]

細　　菌	
芽胞形成菌	ボツリヌス菌，ウエルシュ菌，セレウス菌
芽胞非形成菌	*Brucella abortus*，*Brucella suis*，*Campylobacter jejuni / coli*，病原性大腸菌，*Listeria monocytogenes*，サルモネラ属菌，シゲラ属菌，黄色ブドウ球菌，A型連鎖球菌，ビブリオ属菌（*V. cholerae*，腸炎ビブリオ，*V. vulnificus*），*Yersinia enterocolitica*
ウイルス	AおよびE型肝炎ウイルス，ノーウォークウイルス群，ロタウイルス
寄　生　虫（原虫を含む）	アニサキス，回虫，クリプトスポリジウム，広節裂頭条虫，赤痢アメーバ，ランブル鞭毛虫，シュードテラノーバ，有鉤条虫，旋毛虫

表 1.3 食品業界で使われている主な殺菌方法[8]

殺菌処理名	対象微生物	殺 菌 方 法	対 象 物
くん蒸殺菌	細菌，カビ，酵母，虫	メチルブロマイドによる殺菌・殺虫	果物，穀物
洗浄・殺菌	食中毒菌，細菌，カビ，酵母	洗剤にて洗浄，水洗後，化学合成殺菌剤にて殺菌	機械，器具，床，枝肉，食品原料
調理加工を目的とした殺菌	細菌，カビ，酵母	マイクロ波，加熱，高圧法，赤外線	調理食品，農産加工品，食肉加工品，水産加工品，乳製品
保存性を目的とした殺菌	細菌，カビ，酵母	加熱，マイクロ波，赤外線，紫外線，化学合成殺菌剤，ガス殺菌（オゾン，エチレンオキサイド）	レトルト食品，食肉加工品，農産加工品，水産加工品，アルコール飲料，菓子，水

また一般の食品は，調理加工か保存を目的とした各種の殺菌処理が行われている．

食品業界では，加工食品の保存性を上げるために，特に包装後に再加熱している場合が多い．再加熱することにより食品中に液汁成分が出て，かえって腐敗が早くなることがある．食品の無菌包装では包装後に再加熱を行わないが，バイオクリーンルーム内で包装するため，空中浮遊菌の付着が少なく，保存性が向上する．また，加工食品の製造においては，食品原材料，製造室および包装室の空気，使用水の微生物殺菌が重要な仕事になっている．

食品の原材料である植物や動物，また水，土，空気は各種の微生物に汚染されている．原材料に混入する細菌[8]には，*Pseudomonas, Achromobacter, Flavobacterium, Escherichia, Micrococcus, Streptococcus, Bacillus, Clostridium* などがある．また，カビでは *Mucor, Penicillium, Aspergillus, Fusarium* などが見られる．

1.2.2 無菌包装の重要性[9]

世界各国で食品の無菌包装が急速に伸びてきた理由は何であろうか．ま

た無菌包装の重要性は何であるか．これに対して，① 健康食化と簡便化，② 食品の安全性，③ 環境を考慮に入れた包装材料の3つが考えられる．

1） 健康食化と簡便化

食品に対する健康志向が高まるにつれて，食塩，糖分の含有量が少なくなり，食品が腐敗しやすくなったが，腐敗微生物を殺菌して無菌包装することにより，長期間，食品の品質が保持できるようになってきた．一方，ロングライフミルクなどは，ビタミン，Caなどを加えて機能飲料化してきている．

簡便化の要求に対しては，ホールトマト[10]やスープも金属缶に詰められていたものが，イージーオープン機能を持った紙容器に詰められるようになってきている．また，**Tetra Pak**（テトラパック）社[11]では，胴部が紙容器で蓋にはイージーオープン機能のついたミルクカートンを開発し，牛乳，果汁飲料メーカーに無菌充填包装システムを納入している．

また，ワインも簡便さのため紙容器に無菌充填包装[12]され，高齢者でも飲みやすくするため，トップ面にプラスチック蓋の取出し口が付けられ，海外で売られている．

2） 食品の安全性

腸管出血性大腸菌やサルモネラ菌，腸炎ビブリオ菌による食中毒が増えるにつれ，安全という意味から無菌包装食品が購入されている．牛乳などの無菌充填包装食品では，UHT（超高温短時間）殺菌装置によって微生物が殺菌されているが，香辛料・粉末食品[13]などは，過熱水蒸気による高温短時間殺菌装置で殺菌されている．

ヨーロッパでもハーブやスパイスの殺菌[14]は，過熱水蒸気により，80〜140℃に加熱され，真空冷却後，蒸留除去された揮発性オイルを追加する方式がとられている．この殺菌方式では，サルモネラ菌が10^6低下することが報告されている．

砂糖添加飲料水に生育するカビ *Cladosporium*（クラドスポリウム）が問題になっている．このカビはPETボトル詰め飲料水に発育し，製品回収により大きな被害を被っている．このカビ[15]はクビカワカビとも呼ばれ，

土壌,腐朽物,各種食品原料,空気中など至るところに存在している.

3) 環境を考慮に入れた包装材料

これからは,包装食品を開発するとき,包装材料や容器の廃棄,リサイクルや焼却を考慮に入れる必要がある.無菌充填包装食品の包装材料は,① かさばらない構造と分解しやすい素材による減容化,② 燃焼カロリーが低く,有毒物質が出ず,易焼却性の素材であること.この2点を持ったものでなければならない.

すでにドイツでは,リサイクルが容易なガラス瓶による無菌充填包装乳製品が伸びてきており,フランスでは焼却が容易なEVOH(エチレン-ビニルアルコール共重合体)をバリヤー層とした容器に詰められたベビーフードが,イギリスではHDPE(高密度ポリエチレン)ボトルに詰められた無菌充填牛乳が伸びている.

また,包装材料の減容化という点で,牛乳1L当たりの包装材料の重さが10gという5層構成のミルク用パウチ[16]がノルウェーで実用化されている.

最近,食品包装容器での環境ホルモンが問題[17]になっている.世界的にデータが少なく,ここでは論議することができないが,無菌充填包装食品は,無菌容器に殺菌した牛乳などを無菌充填した後,再加熱しないということで見直されてきている.

1.3 世界の無菌包装はどう進んでいるか

1.3.1 アメリカでの無菌包装

食品の無菌充填包装について長い歴史を有しているアメリカにおいて,テトラパック方式による無菌充填包装牛乳などが長い間FDA(食品医薬品局)より認可されなかった.1981年,FDAはBrik Pak社に対し,紙容器に過酸化水素を使用して微生物を殺菌することを許可した.

しかし,包装材料に残存する過酸化水素濃度[18]も0.01ppmと厳しく規定されている.その後,イタリアのParmalat社がアメリカに進出し,液体

ミルク製品のテトラパックカートン入りの無菌充填包装を開始し，トマト製品の無菌充填包装にも着手した．また，Lyons Magnus 社[19]から，Combibloc の再封式注出口を付けたカートンの"Pourin Seal"を使った無菌充填包装果汁が売り出された．その後同社[19]では，1 L の PET ボトルでのフレーバー入り非炭酸水の無菌充填包装製品を発売した．

イリノイ州の Jelsert 社[20]では，ブロー成形/充填/密封方式の無菌充填包装システムを使用し，10％果汁飲料を 8 オンス容量の HDPE スクイズボトルに詰め，市販した．Pepsics Wines & Spirits[21]では，1 L の紙容器入り無菌充填ワインを売り出した．この製品は，白と赤の 2 種類があり，Brik Pak 社の無菌充填包装機で詰められている．

ベビーフード[22]は瓶詰のものが多いが，ロサンゼルスの Natural Food 社は，Conoffast 無菌充填包装機を使用し，プラスチック容器詰の無菌充填包装ベビーフードを市販した．この製品は，常温で 10 か月間の保存性が保証されている．

表 1.4　アメリカで使用されている無菌充填包装システム[23]

包装材料	会　　社	包装システム名	内　容　物
紙容器 （巻取りロール）	Brik Pak Blocpak Liquipak International	Brik Pak Combibloc Liquipak	液体食品全般 液体食品全般 ミルク，果汁飲料
プラスチック容器 （容器と巻取りシートよりの成形）	Bosch (H & K) Continental Benco Thermoforming USA	Servac 78 AS Conoffast Labar Pack Packform	プディング，果汁飲料 乳製品，果汁飲料 ヨーグルト，デザート 果汁飲料，ヨーグルト
プラスチック 　　　ボトル	Kosher (ALP)	Bottlepack	医薬品，牛乳
プラスチック 　　　パウチ	Prepac	Prepac as 2	牛乳
コンポジット缶	Dole-Boise	Dole system	果汁飲料
バッグ・イン・ 　　　ボックス	Sholle CTI-Fran Rica	AF system ABF system	酸性食品 トマト製品

アメリカはヨーロッパ,日本に比べ無菌充填包装食品の展開は遅れたが,着実に無菌充填包装食品が増えてきている.表1.4に,アメリカで使用されている無菌充填包装システム[23]を示した.容器の殺菌に過酸化水素などを使わないConoffast無菌充填包装機は,ヨーグルト,ベビーフードなどの無菌充填包装に使われている.この包装機は,巻き取られたPE/PP/PE/PVDC/PEの多層共押出しシートのPE/PPの2層が剥がされた後,残った無菌のシートはカップ状に成形され,再度殺菌トンネルで殺菌される.その容器に無菌にされた液状食品が詰められ,無菌化されたアルミ箔で完全密封される.

大型のバッグ・イン・ボックス(BIB)による無菌充填包装システムには,Sholle AF systemとCTI-Fran Rica ABF systemの2機種がある.この大型システムを使用して,食品原料となるトマトペーストなどの高粘性流動状食品を無菌充填包装(300ガロン:1 137L)して大陸間輸送と海外への輸出を行っている.

固形物を含んだスープ類の無菌充填包装についてはFDAが許可していなかったが,Tetra Pak社から申請されたポテト入りスープ[24]について,FDAは1997年3月31日付で同社に対して承認の文書を出した.

表1.5に,アメリカの無菌充填包装システムに用いられている各種包装容器[25]について示した.これら包装容器は,PF(紙容器/巻取りロール),TFFS(プラスチック・熱成形・充填シール)とDFS(紙・金属缶・プラスチック・ガラス瓶)容器が多い.また,牛乳,スープやトマト製品などはBIBに詰められている.

1.3.2 ヨーロッパでの無菌包装

Tetra Pak社の無菌充填包装機によって,スイスで初めてロングライフミルクが製造されてから,ヨーロッパ各国では,ミルク,果汁飲料,ワイン,ヨーグルトなどが無菌充填包装されるようになった.

最近では,飲料にビタミン類や鉄分などを加えた機能性飲料や,紙容器に取出し口を付けたものやプラスチック容器を使った無菌充填包装食品が

表 1.5　アメリカの無菌充填包装システムに用いられている各種包装容器[25]

食品名	PF	TFFS	DFS	CC	PP	BIB
果汁飲料，濃縮ジュース	○	○	○	○	○	
牛乳	○				○	○
クリーム		○				
サワークリーム，ヨーグルト		○	○			
アイスミルクとミルクシェーキ	○				○	○
プディング，デザート		○	○			
スープ		○				
ペットフード		○	○			
トマト製品		○	○			○
果物と野菜製品		○	○			○

PF：紙容器/巻取りりロール，TFFS：プラスチック・熱成形・充填シール，DFS：容器(紙・プラスチック・金属缶・ガラス瓶)充填シール，CC：コンポジット容器，PP：プラスチックパウチ，BIB：バッグ・イン・ボックス．

生まれてきている．

　イタリアのParmalat社[26]では，牛乳にビタミンA，C，E，D_3，葉酸と鉄分，亜鉛を加えたロングライフミルクを売り出した．

　イギリスのサマセットにあるGerber Food社[27]では，Tetra Rex TR/7 ESLの無菌充填包装機を使い，EVOHをバリヤー材とした紙容器に，オレンジジュースなどの果汁飲料を無菌充填包装している．この容器には，プラスチックの取出し口が付けられている．イギリス・マンチェスターのWiseman Dairies社[28]では，バイプラント方式（食品工場に隣接して容器を作る方式）により成形されたHDPEボトルに詰めて無菌充填包装牛乳を生産している．

　フランスのDiepal NASA[29]では，PP/EVOH/PP容器に詰められ，マイクロ波加熱が可能な無菌充填包装ベビーフードを開発した．

　ドイツのEhrman社では，無菌充填包装機を使って，フルーツヨーグルトやクリームプディングを1日に36 000カップ生産している．Jagenberg

社[19]は,ドイツの乳製品会社に,1時間・15 000個の能力を有するガラス瓶の無菌充填包装機を納入した.この機械に使用されるガラス瓶は,加熱された過酸化水素で滅菌し,スチームと熱湯で洗浄され,無菌状態になっている.

イギリスのSous Chef社[19]では,オーミック通電加熱殺菌装置で殺菌された固液混合食品のアントレ(主菜)をBosch社の熱成形/充填密封の無菌充填包装機で包装して売り出している.

最近ヨーロッパでは,紙容器以外の容器を用いた無菌充填包装システムが生まれてきている.表1.6に,ヨーロッパで使用されている新しい無菌充填包装システム[2]を示した.Seracは,PETボトルやガラス瓶を使うシステムであり,容器はH_2O_2液で殺菌され,清水で洗浄,乾燥の後,1時間に10 000本(2L)のスピードで紅茶,果汁飲料などが無菌充填包装されて

表1.6 ヨーロッパでの新しい無菌充填包装システム[2]

システム名	国名	包装材料	内容物	システムの特徴と微生物殺菌法
Serac 無菌充填包装 システム	フランス	PETボトル	果汁飲料 茶 コーヒー	1時間当たり10 000本/2Lの充填能力があり,ヘッドスペースにN_2ガス充填.PETボトルをH_2O_2液で90秒間殺菌,清水で洗浄し,乾燥させる.
Bosch HYPA-S 無菌充填包装 システム	ドイツ	コンポジット 紙容器	果汁飲料 乳製品	1分間120個/100〜1 000mLの充填能力があり,巻取り紙ロールのH_2O_2殺菌,乾燥,容器成形を同時に行う.
Thimmonier プラスチック 無菌充填包装機	フランス	プラスチック ラミネートパ ウチ	ロングライフ ミルク 果汁飲料	1時間2 000〜3 000個/1Lの充填能力.包材はH_2O_2殺菌,乾燥した後,UV殺菌を行う.
Bosch容器成形 無菌充填包装機	ドイツ	プラスチック 熱成形容器	固液混合アン トレ	オーミック通電加熱殺菌装置で無菌化されたアントレをH_2O_2殺菌済み成形容器に無菌充填する.
ELPO無菌充填 バッグ・イン・ ボックス・シス テム	イタリア	プラスチック ラミネート	乳製品 果汁飲料 トマトペースト 濃縮スープ	ガンマ線殺菌されたプラスチックバッグに殺菌済み流動状食品が無菌充填包装される.プラスチックバッグの取出し口はスチーム殺菌される.

いる．

　Bosch社は，コンポジット紙容器や成形されたプラスチック容器での無菌充填包装システムをヨーロッパ各国に出している．Thimmonier社は，包装材料をエタノールで殺菌するシステムやH_2O_2とUVで殺菌するパウチタイプ無菌充填包装機を食品工場に納入している．

　ELPO社[30]は，ベンダーディスペンサー用に，無菌充填BIBの包装システムを開発した．

1.3.3　日本での無菌包装

　日本では，ヨーロッパに比べ無菌充填包装の歴史は浅いが，ここ数年食品の安全志向が高まるにつれ，食中毒菌が完全に存在しない無菌充填包装食品が好まれるようになった．現在，牛乳，果汁飲料や茶飲料などの無菌充填包装システムは確立し，紙容器，ガラス瓶とPETボトルに上記の飲料と食品が無菌充填包装されている．わが国では，高粘性流動状食品，固液混合食品と固形食品（米飯）の無菌包装システムも生まれてきており，欧米諸国と異なった方向に動いている．

　表1.7に，わが国で使用されている無菌充填包装機と包材[31]を示した．表からも分かるように，無菌充填包装機は，海外から輸入された機種と日本で開発された機種がある．使用される包装材料は，紙容器（巻取り・成形），プラスチック容器（巻取り・カップ・バッグ）とPETボトルが主体となっている．

　最近，紙製のカートカン，ガラス瓶や金属缶を使用した無菌充填包装システムも稼働してきている．また，通電加熱殺菌装置で殺菌した果肉がヨーグルトに加えられ無菌充填包装されている．

　高齢者や医療向けの食品はレトルト殺菌されているものが多いが，ビタミンやアミノ酸の分解を防ぐために，高温短時間殺菌されてスタンディングパウチなどに無菌充填包装されてきている．

　紙製のカートカンによる飲料の無菌充填包装システム[32]は，凸版印刷で開発，実用化されている．3倍速のカートカン無菌充填包装システムで

表 1.7 わが国で使用されている無菌充填包装機と包材[31]

包装材料	メーカー	国名	包材の殺菌方法	内容物
紙容器 (巻取りロール)	テトラパック	スウェーデン	H_2O_2塗布, ヒーター乾燥	牛乳, 果汁飲料
	日本製紙・四国化工機	日本		同上
紙容器 (カートンブランク供給)	エクセロ	アメリカ	EOG, H_2O_2 噴霧	牛乳, 果汁, スープ
	大日本印刷	日本		牛乳, 果汁, 清酒
	凸版印刷	日本		同上
	日本製紙ピュアパック	日本		同上
プラスチック容器 (フォーム・フィル・シール方式)	Bosch	ドイツ	H_2O_2液浸漬, 熱風乾燥	果汁飲料, プディング
	Continental	アメリカ	多層包材の無菌面を使用	果汁飲料, スープ
	CKD	日本	H_2O_2液浸漬, 熱風乾燥	プディング, コーヒー用クリーム
	大日本印刷	日本	同上	同上
プラスチック容器 (カップ供給)	ハンバー	ドイツ	H_2O_2噴霧, 熱風乾燥	デザート食品, プディング
	ガスティー	ドイツ		ゼリー, プディング
	大日本印刷	日本		同上
プラスチックパウチ	呉羽化学	日本	インフレーション製膜時の無菌性保持	スープ, ケチャップ
	アセパック	アメリカ		同上
プラスチックバッグ・イン・ボックス	ショーレ・フランリカ	アメリカ	ガンマ線殺菌	業務用クリーム, 酒
	凸版印刷 大日本印刷	日本	ガンマ線とEOG殺菌	ケチャップ, 果汁

は, 200mLのカートカン入りコーヒーなどを1時間に21 600個無菌充填包装することができる.

無糖コーヒー飲料の無菌充填包装システム[33]は, 大和製罐で開発され, 日本コカコーラで稼働している. このシステムは, UHT殺菌装置で100～150℃・30秒間殺菌された無糖ミルクコーヒーを, ミスト状のH_2O_2で金属缶の缶胴と缶蓋を殺菌し, ミストを飛ばし, 無菌水でリンスののち, 無菌充填包装される.

海外では，ベビーフードなどはガラス瓶に無菌充填包装されているものが多い．四国化工機では，小型ガラス瓶無菌充填包装システム[34]を開発した．このシステムは，250 mLの無菌ガラス瓶に無菌ベビーフードを1時間に18 000本無菌充填包装することができる．

　容器に米飯とカレーを詰めた後，マイクロ波加熱装置で無菌化した製品が市場に出回っている．一般のマイクロ波加熱方式[2]では，第1段階の予備加熱でリテーナーに入れられた食品は，マイクロ波加熱と容器内の空気の脱気が行われ，容器が密封シールされる．第2段階で，マイクロ波加熱装置によって，130℃まで昇温・保持，水冷後，製品化される．

　わが国では，新しい食品の無菌包装システムが稼働し，新製品が生まれてきている．

参考文献

 1) 横山理雄：包装技術，**36** (8)，4 (1998)
 2) 横山理雄：食品の安全を重視した無菌包装の動き，食品の無菌包装システム2001，p.1，サイエンスフォーラム (2001)
 3) 里見弘治：包装技術，**22** (10)，53 (1984)
 4) 横山理雄：日本包装学会誌，**2** (2)，73 (1993)
 5) 横山理雄：台頭するロングライフフーズ，食品の無菌化包装システムハンドブック，横山理雄，栗田守敏編，p.11，サイエンスフォーラム (1996)
 6) 藤原真一郎：危害の原因となる物質，HACCP実務講座，p.4，サイエンスフォーラム (2000)
 7) 横山理雄：食品の品質劣化と保存技術，HACCP必須技術，横山理雄，里見弘治，矢野俊博編，p.32，幸書房 (1999)
 8) 高野光男，横山理雄：食品の殺菌とは，食品の殺菌，2刷，p.1，幸書房 (2001)
 9) 横山理雄：世界の無菌包装の動向と重要性，無菌包装の最先端と無菌化技術，高野光男，横山理雄，近藤浩司編，p.19，サイエンスフォーラム (1999)
10) Packaging Report, *Food Engineering INT'L.*, Feb., 28 (1998)
11) M. A. Ferrante : *ibid.*, Apr., 47 (1996)
12) Packaging Report, *ibid.*, Apr., 17 (1996)
13) 山中良郎：食品開発，**30** (10)，9 (1998)
14) 海外技術情報，食品と容器，**37** (7)，398 (1996)
15) 芝崎　勲：微生物用語事典，p.69，文教出版 (1985)

16) Packaging Report, *Food Engineering INT'L.*, Sept., 24（1998）
17) 横山理雄：*PACKPIA*, No.558, 1（1999）
18) News and Trends, *Packaging Engineering INT'L.*, Jul., 11（1981）
19) J. Mans and B. S. Tex：*Prepared Food*（*USA*）, **162**（9）, 151（1993）
20) J. Rice：*Food Processing*, **54**（10）, 12（1993）
21) Aseptic Packaging Report, *Packaging*, Jul., 80（1985）
22) Packaging News and Trends, *ibid.*, Aug., 14（1985）
23) 横山理雄：フードパッケージング, **30**（5）, 51（1991）
24) S. Palanippan and C. E. Sizer：*Food Technology*, **51**, 60（1997）
25) Technical Report, *Packaging*, Jul., 59（1984）
26) Technical Report, *Food Engineering INT'L.*, Oct., 46（1997）
27) Packaging Report, *ibid.*, Dec., 38（1995）
28) Processing Report, *ibid.*, Oct., 36（1997）
29) Packaging Report, *ibid.*, Feb., 24（1995）
30) M. A. Febrant：*ibid.*, Dec., 42（1994）
31) 横山理雄：防菌防黴, **20**, 19（1992）
32) 丸田譲二：包装技術, **35**（9）, 110（1997）
33) 伊福 靖：ジャパンフードサイエンス, **30**（8）, 45（2001）
34) 四国化工機：小型ガラスびん無菌充填包装機GA 18資料（2003）

（横山理雄）

第2章 食品の微生物基準と生物学的危害

　生物学的危害は生物によって起こる危害で，その原因は微生物（細菌，酵母，カビ），ウイルス，寄生虫である[1]．しかし，キノコ毒，フグ毒あるいはカビが作るアフラトキシンのようなマイコトキシンは一般的には化学的危害の範疇(はんちゅう)に入れられている．ここでは，生物的危害の原因である微生物の食品における基準ならびに腐敗微生物，食中毒原因菌の性質などについて述べる．

2.1 食品における微生物基準

　微生物基準は食品の安全性を確保するために設けられ，食品衛生法によって定められたもの（表2.1）以外に，衛生規範，地方自治体，各種企業団体によって定められたものなどがある．
　以下にそれぞれの微生物基準を示すが，いずれも最低守らなければならない基準であり，実際にはこれらの数値よりもより低い製品を製造することが肝要である．また，下記の内容は微生物基準の一部であるので，それぞれの製品を製造する場合には，種々の情報収集が必要になる．

2.1.1 食品衛生法による微生物基準

　食品衛生法に定められた微生物基準は，食品の安全性を確保するための基準のみでなく，乳酸菌飲料のように製品基準（表2.1）を示したものもある．これらに抵触した場合は，食品衛生法違反となる．砂糖，デンプン，香辛料の耐熱性芽胞数の基準が設けられているが，これは食肉製品，鯨肉製品，魚肉ねり製品に使用される場合の基準である．表2.1以外に，清涼

表 2.1 食品の細菌学的成分規格（食品衛生法）[2]

食　　　品	細　菌　数	大腸菌群（大腸菌）			特殊細菌
		検体量	基　準	使用培地	
食　用　氷　雪	100 以下（融解水 1ml 中）	11.111ml	陰性	LB	
食品保存用氷雪		11.111ml	陰性	LB	
清　涼　飲　料　水		11.1ml	陰性	LB	
粉　末　清　涼　飲	3 000 以下（検体 1g 中）	1.11g	陰性	LB	
氷　　　　　　菓	10 000 以下（融解水 1ml 中）	0.2ml	陰性	Deso	
アイスクリーム類					
アイスクリーム	100 000 以下（検体 1g 中）	0.2g	陰性	Deso	
アイスミルク	50 000 以下（検体 1g 中）	0.2g	陰性	Deso	
ラクトアイス	50 000 以下（検体 1g 中）	0.2g	陰性	Deso	
生乳・生山羊乳	4 000 000 以下（総菌数：1ml 中）				
濃　　縮　　乳	100 000 以下（検体 1g 中）				
牛乳・殺菌山羊乳	50 000 以下（検体 1ml 中）	2.22ml	陰性	BGLB	
特　別　牛　乳	30 000 以下（検体 1ml 中）	2.22ml	陰性	BGLB	
脱脂乳・加工乳	50 000 以下（検体 1ml 中）	2.22ml	陰性	BGLB	
ク　リ　ー　ム	100 000 以下（検体 1ml 中）	2.22ml	陰性	BGLB	
無　糖　れ　ん　乳	0（検体 1g 中）				
加　糖　れ　ん　乳等	50 000 以下（検体 1g 中）	0.222g	陰性	BGLB	
バター・プロセスチーズ		0.2g	陰性	Deso	
乳　　飲　　料	30 000 以下（検体 1ml 中）	2.22ml	陰性	BGLB	
は　　っ　　酵　　乳	10 000 000 以上（検体 1ml 中）	0.2ml(g)	陰性	Deso	
乳　酸　菌　飲　料					
固形分 3 ％ 以上	10 000 000 以上（検体 1ml 中）	0.2ml(g)	陰性	Deso	
固形分 3 ％ 未満	1 000 000 以上（検体 1ml 中）	0.2ml(g)	陰性	Deso	
鯨　　肉　　製　　品		3.0g	陰性	BGLB	
魚　肉　ね　り　製　品		3.0g	陰性	BGLB	
砂糖・でん粉・香辛料	1 000 以下（耐熱性芽胞数：1g 中）				
生　食　用　か　き	50 000 以下（検体 1g 中）	5.55g	E. coli 230/100g 以下	EC	
生食用冷凍鮮魚介類	100 000 以下（検体 1g 中）	0.02g	陰性	Deso	
冷凍ゆでだこ	100 000 以下（検体 1g 中）	0.02g	陰性	Deso	
無加熱摂取冷凍食品	100 000 以下（検体 1g 中）	0.02g	陰性	Deso	
加熱後摂取冷凍食品					
冷凍直前加熱	100 000 以下（検体 1g 中）	0.02g	陰性	Deso	
上記以外のもの	3 000 000 以下（検体 1g 中）	0.03g	E. coli 陰性	EC	
食　　肉　　製　　品					
非加熱食肉製品		1g	E. coli 100/g 以下	EC	B, S
特定加熱食肉製品		1g	E. coli 100/g 以下	EC	B, S, C
加熱食肉製品					
包装後殺菌		3g	陰性	BGLB	C
殺菌後包装		0.5g	E. coli 陰性	EC	B, S
乾燥食肉製品		0.5g	E. coli 陰性	EC	
容器包装詰加圧加熱殺菌食品	無菌試験陰性（チオグリコール酸塩培地：0.05g 中）				

B：ブドウ球菌 1 000/g 以下（検体量 1g, MSEY 培地）
S：サルモネラ陰性（検体量 25g, EEM 培地）
C：クロストリジウム 1 000/g 以下（検体量 1g, CLO 培地）

飲料水のミネラルウォーター類で，容器包装内の二酸化炭素圧力が20℃で98kPa未満であって，殺菌または除菌を行わないものでは，腸球菌と緑膿菌が陰性でなければならない．また，加工用原料にあっては，ミネラルウォーター類原水は細菌数100個/mL以下，乳の原料乳（牛，山羊）は総菌数400万個/mL以下の基準がある．さらに，腸炎ビブリオに関して，「ゆでだこ」および「飲食に供する際に加熱を要しないゆでがに」については陰性であること，「生食用鮮魚介類」，「むき身の生食用かき」および「冷凍食品（生食用冷凍鮮魚介類）」については最確数100個/g以下であることの成分規格が設けられている（平成13年食発第170号）．

2.1.2 衛生規範による微生物基準

衛生規範は，生めん類，弁当・そうざい，洋生菓子，漬物，セントラルキッチン/カミサリー・システムの5種類に対して設けられているが，いずれも製品の衛生確保を目的としたものである．生めん類の衛生規範[3]には，表2.2に示すように細菌数や大腸菌群などに微生物基準（目標値）が設けられている．また，弁当・そうざいの衛生規範には，細菌数が10万個/g以下（サラダ，生野菜類などの未加熱製品では100万個/g以下）で，大腸菌，黄色ブドウ球菌は陰性であることなどが示されている[4]．しかし，衛生規

表2.2 めん類の衛生規範で定められた製品の細菌制御目標値[3]

製品の種類	細菌制御目標値			
	細菌数	大腸菌群	E. coli	黄色ブドウ球菌
生めん類	3 000 000/g以下	ー	陰 性 (100倍希釈 1ml × 3)	陰 性 (10倍希釈 0.1ml × 2)
ゆでめん類	100 000/g以下	陰 性 (100倍希釈 1ml × 2)	ー	陰 性 (10倍希釈 0.1ml × 2)
具等（加熱済）	100 000/g以下	ー	陰 性 (100倍希釈 1ml × 3)	陰 性 (10倍希釈 0.1ml × 2)
具等（未加熱）	3 000 000/g以下			

注：ーは制御目標値が定められていないことを示す．
　（　）は試験法の規定を示す．

範には法的強制力はない.

2.1.3 地方自治体による微生物基準

地方自治体でも各種食品の微生物基準を設定し,製造業者の指導にあたっている.例えば,魚肉ねり製品の場合,食品衛生法では大腸菌群が陰性であることのみを基準にしているが,福岡県では魚肉ハムソーセージ・特殊包装かまぼこ(かまぼこ,ちくわなど)を対象に,大腸菌群が陰性であること以外に,一般生菌数は1 000個/g以下,腸炎ビブリオ・黄色ブドウ球菌・サルモネラは陰性であることを基準としている.

2.1.4 業界団体による微生物基準

各種企業団体でも微生物基準を設けている.ここでは日本生活協同組合連合会の基準を一例として示すが,基準に抵触した場合には不適とされ,取引停止になる場合もある.水産一次加工品(直接摂取;しらす干し,生珍味など)では,一般生菌数10万個/g以下,大腸菌群100個/g以下,大腸菌は陰性/0.3g,腸炎ビブリオ・黄色ブドウ球菌・サルモネラは陰性であること,食肉製品(冷凍食肉,味付け食肉など)では,食品衛生法の基準以外に,一般生菌数500万個/g以下であること,などが基準となっている.

2.1.5 通知などによる微生物基準

食品の安全性を確保するための自主管理方式であるHACCPが,世界的に取り入れられ,欧米では本方式の採用が法律のもとで規定されている.そのために法規定のある国への食品の輸出に関しては,その法律を守る必要が出てきた.例えば,EU諸国へ水産物を輸出する場合には「対EU輸出水産食品の取扱いについて」(平成7年衛乳第110号)を遵守しなければならない.その中に「甲かく類および軟体動物」に対して微生物基準が設けられている.検査方法は国際微生物規格委員会(ICMSF)が決めた方法が取られ,サルモネラ(検体25g,サンプル数5個で全て陰性),黄色ブドウ球菌,耐熱性大腸菌群,大腸菌,一般生菌数などに基準が設けられている.

2.1.6 製造基準および保存基準

各種食品の微生物基準について示したが，この基準を守る方法として食品衛生法では，製造基準・保存基準を定めている．表2.3には殺菌するための製造基準と微生物の増殖を抑制するための保存基準を示した．このほかにも，新鮮な原材料を使用すること，原材料の微生物量の減少方法などが詳細に記載されているので，食品衛生法を参考にして頂きたい．また，食品衛生法では微生物測定法や，成分規格とその成分の定性・定量法が記載されているので，是非読んで頂きたい．

2.2 腐敗微生物

腐敗とは食品が微生物によって変質，可食性を失う現象を示している．狭義には，腐敗はタンパク質の分解（主に嫌気的），変敗は炭水化物，脂質の分解を意味している．食品に微生物が付着・混入すると，増殖に伴って食品成分は微生物の酵素により分解を受け，各種の代謝産物（アミン，メルカプタン，有機酸など）が生成し可食性を失う．この現象は単一微生物によって起こるものではなく，腐敗に伴って生育条件（pH，酸化還元電位など）が変化するため，その条件に適した微生物が生育することにより微生物相も変化する．それゆえ，すべての微生物が腐敗微生物になり得るが，食品衛生では，それらの微生物の由来により，一次汚染微生物（原料由来）と二次汚染微生物（加工・保存・流通過程で汚染した微生物）に分けて考えている．これは一次汚染微生物が検出されれば原料のチェック，二次汚染微生物が検出されれば製造環境の衛生管理を遵守するといったように，対処方法が異なるためである．

2.2.1 腐敗微生物の由来

微生物の分類には様々な方法があるが，食品を対象とする場合，その存在場所による分類，すなわち，土壌微生物，水生微生物，糞便（腸管）微生物，空中浮遊微生物などに分類すると，一次汚染微生物の関係からも便

表2.3　微生物に関する製造基準および保存基準

食品名	製造基準および保存基準
清涼飲料水	A）製造基準 （1）清涼飲料水 　　容器包装は殺菌したものを使用．ただし，未使用の容器包装では，殺菌され，又は殺菌効果を有する製造方法で製造され，使用されるまで汚染されるおそれのないように取り扱われたものは，この限りでない． 　　容器包装に充填し，密栓又は密封後殺菌，又は殺菌したものを自動的に容器包装に充填後，密栓又は密封しなければならない．殺菌条件は次の通りである． 　　a）pH 4.0以下のものにあっては，中心部の温度を65℃10分以上加熱又はこれと同等以上の効力を有する方法で殺菌すること． 　　b）pH 4.0以上のもの（pH 4.6以上で，かつ水分活性が0.94を超えるものを除く）にあっては，中心部の温度を85℃30分以上加熱又はこれと同等以上の効力を有する方法で殺菌すること． 　　c）pH 4.6以上で，かつ水分活性が0.94を超えるものにあっては，原料等に由来して当該食品中に存在し，かつ発育しうる微生物を死滅させるのに十分な効果を有する方法又はbに定める方法で殺菌すること． 　　ただし，容器包装内に二酸化炭素圧力が20℃で98kPa以上であって，かつ，植物又は動物の成分を含有しないものにあっては殺菌を要しない． （2）ミネラルウオーター類 　（a）殺菌又は除菌を要するもの 　　　容器包装に充填し，密栓もしくは密封した後，殺菌，又は自記温度計を付けた殺菌器等で殺菌もしくはろ過等で除菌したものを自動的に容器包装に充填後，密栓もしくは密封する． 　　　殺菌又は除菌は，その中心部を85℃30分加熱，又は原水等に由来し製品中に存在し，かつ，発育しうる微生物を殺菌又は除菌するのに十分な効力を有する方法で行う． 　（b）殺菌又は除菌を要しないもの 　　　二酸化炭素圧力が98kPa（20℃）以上のもの． 　　　二酸化炭素圧力が98kPa（20℃）未満のものであって次の条件を満たすもの． 　　　泉源（鉱水）から直接採水したものを自動的に充填し，密栓又は密封する． 　　　沈殿，ろ過，曝気又は二酸化炭素の注入もしくは脱気以外の操作を施さない． 　　　容器包装詰め直後の細菌数は20/ml以下．

	(2) 冷凍果汁飲料 　原料用果実は十分に洗浄後，次亜塩素酸液その他適当な殺菌剤で殺菌，十分に水洗しなければならない． 　pH 4.0以下のものにあっては，中心部の温度を65℃10分以上加熱又はこれと同等以上の効力を有する方法で殺菌すること． 　pH 4.0以上のものにあっては，中心部の温度を85℃30分以上加熱又はこれと同等以上の効力を有する方法で殺菌すること． 　除菌にあっては，原材料等に由来して当該食品中に存在し，かつ，発育しうる微生物を殺菌又は除菌するのに十分な効力を有する方法で行う．
	B) 保存基準 　紙栓を付けたガラス瓶に収められたもの；10℃以下 　ミネラルウオーター類，冷凍果実飲料，原料用果汁以外の清涼飲料水のうち，pH 4.6以上で，かつ水分活性が0.94を超えるものにあって，原料等に由来して当該食品中に存在し，かつ発育しうる微生物を死滅させるのに十分な効果を有する方法で殺菌していないもの；10℃以下 　冷凍果実飲料，冷凍した原料用果汁；−15℃以下
氷　雪	A) 製造基準 　氷雪の原料（発酵乳又は乳酸菌飲料を除く）は，68℃30分間加熱殺菌するか，又はこれと同等以上の効力を有する方法で殺菌すること．
食肉及び鯨肉 （生食用冷凍 鯨肉を除く）	B) 保存基準 　10℃以下，ただし，容器包装に入れられた細切りした食肉，鯨肉の冷凍品；−15℃以下
食鳥卵	A) 製造基準 (1) 殺菌液卵（殺菌後直ちに8℃以下に冷却） 　連続式においては以下にかかげる温度により，3分30秒間以上 　　全卵；60℃，卵黄；61℃，卵白；56℃ 　バッチ式においては以下にかかげる温度により，10分間以上 　　全卵；58℃，卵黄；59℃，卵白；54℃ 　加塩または加糖液卵 　　連続式殺菌において以下にかかげる温度により，3分30秒間以上 　　　卵黄に10％加塩したもの；63.5℃ 　　　卵黄に10％加糖したもの；63.0℃ 　　　卵黄に20％加糖したもの；65.0℃ 　　　卵黄に30％加糖したもの；68.0℃ 　　　全卵に20％加糖したもの；64.0℃
血液，血球 及び血漿	B) 保存基準 　4℃以下保存，冷凍したもの；−18℃以下

| 食肉製品 | A) 製造基準
(1) 乾燥食肉製品
　　くん煙または乾燥；20℃以下又は50℃以上，又はこれと同等以上の微生物の増殖を阻止できる条件
(2) 非加熱食肉製品
　　原料肉はと殺後，24時間以内に4℃以下に冷却，保存したもので，pHは6.0以下でなければならない．
　　冷凍原料肉の解凍；10℃以下
　　亜硝酸ナトリウムを使用する食肉の塩漬は，5℃以下で，水分活性が0.97以下になるまで．ただし，最終製品の水分活性を0.95以上にするものにあっては，水分活性はこの限りでない．
その他，製造基準があるが詳細は食品衛生法を参照して頂きたい．
B) 保存基準
(1) 一般基準
　　冷凍食肉製品；-15℃以下
(2) 個別基準
　　　非加熱食肉製品
　　　　水分活性0.95以上のもの；4℃以下
　　　　その他のもの；10℃以下
　　　特定加熱食肉製品
　　　　水分活性0.95以上のもの；4℃以下
　　　　水分活性0.95未満のもの；10℃以下
　　　加熱食肉製品；10℃以下
その他，保存基準があるが詳細は食品衛生法を参照して頂きたい． |

| 鯨肉製品 | A) 製造基準
　　65℃で30分加熱する方法又はこれと同等以上の効力を有する方法で殺菌しなければならない．
B) 保存基準
　　10℃以下，冷凍製品は-15℃以下（ただし，気密性の容器包装に充填後，120℃4分殺菌（同等以上の方法も含む）した製品は除く）． |

| 魚肉ねり製品 | A) 製造基準
　　魚肉ソーセージ・魚肉ハムは中心部温度80℃45分加熱する方法，特殊包装かまぼこは中心部温度80℃20分加熱する方法，その他魚肉ねり製品は75℃に保って加熱する方法，又はこれらと同等以上の効力を有する方法で殺菌しなければならない．
B) 保存基準
　　魚肉ソーセージ・魚肉ハム・特殊包装かまぼこ；10℃以下．ただし，気密性の容器包装に充填後，120℃4分殺菌（同等以上の方法も含む）した製品及び，そのpHが4.6以下又はその水分活性が0.94以下の製品は除く．
　　冷凍魚肉ねり製品；-15℃以下 |

ゆでだこ	B)	保存基準 10℃以下，冷凍ゆでだこ；－15℃以下
生食用かき	B)	保存基準 10℃以下，冷凍品；－15℃以下
生あん	A)	製造基準 つけ込み；温湯で4時間以上 煮込みは渋切りを1回以上行った後，十分に煮沸を継続
豆　腐	A)	製造基準 豆汁又は豆乳は沸騰状態で2分間加熱する方法又はこれらと同等以上の効力を有する方法で殺菌しなければならない． 充填豆腐は90℃で40分間加熱する方法又はこれらと同等以上の効力を有する方法で殺菌しなければならない．
	B)	保存基準 冷蔵または飲用適の冷水で絶えず換水しながら保存
冷凍食品	B)	保存基準 －15℃保存
容器包装詰加圧加熱殺菌食品	A)	製造基準 殺菌は以下の条件に適合する方法を定め，その定めた方法で行わなければならない． 　　原材料等に由来して当該食品中に存在し，かつ，発育しうる微生物を死滅させるのに十分な効力を有する方法であること． 　　そのpHが4.6を超え，かつ，水分活性が0.94を超える容器包装詰加圧加熱殺菌食品にあっては，中心部温度を120℃で4分間加熱する方法又はこれと同等以上の効力を有する方法であること．

利である（表2.4）[5, 6]．

　土壌微生物は肥沃な土壌に多く存在し，その種類も病原性微生物を始め多種類に及んでいる．これらの微生物は，根菜類を汚染しているばかりでなく，河川の汚染，空中浮遊微生物の原因ともなっていることから，これらの微生物による食品腐敗事例が多い．

　空中浮遊微生物の多くは土壌微生物であるが，食品製造施設では原材料付着菌や空調設備からのエアロゾルなどが起因している場合が多い．

　水生微生物は淡水と海水（好塩性微生物）で異なるが，多くは，土壌，人畜糞便，下水に由来する微生物が多く，病原性微生物（病原菌，原虫，寄生虫など）の存在も無視できない．海水では沿岸部で微生物濃度が高く，

表 2.4 自然界の微生物相[5]

土　　壌	グラム陽性菌が多い． 胞子形成菌が多い． 細菌のほか，放線菌，酵母，糸状菌が存在する． 細菌数：$10^5 \sim 10^6$/g 中温性および好熱性微生物が多い．
海　　水	無胞子桿菌，グラム陰性菌が多い． 胞子形成菌や放線菌は少ない． 細菌数：外洋—$0.1 \sim 0.5$/mL 　　　　沿岸—$10^3 \sim 10^4$/mL 中温性および低温性微生物が多い． 約3%の食塩存在下でよく増殖する．
淡　　水	グラム陰性菌が多い． 細菌数：貧栄養水域—10^2/mL 　　　　富栄養水域—10^4/mL 中温性および低温性微生物が多い．
空　　中 （落下菌）	球菌，胞子形成菌および糸状菌が主体． 中温性微生物が多い．
植　　物	土壌，空中に由来する微生物が多い． 細菌数は一定しない．
陸上動物	体表，消化器内に主に分布する． 中温性微生物が多い．
魚介類	体表—$10^2 \sim 10^5$/cm^2 えら—$10^2 \sim 10^5$/g 消化管—$10^3 \sim 10^8$/g 中温性および低温性微生物が多い． 消化管のフローラはほぼ一定している．

遠洋では低くなっている．

2.2.2 微生物の特異な形態

1）胞子（芽胞）

グラム陽性細菌である *Bacillus* 属，*Clostridium* 属やカビ，酵母は，ある条件（一般的には栄養状態が悪いとき）において胞子（細菌では芽胞と称する）

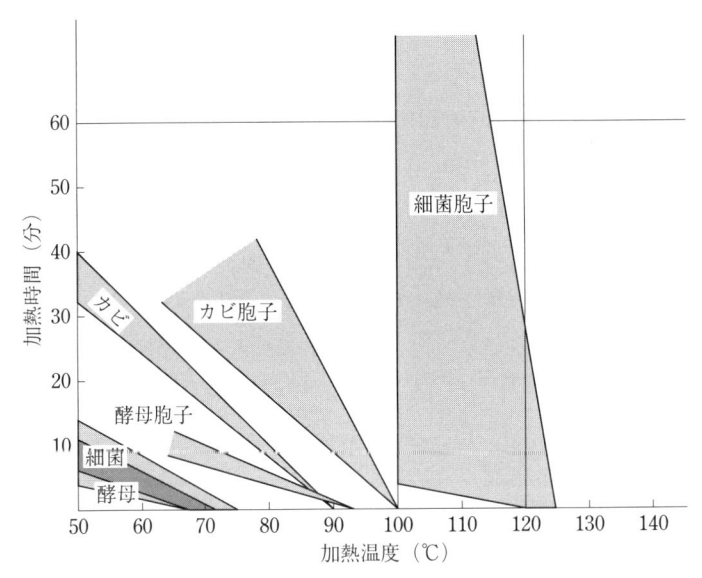

図 2.1 各種微生物の死滅に必要な加熱温度と時間 (Umbreit)

を形成する．胞子は耐熱性（図2.1），耐酸性であり，乾燥，冷凍，放射線などの物理的ストレスや殺菌剤などの化学的ストレスにも強く，微生物制御にとって最も厄介な形態である．

細菌の胞子はスポアコート（タンパク質）とペプチドグリカンによって囲まれ，脱水状態にあることが耐熱性などを示す要因とされているが，紫外線には弱い．一方，カビの胞子は耐熱性はそれほど強くないが，紫外線に対しては強い耐性を示す．

2) 損傷菌と培養不能生存菌

微生物に物理的あるいは化学的ストレスを与えると，培養（検出）条件によっては生育しない損傷菌（非致死的損傷細胞）を生じる．損傷菌では一時的な栄養要求性の高まり[7]や，選択培地中の特定成分[8]が損傷の修復を邪魔しているものと考えられている．そのために選択培地では生育できず，実際に存在する菌数よりも少なく測定される場合が生じる．しかし，損傷菌は食品のような栄養成分に富んだところでは，増殖を始めることができる[9]．したがって，食品中に損傷菌が存在した場合，保存・流通中に損傷

菌が増殖する可能性がある．損傷菌による腐敗を防止する具体的な方法は見つかっていないが，加熱による損傷菌の発生要因[10]や冷凍食品における腸管出血性大腸菌O 157の損傷とその検出方法[11]が明らかになりつつある．

一方，培養不能生存菌（VBNC; viable but nonculturable）は，冬季になるとそこにいるはずのビブリオが検出できないことを説明するための概念からでてきたもので，培養不能生存菌は培地（通常寒天平板培地）では培養，分離することができないが，何らかの生理活性（呼吸活性，能動輸送，タンパク合成など）を示す菌である[12]．したがって，微生物測定法では検出が不能なため，食品衛生に与える影響は大きなものがある．

3） その他の特徴的性質

フラットサワーは缶詰やレトルト食品などで耐熱性菌[13]が増殖して，内容物が腐敗する現象で，ホットベンダー（55℃程度）で加温販売されている場合などに発生する．原因は原料などの加熱殺菌不足であるが，対策には糖エステルの添加が効果的である[14]．

微生物は先に存在した環境の温度履歴や酸性条件によって，熱ショックタンパク質[15]や酸ショックタンパク質[16]を生成し，それぞれに対する耐性が増強されるため，食品衛生的に注意を要する．

2.3 カ ビ

カビによる事故は食品企業にとって重要な問題であるが，細菌による食中毒事故のように重篤性がないことや，カビが生育した場合には目に見えることなどから，大きな問題になることは少ない．しかし，カビによる食品汚染によって廃棄される食品も多い．カビも腐敗微生物の一種であるが，その生理活性や汚染経路は細菌と若干異なり，危害を受けやすい食品の種類や防除方法も異なる．

カビの特性は，絶対好気性，細菌に比べ低い水分活性（0.7以上），低いpH（pH 3以上），低い温度域（10〜30℃）で生育できることである．ただし，

食品自体の水分活性が低くても食品や食品工場の壁などの表面での結露や湿度の上昇によっても生育可能である．

食品の種類と原因となるカビ（真菌）の種類には表2.5に示したように，ある程度の相関関係が認められている．すなわち，*Penicillium*属を除いて，1つは好乾性カビによるチョコレート，和菓子，砂糖（菓子用黒砂糖）での増殖であり，もう1つは*Cladosporium*属および腐生菌による嗜好飲料，果物での増殖である．事故事例の多くは*Penicillium*属，*Cladosporium*属，*Aspergillus*属（*A. restrictus*を含む），*Wallemia*属，*Eurotium*属で占められる．これらの出現にも季節間格差があり，夏（7～9月）には*Aspergillus*属が，冬（11～4月）には*Penicillium*属，*Cladosporium*属が多く見られる[18]．

カビは低温域でも増殖が可能であり，好・耐冷性カビ（表2.6）による事

表 2.5　都内で発生した真菌による食品の苦情事例（1982～1991年）[17]

原因食品	発生件数	喫食例数（有症例）	主要起因菌名（事例数）
菓子類	101	18 (7)	
和菓子	63	12 (6)	*W. sebi* (22), *E. herbariorum* (19), *C. sphaerospermum* (10), *A. restrictus* (8), *C. cladosporioides* (4), *A. awamori* (3) など
洋菓子	38	6 (1)	*E. herbariorum* (8), *W. sebi* (7), *C. sphaerospermum* (7), *A. restrictus* (4), *H. anomala* (3), *E. chevalieri* (3) など
そうざい類	27	9 (5)	
そうざい	25	7 (4)	*C. cladosporioides* (3), *H. anomala* (3), *P. verrucosum* (3), *Ca. famata* (2) など
佃　煮	2	2 (1)	*Ca.* sp., *P.* sp.
清涼飲料水	20	6 (1)	*Au. pullulans* (2), *P. verrucosum* (2), *C. cladosporioides* (2) など
魚介加工品	14	3 (1)	*E. herbariorum* (3), *A. ochraceus*, *P. verrucosum*, *M.* sp.
米	13	2	*E. herbariorum* (5), *E. chevalieri* (2), *Pa. lilacinus* (2) など
パ　ン	11	7 (3)	*H. anomala* (3), *A. awamori* (2), *A. flavus*, *C.* sp., *P.* sp.
乳製品	7	3	*P. verrucosum* (2), *P. chrysogenum*, *Ha. uvarum*
漬　物	7	1	*A. niger* (2), *P. roqueforti*, *P.* sp.
めん類	6	1	*Ar. phaeospermum* (2), *A. restrictus*, *C. cladosporioides*
ドライフルーツ	4	2 (2)	*E. herbariorum* (2), *W. sebi* (2), *P. verrucosum*, *C.* sp.
その他	10	10 (2)	
合　　計	238	59 (21)	

A：*Aspergillus*, *Ar*：*Arthrinium*, *Au*：*Aureobasidium*, *C*：*Cladosporium*, *Ca*：*Candida*, *E*：*Eurotium*, *H*：*Hansenula*, *Ha*：*Hanseniaspora*, *M*：*Mucor*, *P*：*Penicillium*, *Pa*：*Paecilomyces*, *W*：*Wallemia*.

表 2.6　主要な好・耐冷性カビの発育温度範囲[19]

菌　名	最低温度（℃）	最適温度（℃）	最高温度（℃）
Alternaria alternata	－5 〜 6.5	25〜28	31〜32
Aureobasidium pullulans	2	25	35
Botrytis cinerea	－2 〜 12	22〜25	30〜33
Cladosporium cladosporioides	－10 〜 3	20〜28	32
C. herbarum	－5	24〜25	30〜32
Geotrichum candidum	－8 〜 0.5	25〜27	35〜38
Fusarium equiseti	－3	21	28
F. poae	－7	25	ND
F. sporotrichioides	－2	22〜23	31〜32.5
Mucor racemosus	－3	20〜25	37
Paecilomyces variotii	－2	25〜40	45〜48
Penicillium aurantiogriseum	0〜4	21〜23	30〜35
P. brevicompactum	－2	23	30
P. expansum	－2	23	30
P. verrucosum	－2 〜 4	21〜23	30〜35
Phoma chrysanthemicola	2	22〜28	35
P. eupyrena	－3	20〜21	28〜32
Stachybotrys chartarum	2 〜>3	23〜27	37〜40
Thamnidium elegans	－10 〜 0	18	27
Trichoderma viride	0	20〜28	30〜37

ND：記録なし．

故も散見される．その一例としてはミネラルウオーターの Cladosporium 属による事故がある．特にソフトドリンク工場などで検出される Aureobasidium 属，Exophiala 属，Phialophora 属は，粘性胞子を特徴として，自然界では水（雨水）によって胞子が分散される．これらは水を使用したり，蒸気のこもる場所に発生し，水飛沫とともに飛散したり，湿った空気中に浮遊するので，蒸気殺菌後の冷却工程で二次汚染の原因となることも少なくない．また，これらは貯水槽，ベンディングマシン，浄水器など絶えず濡れている施設，機械，器具にも定着しているので，水を介する好湿性カビの汚染に注意が必要である．これらの対策はエタノールまたは毒性の低い薬剤で拭き取り，表面をできる限り乾燥させることである[19]．

一方，カビは一般に易熱性（加熱により死滅しやすい）であるとされてい

るが，耐熱性カビによる事故，すなわち缶詰や瓶詰でのカビの増殖がしばしば起こっている．耐熱性カビは，*Byssochlamys*属，*Talaromyces*属，*Neosartorya*属などで，80℃以上の耐熱性を示し，80～90℃におけるD値は1～100分程度と様々である．これらによる腐敗は穀類加工品（ゆでめん，ゆでスパゲティなど）や果実加工品などに多く見られ，原料由来のカビによるものが多いが，これらは工場施設内でもしばしば検出されている．対策は加熱時間の延長と加熱温度の高温化である[20]．

2.3.1 カビの汚染経路

カビの汚染経路は，原料や副原料からの場合と製造環境からの場合とに分けることができる．

1) 原料や副原料による汚染

食品の原材料には，土壌，水や植物（植物病原菌）からのカビが付着している．特に汚染レベルの高い小麦粉，とうもろこし粉，香辛料などの粉体の原料を使用する場合，工場内の空中浮遊菌数を増加させ，製品汚染の原因となる．また，ケーキなどに使用される果物類も汚染が見られる．この場合には空中浮遊菌を増大させないが，器具や手指を介して製品を汚染することになる．

2) 製造環境からの汚染

食品工場はその性質上，大量の水が使用され，熱，水蒸気の発生量も多い．このため内部が高温高湿になりやすく，結露が発生し，有機物の付着した壁面や器具類に容易にカビが発生する．工場内に発生したカビは胞子を形成し，気流とともに浮遊し，落下菌の増加を招き，直接的に，あるいはベルトコンベアーや器具類，手指などを介して間接的に製品を汚染する．カビの胞子はカビの増殖した環境に限らず，空気中を浮遊しているため，外気の流入にも注意が必要である．また，製造環境による粉体の飛散，エアコンフィルターの清掃不良，床や工場内に蓄積した塵埃，段ボールなどの取扱い不良，施設内の清掃不良も落下菌の増加を招くので留意する必要がある．また，工場外から侵入する昆虫，動物もカビ汚染の要因の1つで

ある[17, 20].

2.3.2　カビ汚染対策

　カビ汚染対策は上記の要因を排除することであるが，そのための基本的な留意点として，① 工場内部に外部の汚染が侵入しないような構造にする，② 工場内部で汚染が発生しないようにする，③ 汚染が発生した場合にはその汚染が他の部分に拡散しないようにする，④ 汚染が発生したり持ち込まれた場合，それが速やかに排除されるようにする，の4項目があげられる[17].

　その具体的な対策としては，まず，ゾーニングを行い空気を清潔区域から汚染区域に流すことと，交差汚染が起こらないような製品の流れを構築することである．また，カビの発生を防止するためには，床や器具などを清掃しやすい配置・構造にする，吸湿性のある材料を設備に使用しない，防カビ剤の塗布，結露の防止（換気など），結露水が食品に入らないようにする，カビの発生源となる廃棄物の処理などがあげられる．さらに，発生したカビを排除するためには洗浄・殺菌が必要である（詳細は第8章を参照）が，熱殺菌または薬剤殺菌が一般的である．カビの胞子は細菌の胞子と比べ，易熱性であるため簡易的な水蒸気発生装置（カビが発生あるいは発生しやすい場所へ水蒸気を直接噴霧する）の利用も有効である．薬剤としては，アルコール（製剤）や次亜塩素酸（1％）を使用し，施設壁面などの表面のカビには有効であるが，その効果は深部にまで入り込んだカビにまでは及ばない[21]．カビ対策については，『防菌防黴ハンドブック』[22]に詳しく書かれているので，参考にして頂きたい．

　ここに示したのはカビ対策であるが，特別なカビ対策はなく，これらは細菌対策としても応用できる．

2.3.3　カ　ビ　毒

　カビが食品中につくる二次代謝産物で，ヒトや動物が摂取したとき有害な作用や疾病を引き起こすものをカビ毒（マイコトキシン，mycotoxin）と称

している．最も有名なものにアフラトキシン（AF）がある．AFは*Aspergillus flavus, A. parasiticus*がピーナッツや飼料などに生産するもので，B_1，B_2，G_1，G_2，M_1，M_2など10種類程度が知られている．自然界に存在する最も毒性の強い物質で，多くの動物に急性肝臓障害を引き起こすのみでなく，強力な肝臓ガン誘発作用がある．AFは全食品に対して10μg/kg以下の規制が厚生労働省により設けられている．AFがしばしば検出される食品としては，上記以外にピスタチオナッツ，ハトムギ，トウガラシ，パプリカ，白コショウ，混合香辛料などがある．その他にも，*Penicillium citreonigrum*などが生産する神経毒シトレオビリジン（黄変米事件）や*Fusarium*属が生産するトリコテセン類（消化器系障害を示す）などが知られている[23]．

2.4 食中毒菌

食中毒は細菌性，自然毒性（カビ毒，キノコ毒など），化学性（有害性金属，食品添加物など）に分けられ，そのうち細菌性食中毒では16種の原因菌が行政的に指定されている（表2.7）．また，細菌性食中毒は，① サルモネラや腸炎ビブリオのように食品に付着・増殖した細菌そのものによって起こる感染型，② 黄色ブドウ球菌やボツリヌス菌のように食品に付着・増殖した際に産生する毒素によって起こる毒素型，③ 病原大腸菌のように食品とともに摂取された細菌が腸管内で増殖，または腸管内で芽胞を形成する際に毒素を産生し，その毒素によって起こる中間型に分類されている（表2.7）．これらの発症菌数や増殖特性などを表2.8に示した．

2.4.1 病原大腸菌（pathogenic *Escherichia coli*）

大腸菌（*E. coli*）は健康者の腸内常在菌叢(きんそう)を構成する細菌の一種であるが，その中にヒトに下痢を起こさせるものが存在する．それらは病原大腸菌（下痢原性大腸菌）と総称され，病原因子や病原的機序により，① 腸管病原性大腸菌（enteropathogenic *E. coli*；EPEC），② 腸管侵入性大腸菌

表 2.7 食中毒原因菌

一 般 菌	学 名	食中毒の型
サルモネラ	Salmonella spp.	感染型
腸炎ビブリオ	Vibrio parahaemolyticus	感染型
病原大腸菌	Escherichia coli	感染型，中間型
黄色ブドウ球菌	Staphylococcus aureus	毒素型
ウエルシュ菌	Clostridium perfringens	中間型
セレウス菌	Bacillus cereus	毒素型
カンピロバクター・ジェジュニ	Campylobacter jejuni	感染型
カンピロバクター・コリ	Campylobacter coli	感染型
ボツリヌス菌	Clostridium botulinum	毒素型
エルシニア・エンテロコリチカ	Yersinia enterocolitica	感染型
ナグビブリオ	Vibrio cholerae non-O1	感染型
ビブリオ・フルビアリス	Vibrio fluvialis	感染型
ビブリオ・ミミカス	Vibrio mimicus	感染型
エロモナス・ハイドロフィラ	Aeromonas hydrophila	毒素型
エロモナス・ソブリア	Aeromonas sobria	毒素型
プレシオモナス・シゲロイデス	Plesiomonas shigelloides	?

（enteroinvasive E. coli；EIEC），③毒素原性大腸菌（enterotoxigenic E. coli；ETEC），④腸管出血性大腸菌（enterohemorrhagic E. coli；EHEC），⑤腸管凝集付着性大腸菌（enteroaggregative E. coli；EAggEC）の5種に分類されている[24]．

大腸菌はグラム陰性の無芽胞桿菌(かんきん)で，多くは周毛性鞭毛(べんもう)を持ち運動性がある．一部の菌は特定臓器に付着・定着するために線毛（定着因子）を有する．本菌の増殖温度域は8～45℃（至適温度30～42℃），増殖pH域は4.65～9.53（至適pH 5～7.5）であるが，菌株により多少異なる．本菌は冷凍や低pHに抵抗性を示し，胃液中でも完全に死なないと考えられている．本菌は75℃，1分の熱処理で死滅する[25]．病原大腸菌は一般の大腸菌と抗原性（O：細胞壁の耐熱性抗原，H：鞭毛抗原，K：菌体表層の易熱性抗原）で相違がみられるが，形態学的および生化学的性質はほぼ同じである．

1）腸管出血性大腸菌（EHEC）

腸管出血性大腸菌は他の病原大腸菌とは異なり，アフリカミドリザルの

表 2.8 食中毒原因菌の性質

菌種	汚染源	発症菌数	増殖 pH	増殖 水分活性	毒素産生 pH	毒素産生 水分活性	熱抵抗性（D値）
腸炎ビブリオ	海水, 魚介類	$10^6 \sim 10^9$/ヒト	4.8~11.0	0.94 以上			47℃:0.8~6.5分
黄色ブドウ球菌	ヒト, 穀類加工品, 乳・乳製品	10^5/10^6/g	4.0~10.0	0.83 以上	4.5~8.2	0.86 以上	60℃:2.1~42.35分 65.5℃:0.25~2.45分
サルモネラ	食肉, 食鳥肉, 卵, ヒト動物の糞便	$1 \sim 10^9$/ヒト	4.5~8.0	0.94 以上			60℃:3~19分 65.5℃:0.3~3.5分
カンピロバクター	乳, 食肉, 食鳥肉, ヒト動物の糞便	5×10^2/ヒト	5.5~8.0	0.98 以上			50℃:1.95~3.5分 60℃:1.33分（ミルク）
病原大腸菌	同上	$10^6 \sim 10^{10}$/ヒト	4.4~9.5	0.95 以上			60℃:1.67分 65.5℃:0.14分
病原大腸菌（O157:H7）	同上	10~100/ヒト	4.4~9.5	0.95 以上			60℃:1.67分 65.5℃:0.14分
ウエルシュ菌	同上	$10^6 \sim 10^{11}$/ヒト	5.0~9.0	0.95 以上	5.0~9.0		100℃:100分以上（芽胞） 一般的には 98.9℃:26~31分（芽胞）
ボツリヌス菌	土壌, 魚介類, 容器包装食品	3×10^2/ヒト	4.6~8.5	0.93 以上	4.6~8.5	0.94 以上	タンパク分解菌 121℃:0.23~0.3分（芽胞） タンパク非分解菌 82.2℃:0.8~6.6分
セレウス菌	穀物類, 香辛料, 調味料, 土壌	10^5/ヒト	4.9~9.3	0.93 以上			嘔吐型：85℃:50.1~106分 下痢型：85℃:32.1~75分
エルシニア・エンテロコリチカ	乳, 食肉, 食鳥肉	$4 \times 10^7 \sim 10^9$/ヒト	4.6~9.0	0.94 以上			62.8℃:0.24~0.96分（ミルク）

腎臓細胞であるベロ細胞など各種の培養細胞を殺す強烈なベロ毒素（VT；verocyto toxin）を産生する．本毒素は免疫学的および遺伝子学的な相違から大きくVT1とVT2に分類されている．この毒素を産生する大腸菌はベロ毒素産生性大腸菌（verotoxin-producing E. coli；VTEC）あるいは志賀毒素産生性大腸菌（Shiga toxin-producing E. coli；STEC）とも呼ばれているが，これはベロ毒素と志賀毒素（志賀赤痢菌が産生する毒素）とが類似しているためである（現在ではSTECと呼ばれることが多い）[26]．

　ベロ毒素は易熱性であり，タンパク質合成阻害による壊死活性，神経麻痺を起こす神経毒活性，下痢を起こす腸管毒活性の3種類の作用を持っている．ベロ毒素産生は本菌が腸管上皮細胞に付着，増殖することによって起こる．本菌の食中毒の特徴は，出血性下痢から溶血性尿毒症症候群（HUS）などの重い症状を続発することである．

　腸管出血性大腸菌ではO 157がよく知られているが，その他にもO 26，O 111など100種類以上の血清型が知られている．O 157は他の病原菌と異なり環境に対する抵抗性が強く，水中（4〜10℃）で1週間以上生存する．また，O 157は感染力が強く100個以下の菌の摂取でも発病するが，これはO 157がpH 3.5程度でも生残し，胃液で完全に死滅しないためである[25]．

　O 157は通常，哺乳動物の腸管内に生息していることから，ウシについて保菌調査が行われているが，1996年では1.4％のウシから検出されている．また，哺乳動物からのみではなく家禽，土壌，河川などからも検出されるようになってきたことから，汚染が広がっているものと考えられている．また，食品についても調査されており，肉や内臓肉のみではなく，そうざい類や和菓子からも検出されている[26]．本来，本菌の食中毒の原因食はハンバーガーなどの食肉製品と考えられるが，わが国では「おかかサラダ」「ポテトサラダ」などサラダ類が原因食となる場合が多い．これは，発症菌数が少ないために，調理室内などでの二次汚染が起こりやすいためと考えられている．

　本菌の食中毒は，食品衛生法適用疾患から指定伝染病に変更されたが，手洗いなどの管理を徹底すれば，ヒトからヒトへの感染が防止できること

から患者の隔離対策は行わなくてもよいとされている．

2) その他の病原大腸菌

　毒素原性大腸菌（ETEC）の産生するエンテロトキシンには60℃，10分の加熱で無毒化される易熱性毒素（heat-labile enterotoxin；LT）と100℃，10分でも失活しない耐熱性毒素（heat-stable enterotoxin；ST）の2種類がある．ETECは小腸下部に定着因子によって定着，増殖する結果，産生された毒素によって水分の腸管腔への分泌が起こり，下痢に至る．

　EPEC（腸管内壁の粘膜上皮細胞に付着することにより，腸絨毛の剥離と細胞傷害を与え下痢になる），EIEC（大腸で腸管粘膜上皮細胞へ侵入・増殖し粘膜の剥離が起こり粘血便を起こす）およびEAggEC（腸管内壁の粘膜上皮細胞に付着，腸絨毛の壊死と剥離を起こす）は感染型食中毒であるが，ETEC，EHECは毒素を産生し食中毒を引き起こす．表2.9に主な特徴と血清型を示す[27]．

表 2.9　腸管病原性大腸菌の種類と特徴[27]

原因菌	病原因子と発症機序	主要症状	主な血清型
腸管病原性大腸菌（狭義）（EPEC）	HEp-2細胞付着性，BFP，intimin → attaching and effacing 付着	下痢，発熱，腹痛，悪心，嘔吐（非特異的症状）	26, 44, 55, 86, 111, 114, 119, 125, 127, 128, 142, 158
腸管組織侵入性大腸菌（EIEC）	侵入因子→上皮細胞への侵入・細胞破壊	下痢（粘血便），発熱，嘔気，腹痛，嘔吐	28ac, 112, 121, 124, 136, 143, 144, 152, 164
毒素原性大腸菌（ETEC）	毒素：LT→アデニル酸シクラーゼ活性化　ST→グアニル酸シクラーゼ活性化　定着因子：CFA/I-IV などの線毛	下痢（水様性），腹痛，発熱，嘔吐	6, 8, 11, 15, 25, 27, 29, 63, 73, 78, 85, 114, 115, 128, 139, 148, 149, 159, 166, 169
腸管出血性大腸菌（EHEC，STEC）	毒素：VT1, VT2→タンパク質合成阻害作用，アポトーシス（?）　定着因子：intimin	血便，腹痛，嘔吐，嘔気，発熱，HUS	26, 103, 111, 128, 145, 157
腸管凝集付着性大腸菌（EAggEC）	HEp-2細胞付着性，AAF/I　ST様毒素（EAST1）	EPECの症状に類似（遷延性下痢が多い）	44, 127, 128

2.4.2　カンピロバクター (*Campylobacter* spp.)

カンピロバクター属で食中毒菌として指定されているものは，*Campylobacter jejuni* と *C. coli* のみであるが，*C. upsaliensis*，*C. fetus* なども下痢症に関与することが知られている．カンピロバクターはらせん状のグラム陰性の細菌で，好気的条件では生育せず，嫌気的条件でもほとんど生育しない．酸素が3～15％程度含まれる微好気的条件で良好に生育する．本菌は30～42℃で生育するが，25℃以下では生育しない．また，生育pH域は5.5～8.0で，至適pHは6.6～7.5である[28]．食塩が含まれていない培地では生育せず，0.5～2.0％食塩濃度で生育する．

カンピロバクターは家禽，家畜，ペットなどあらゆる動物に分布している．特にニワトリの保菌率は高く，50～80％であり，そのほとんどが *C. jejuni* であるが，鶏肉からは *C. jejuni* が54％，*C. coli* が9％程度検出される（表2.10）[29]．

表2.10　動物および食肉におけるカンピロバクターの汚染[29]

対象	検査件数	カンピロバクター陽性件数	
		C. jejuni (%)	*C. coli* (%)
動物			
ウシ	294	103 (35.0)	4 (1.4)
ブタ	264	2 (0.8)	144 (54.5)
ニワトリ	542	148 (27.3)	7 (1.3)
ウズラ	47	22 (46.8)	—
イヌ	516	36 (7.0)	—
小鳥	166	4 (2.4)	—
野鳥	788	77 (9.8)	13 (1.0)
淡水魚	375	—	—
カメ	62	—	—
生食肉			
牛肉	276	5 (1.8)	1 (0.4)
豚肉	292	1 (0.3)	—
鶏肉	259	140 (54.1)	23 (8.9)
臓器	178	43 (24.1)	24 (13.5)

表 2.11 鶏肉の唐揚げおよび焼き肉調理とカンピロバクターの死滅[31]

調理方法 (温度)	調理時間	カンピロバクターの生存件数/試験件数					
		C. jejuni			C. coli		
		CF 1	CF 256	CF 82-403	CF 82-368	CF 395	HP 1755
唐揚げ (180℃)	1分	1/4	0/4	2/4	0/4	1/4	3/4
	3分	0/4	0/4	0/4	0/4	0/4	1/4
焼き肉 (A) (160℃)	5秒	4/4	4/4	nt*	4/4	4/4	nt
	10秒	2/4	0/4	nt	4/4	4/4	nt
焼き肉 (B) (160℃)	5秒	3/4	4/4	nt	2/4	3/4	nt
	10秒	0/4	1/4	nt	0/4	1/4	nt

接種菌量:唐揚げ中心部 $10^{3\sim4}$ cfu/10g,焼き肉 (A) $10^{3\sim4}$ cfu/肉表面,焼き肉 (B) 10^6 cfu/肉表面.
* nt:試験せず.

　また,ウシの腸管内容物や糞便の数%ないし40%から *C. jejuni* が検出される.本菌による食中毒の最小発症量は100個前後と考えられている[30].本菌の熱抵抗性は大腸菌よりもやや低く,*C. jejuni* の D 値は50℃で2.2分,65℃で0.22分であるが,唐揚げ,焼き肉での研究によると,90℃でも死滅しない菌が存在する(表2.11)[31].すなわち,鶏肉10gの中心に本菌を接種し,180℃で唐揚げをした場合,1分後には中心部が90℃になっているが,CF 82-403株のように生残している菌株も存在する.

　本菌による食中毒は大規模になる場合が多いが,潜伏期間が長く(2～7日),原因食品が判明した例は少ない.判明した例では食肉が多く,特に鶏肉が多い.また,飲料水による例も多くなっている.本菌の病原因子としては,腸管粘膜定着因子(鞭毛とその運動性および細胞外膜タンパク質)と細胞内侵入因子が考えられている.

2.4.3　腸炎ビブリオ(*Vibrio parahaemolyticus*)

　腸炎ビブリオはグラム陰性の桿菌で,液体培地では1本の鞭毛を形成する.本菌は1～8%の食塩存在下で生育する絶対好塩性菌で,真水では溶菌して死滅する.生育pH域は4～11と広く,生育温度域は10～44.5℃で,

至適生育温度は35〜37℃である．本菌は海水中に夏期には多量に検出されるが，冬期には検出されなくなり，底泥中で越冬すると考えられている[32]．しかし，冬期には生きてはいるが通常の方法では培養できない状態（VBNC ; viable but nonculturable）の細胞として存在しているため検出が困難であると考えられている[12, 33]．腸炎ビブリオは腸管出血性大腸菌と同様に免疫学的にO，K，Hの抗原により分類されるが，H抗原はすべての腸炎ビブリオで共通である．腸炎ビブリオ食中毒原因菌株は，従来O4:K8型であったが，近年O3:K6型が主流となってきており，その理由は明らかになっていない．

腸炎ビブリオはヒトや家兎の赤血球を溶血する菌株と溶血を示さない菌株が存在する（神奈川現象）．前者は患者由来菌株に多く見られ，100℃，10分の加熱にも抵抗性を有する耐熱性溶血毒素（TDH; thermostable direct hemolysin）を持っている．一方，後者も耐熱性溶血毒素に類似する易熱性（100℃で分解）の毒素（TRH; TDH-related hemolysin）を有している．TDHやTRHを産生しない腸炎ビブリオはヒトに病原性がない[34]．O3:K6型菌はTDHを産生する．

腸炎ビブリオの最小発症量は10万個とされていた[35]が，食中毒の原因食品からの病原腸炎ビブリオ（TDHやTRH産生菌）の検出例はまれであり，原因食品からは非病原性の腸炎ビブリオが1万〜10万個/g程度検出されるので，その1/100個程度が病原性腸炎ビブリオ汚染と推定され，最小発症量は1000個程度と考えられる[34]．

本菌による食中毒は，わが国ではサルモネラに次いで多く発生し，その原因食品は約60％が生

表2.12 各種施設から採取した魚介類の腸炎ビブリオ汚染状況[36]

業　種	用　途	検体数	検出数（％）
魚市場	生食用	29	15 (51.7)
店　舗			
魚介類販売店	生食用	17	3 (17.6)
	その他	28	12 (42.9)
すし店	生食用	50	2 (6.7)
料理店	生食用	30	2 (33.3)
	その他	6	0
旅　館	生食用	24	1 (5.0)
	その他	20	
小　計	生食用	121	19 (15.7)
	その他	54	15 (27.8)
	計	175	34 (19.4)

調査：1987年および1988年7月〜9月．
（赤羽：食品と微生物，**6**，53（1989）より）

で喫食する寿司，刺身で，次いで弁当である．また，これらの食材を取り扱う施設における腸炎ビブリオ汚染が高いこと（表2.12）[36]から，厚生労働省は2000年に「腸炎ビブリオ食中毒予防ガイドライン」を示した．その要点は，菌の増殖防止，腸炎ビブリオ管理基準（汚染菌量）値，加熱の徹底である．魚市場では海水など腸炎ビブリオ汚染のある水による洗浄禁止，10℃以下による低温流通と保存を義務づけている（図2.2）．また，生食用

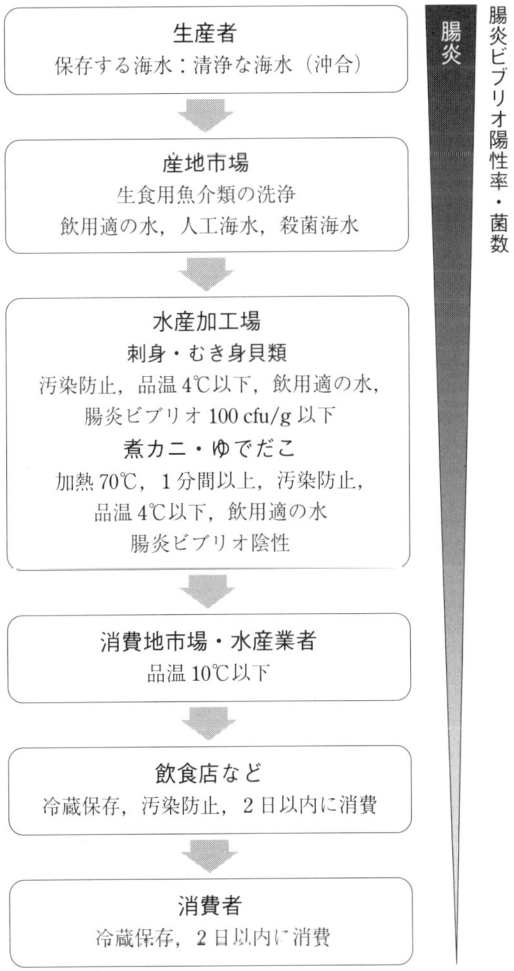

生産者
保存する海水：清浄な海水（沖合）

↓

産地市場
生食用魚介類の洗浄
飲用適の水，人工海水，殺菌海水

↓

水産加工場
刺身・むき身貝類
汚染防止，品温4℃以下，飲用適の水，
腸炎ビブリオ 100 cfu/g 以下
煮カニ・ゆでだこ
加熱70℃，1分間以上，汚染防止，
品温4℃以下，飲用適の水
腸炎ビブリオ陰性

↓

消費地市場・水産業者
品温10℃以下

↓

飲食店など
冷蔵保存，汚染防止，2日以内に消費

↓

消費者
冷蔵保存，2日以内に消費

腸炎ビブリオ陽性率・菌数

図2.2 生食用水産加工品の腸炎ビブリオ対策[34]

の魚介類の腸炎ビブリオ菌数は100個/g以下の管理基準が設けられた.

2.4.4 ビブリオ (*Vibrio* spp.)

食中毒原因菌として知られているビブリオには，ナグビブリオ (*Vibrio cholerae* non-O 1)，*V. mimicus* と *V. fluvialis* がある．伝染病であるコレラ菌の抗血清に凝集するのがコレラ菌 (*V. cholerae* O 1) であり，凝集しないのがナグ (NAG; non agglutinable) ビブリオである (表2.13)．そして，ナグビブリオの中で白糖 (ショ糖) 非分解性菌株が *V. mimicus* である．なお，わが国の行政用語では *V. cholerae* non-O 1 (O 1 でない) および *V. mimicus* の両者をナグビブリオとして一括して取り扱っている[38]．

ナグビブリオは1本の鞭毛を持ち，菌体は「ヘ」の字型に曲がっている．*V. cholerae* non-O 1でコレラ毒素を産生する菌株は約2%と少なく，コレラ毒素産生菌でもコレラ流行を起こしたことはあまりない．ナグビブリオはコレラ毒素以外に，耐熱性エンテロトキシン (NAG-ST) や腸炎ビブリオの耐熱性溶血毒 (TDH) 様毒素，赤痢菌の志賀様毒素などの産生が知られている．

魚介類のナグビブリオによる汚染度はかなり高いが，その汚染菌量は比

表 2.13 病原ビブリオの感染症と分布[37]

菌　　種		感　染　症	分　　布
V. cholerae (O 1)	コレラ菌	伝染病，コレラ	河川，汽水*(魚介類)
V. cholerae (non-O 1)	ナグビブリオ	食中毒，急性胃腸炎 軟組織感染 敗血症	河川，汽水*(魚介類)
V. mimicus			
V. parahaemolyticus	腸炎ビブリオ	食中毒，急性胃腸炎 創傷感染	沿岸海域 (魚介類)
V. alginolyticus		創傷感染	沿岸海域 (魚介類)
V. fluvialis	グループ F ビブリオ (EF-6)	食中毒，急性胃腸炎	沿岸海域 (魚介類)
V. vulnificus		敗血症，創傷感染	沿岸海域 (魚介類)
V. damsela		創傷感染，魚の皮膚潰瘍	海洋
V. hollisae		胃腸炎	海洋

＊ 海水と淡水とが混じり合っている塩分濃度の低い水.

較的少ない（1 000個/100g以下）ために，食中毒事例はあまり多くない．原因食品は刺身，弁当などである．対策は腸炎ビブリオと同じく魚介類を低温（4～10℃）に保つことである．

V. fluvialis の形態は腸炎ビブリオに酷似している．本菌による食中毒発生事例は少なく，いずれも腸炎ビブリオとの混合感染である．

2.4.5 サルモネラ（*Salmonella* spp.）

サルモネラはグラム陰性桿菌で，通常周毛性で運動性があり，国際的分類法では7種の亜種が定められている[39]が，一方では大腸菌と同様にO抗原とH抗原の組合せにより約2 500の血清型にも分類されている．一般には後者の分類法が利用されている．最も高頻度に検出される型は，*S.* Enteritidis（腸炎菌，ゲルトネル菌；SE），*S.* Typhimurium（ネズミチフス菌；ST），*S.* Thompson，*S.* Infantis などである．

サルモネラの生育可能最低温度は5.2～6.8℃であるが，食品中では通常10℃以上である．生育pH域は4.5～8.0である．また，卵中のサルモネラは8℃以上で増殖する．

感染源は哺乳動物であり，保菌率はニワトリ，ブタ，ウシの順で高くなっている．神戸市内における市販ミンチの汚染調査では，鶏肉で38％，豚肉で33％，牛肉で18％であり，汚染菌量は1g当たり10個以下であった．また，鶏卵中にも0.03％含まれているが，その菌量は1 000個/100gであった[40]．一方，未殺菌液全卵や乾燥卵粉末からはしばしばサルモネラが検出され（20％），食中毒の原因物質になる可能があるため，アメリカでは液卵の低温殺菌（60.5℃，3.5分）が義務づけられるようになった．

本菌による食中毒は，魚介類，

表2.14 サルモネラの発症菌数[41]

血清型	原因食品	感染菌量
Eastbourne	チョコレート	100
Napoli	チョコレート	10～100
Typhimurium	チョコレート	≦10
Heidelberg	チーズ	100
Typhimurium	チーズ	1～10
Newport	ハンバーガー	10～100
Saint Paul など	ポテトチップ	4～45
Enteritidis	アイスクリーム	25
Enteritidis	サラダ	23～39
Enteritidis	ピーナッツ和え	140

肉類を原因食品とするST菌によるものが多かったが，1990年以降は卵を原因とするSE菌によるものが多くなり，近年では80％程度がSE菌によるものになっている[41]．本菌の経口投与実験では10^5〜10^8個で発症率は10〜60％であり，最小発症菌数は1万以上とされていた[42]が，チョコレートやチーズを介する感染では1〜100個で感染が成立する（表2.14）[41]．

2.4.6 黄色ブドウ球菌 (*Staphylococcus aureus*)

ブドウ球菌[43]は，ブドウの房状の菌塊を形成するグラム陽性の非運動性，無芽胞，通性嫌気性の球菌である．これらの中でコアグラーゼ（血漿凝固因子）をつくるものが黄色ブドウ球菌である．本菌は生物学的性状によりA〜Fの6種に分類されるが，ヒト由来菌はほとんどA型である．

本菌の増殖温度域は5〜47.8℃（至適温度は30〜37℃），増殖pH域は4.0〜10.0（至適pHは6.0〜7.0），最低増殖水分活性値は0.83である．また，食塩10％濃度でも十分に増殖し，18％まで増殖可能である．本菌は広く環境に分布し，ヒトの皮膚，鼻腔，のどにも常在し，特に化膿床に多く存在する．また，食中毒の原因物質であるエンテロトキシン（staphylococcal enterotoxin；腸管毒．以下SETと記載する）のみでなく，溶血毒，表皮剥脱毒素（幼児の熱傷様皮膚症候群の起因毒素）や毒素性ショック症候群起因毒素などを産生する．

本菌のSETは分子量27 000〜34 000の単純タンパク質で，免疫学的にA〜Eの5型に分類されている[44]．食品（または培地）で産生された粗毒素は高い耐熱性を有し，100℃，40分の加熱でも失活しないし，120℃，20分でも完全には失活しない（B型毒素が最も耐熱性）．したがって，食品に黄色ブドウ球菌が増殖してSETを産生している場合，通常の調理方法では菌自体が死滅してもSETは失活せず食中毒の原因となる．

SET産生条件は毒素型によって異なるが，温度域は20〜46℃（10℃でも産生），水分活性域は0.9以上（初発菌数が多ければ0.86でも毒素産生），pH域は4.5以上（至適pHは6.5〜7.3）である．また，酸素の供給によりSET産生量は増大する．SETは増殖に伴って産生されるが，増殖よりも少し遅

れて産生される．AおよびB型SET産生菌のSET産生と増殖との関係を図2.3[45]に示した．食中毒の原因となるSETは，A型SETが圧倒的に多く（90％以上），その発症SET量は100〜200ng/ヒトとされているが，品川ら[46]は1〜数μg/ヒトで，その時の食品中の本菌数は10^6〜10^8個/gであると報告している．

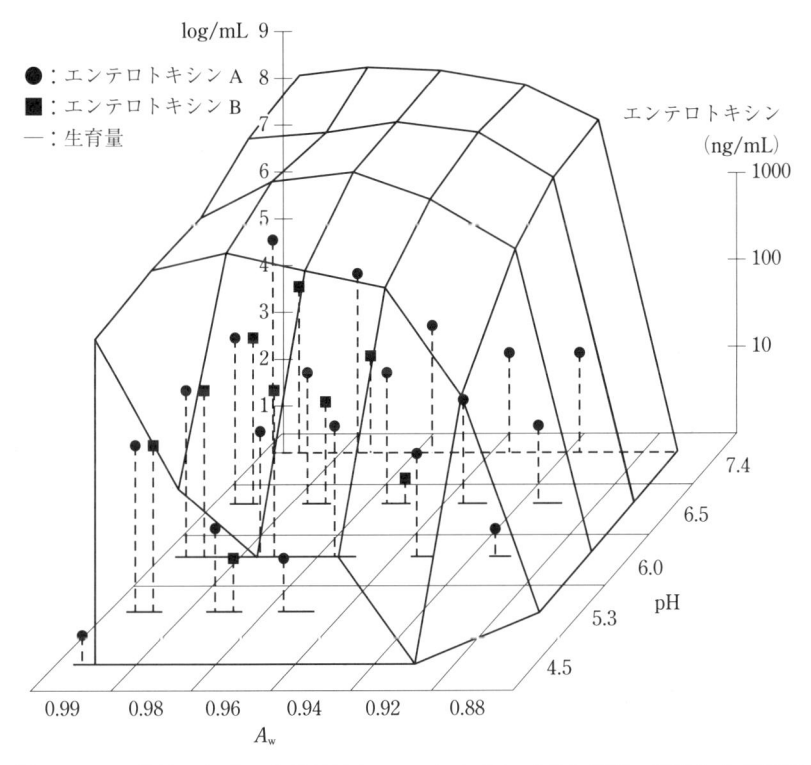

凡例
- ●：エンテロトキシンA
- ■：エンテロトキシンB
- ―：生育量

軸：log/mL，エンテロトキシン (ng/mL)，pH（7.4, 6.5, 6.0, 5.3, 4.5），A_w（0.99, 0.98, 0.96, 0.94, 0.92, 0.88）

図2.3 BHI培地における水分活性とpHによる黄色ブドウ球菌の増殖および毒素産生への影響（35℃，48時間培養）[45]

2.4.7 ボツリヌス菌（*Clostridium botulinum*）

ボツリヌス菌[47]は偏性嫌気性グラム陽性の有芽胞桿菌で，菌体周囲に多数の鞭毛を持ち運動性がある．本菌はタンパク分解性と非分解性などの生化学的性状によりⅠ〜Ⅳの4種に分類される（表2.15）．ボツリヌス菌は土壌中で芽胞の状態で分布し，その分布はボツリヌス食中毒の発生と密接

表 2.15　ボツリヌス菌の分布と特徴[48]

	I	II	III	IV
毒素型	A, B, F	B, E, F	C, D	G
肉片の消化	＋	－	＋または－	＋
リパーゼ	＋	＋	＋	－
トリプシンによる活性化	－	＋	－	＋
至適発育温度	37〜39℃	28〜32℃	40〜42℃	
最低発育温度	10℃	3.3℃	15℃	
発育抑制				
pH	4.6	5.0		
食塩	10%	5%		
水分活性	0.94	0.97		
芽胞の耐熱性				
D_{100}	25分	0.1分以下		
罹患動物	ヒト	ヒト	家畜 ミンク ニワトリ, 野鳥	
乳児ボツリヌス症	＋	－	－	－

な関係がある．日本の土壌では北日本でE型菌が分布し，その陽性率は0.4〜18.8％である．A型菌やF型菌は全国的に分布しているが，その陽性率は低い．また，B型菌は検出されていない．一方，食品では魚介類で2〜10％，魚肉ねり製品で1〜3％の割合で検出されている[48]．

本菌が産生する毒素は免疫学的にA〜Gの7型に分類されている（C型はC_1，C_2，C_3がある）．通常，本菌1菌株は1種類の毒素のみを産生するが，2種の毒素を産生する菌も存在する．芽胞は耐熱性を示すが，I群は120℃4分（容器包装詰加圧加熱殺菌食品の製造基準），II群は80℃6分，III，IV群は100℃15分で殺菌される．食中毒はI，II群に属する菌で起こり，日本ではA，B，E型菌（E型がほとんど）による食中毒とA型菌による乳児ボツリヌス症（原因は蜂蜜）がある．

毒素は本菌が増殖するときに菌体外に産生されることから，増殖条件が毒素産生条件となる（表2.15）．本菌は嫌気性菌であるために大気中では生育できない．本菌が生育できる酸化還元電位は＋100〜200mVで，生育

することによって酸化還元電位は急速に－200mVまで低下する．芽胞は＋200mV程度で発芽が可能である．

毒素は易熱性（80℃20分，100℃1～2分で不活化される）の単純タンパク質で，末梢運動神経の麻痺を起こす．食品や培養基中に産生された毒素は分子量約15万の毒素成分1分子と，種々の分子量の無毒成分1分子との複合体で，分子量約90万（LL），50万（L），30万（M）の3種類がある（表2.16)[37]．これらの毒素はpH7.5以上で毒素成分と無毒成分に解離する．毒素の毒力は高く，A，B，D型の毒素成分1mg当たりの毒力は約10億匹LD_{50}（マウス腹腔内注射での50％致死量）に相当する．経口毒力は無毒成分のタンパク質が大きいほど，消化酵素（ペプシン）に対する抵抗性が高くなる．E型毒素はそのままでは毒力が弱いが，消化酵素（トリプシン）に

表2.16 ボツリヌス毒素の分子サイズと毒力[37]

菌　種	分子構成	沈降定数 S	分子量 ($\times 10^3$)	毒力（マウス，腹腔）LD_{50}/mg 窒素 ($\times 10^6$)	
				トリプシン処理前	トリプシン処理後
A型 （タンパク質分解性）	LL L M	19 16 12	900 500 350	250～300 450～500	— — —
B型 （タンパク質分解性 毒素活性化不完全）	L M	16.1 11.5	500 350	6～100 16～200	250～350 550～600
B型 （タンパク質非分解性）	L M	16 12	500 350	5～6 8～9	500～600 800～900
C型 （タンパク質非分解性）	L M	16 12	500 350	60 100	— —
D型 （タンパク質非分解性）	L M	16 12	500 350	240 500	— —
E型 （タンパク質非分解性）		11.6	350	0.1	50～80
F型 （タンパク質非分解性）		10.3	240	100	

■：活性化毒性成分　■：未活性化毒性成分　□：無毒成分　■：血球凝集成分

より無毒成分が分離されると，その毒力は500倍以上になる．また，E型毒素は食品中で混在する微生物の産生するタンパク分解酵素により，同様に活性化される．

2.4.8 ウエルシュ菌（*Clostridium perfringens*）

ウエルシュ菌[49]による食中毒は従来，感染型食中毒とされていたが，現在では毒素型食中毒となり，生体内毒素産生型食中毒に分類されている．

本菌は偏性嫌気性グラム陽性の有芽胞桿菌で，鞭毛がないため非運動性である．本菌の増殖温度域は12〜51℃（至適温度43〜47℃），増殖pH域は5〜9（至適pH 6.0〜7.5），水分活性域は0.97〜0.95である．また，本菌は嫌気性菌であるが比較的低い酸化還元電位（−125〜＋287mV，嫌気性菌は−200mV以下）でも増殖し，空気（酸素）に対しても強い抵抗性を示す．したがって，加熱によって溶存酸素が低下した状態の肉汁中でも発育が可能である．本菌の芽胞は通常100℃，数分の加熱で死滅するが，一部の菌では100℃，1〜6時間程度の加熱に耐える芽胞を形成する．

本菌は哺乳動物や魚介類に広く分布し（陽性率5〜36％）[50]，土壌中にも10^3〜10^4個/g（主に芽胞）検出されることから，あらゆる食材に存在する可能性がある．しかし，これらから分離される菌株では，エンテロトキシンを産生するものは1〜2％程度である[51]．

本菌は産生する毒素の種類と量比により，A〜Eの5種に分類される[52]．そのうち，ヒトの腸炎の原因になるのは主としてA型菌である．食中毒は本菌を多量摂取（10^8〜10^9個）することにより起こるが，直接の原因は腸管内での芽胞形成時の毒素産生である．

下痢症の原因物質はウエルシュ菌エンテロトキシン（α溶血毒などとは異なる）と呼ばれる易熱性の単純タンパク質毒素（分子量約35 000）である．本毒素の産生は定常期以降に開始され，栄養型細胞が溶菌して成熟芽胞が放出されるとき，それと並行して起こる．しかし，本毒素は酸に弱くpH 4.0以下で失活することから，食品中に本毒素が存在しても胃酸によって失活する．

2.4.9 リステリア（*Listeria monocytogenes*）

リステリアは16種類の食中毒原因菌（表2.7）には入っていないが，本菌の感染によって敗血症，髄膜炎などを主症状とする致命率の高い（20％前後）急性の疾患を引き起こす．本菌はグラム陽性，通性嫌気性の無芽胞細菌で鞭毛を有する．本菌の生育至適温度域は35～37℃であるが，4℃以下の低温でも増殖可能である．また，食塩に対して抵抗性があり，6％食塩でも耐性を示す．リステリアは63℃，30分で完全に死滅する[52]．

本菌の病原性メカニズムについてはまだ十分に解明されていないが，重要な病原因子として，ある種の溶血毒（リステリオリシンO）の産生の有無が病原性を左右していると考えられている[53]．潜伏期が1～数週間と長いのが特徴である．

リステリアは自然環境に極めて広く分布し，土壌中でも生存可能であり，このために自然環境自体が病原巣になっている[54]．特に，家畜が健康保菌していることから動物性食品の汚染が高く牛乳，チーズ，食肉を介した集団発生が起きている[55]．わが国における食肉での汚染調査結果では，牛枝肉で4.9％，豚枝肉で7.4％の陽性が見られる．市販の生肉では陽性率はさらに高く，牛肉，豚肉，鶏肉で37～44％である．しかしその菌数は少なく，ほとんどのものは100個/g以下である[52]．また，一般生菌数の多い食肉ほどリステリアの検出される確率も高くなっている．

2.5 原虫およびウイルス

食中毒原因微生物として，上記の細菌以外に原虫類，ウイルスが知られている．原虫類は医学，獣医学用語で，寄生性の原生動物類の総称である．マラリアに代表される血液寄生性原虫，トキソプラズマなどの臓器寄生性原虫，クリプトスポリジウムなど腸管寄生性原虫など多岐にわたる[56, 57]．

原虫類には以下に示す共通した特徴がある．① 耐久型である囊子を形成すること，② 囊子は外界で長期にわたり生存すること，③ 外界では増殖しないこと，④ わずかな囊子で感染することなどである．

本節では腸管寄生性原虫、クリプトスポリジウム、サイクロスポラ、およびアニサキス（線虫）について示す．また，食中毒原因ウイルスでは小型球形ウイルスについて示す．

2.5.1 クリプトスポリジウム（*Cryptosporidium* spp.）

胞子虫類に属する原虫である．ヒトへの感染は *Cryptosporidium parvum* が原因で，腸管上皮細胞の微絨毛（びじゅうもう）に侵入して寄生体胞を形成する．無性および有性の生殖を行うが，有性生殖のある世代においてオーシスト（接合子嚢）を形成し，この時に感染性を有することになる．自家感染を繰り返すか，糞便とともに排出され，水や食品に混じって新たな経口感染や，動物（ヒト）からの接触感染がある[56]．

病原巣は患者または感染した哺乳動物で，その糞便，特に急性期の糞便には多量（10^{10}個程度の場合もある）のオーシストが含まれ，主な汚染源となる．ウシを中心とする調査では1〜80％の感染が認められている．発症菌数はオーシストが10〜100個程度と極めて少ない[58]．

オーシストは湿潤な外環境では数か月生存するが，60℃以上（100℃，1分で死滅）あるいは−20℃以下，30分以上の処理，常温乾燥状態で1〜4時間で感染力を失う．90％のオーシストを不活性化するのに，オゾンは

表2.17 各種環境条件でのオーシストの不活性化[59]

環境条件	不活性化率(％)	実験条件
水道水	96	室温，流水中，176日
浄水処理工程	0	実験室内スケール，室温下および4℃にて実用上の処理・接触時間
河川水	94	環境温度，176日
ウシ糞便内	66	軟便に混入，外気温，176日
ヒト糞便内	78	4℃，178日
海水	38	4℃，35日
凍結	＞99	液体窒素浸漬
凍結	67	−22℃，21時間
乾燥	＞99	室温，4時間

1mg/Lで5分,紫外線は80mW·s/cm^{2}が必要である.各種環境条件下でのオーシストの不活性化条件を表2.17に示した[59].本原虫による食中毒は水道水を介して起こり,大規模になることが多い.これは水道水の消毒に広く用いられている塩素に対する抵抗性はCt値(塩素濃度(mg/L)×接触時間)で,大腸菌が0.02であるのに対して,オーシストは7 200〜14 000と非常に強いためである.二酸化塩素のCt値は160,オゾンのCt値(オゾン濃度(mg/L)×接触時間)は5〜10である.厚生省は1996年に水道におけるクリプトスポリジウム暫定対策指針(衛水第248号)を出し,汚染が認められた水源は取水停止,水源の変更などを要望している.

2.5.2 サイクロスポラ (*Cyclospora* spp.)

胞子虫類に属する原虫である.ヒトへの感染は *Cyclospora cayetanensis* が原因で,腸管上皮細胞に寄生する.糞便中に排出されたオーシストは未成熟で感染力を持たないが,感染性を有するまでには条件にもよるが外界で1〜2週間の発育期間が必要である.この成熟オーシストは主に飲料水を介して経口感染するが,糞便中の未成熟オーシストは感染力を持たないために,接触感染はない.クリプトスポリジウムと同様に水道水に使用される塩素濃度では殺滅は困難である[56].

2.5.3 アニサキス (*Anisakis* spp.)

蠕虫類に属する線虫である.クジラやイルカなどを終宿主とする *A. simplex* と,マッコウクジラ,コイワシクジラに寄生する *A. physeteris* などがある.これらの幼虫がアニサキス症の原因となり,主に胃アニサキス症(90%)である.汚染源はサバ,アジ,イカ,イワシなどで,刺身,締めさば,醤油漬,握りずしで感染する場合が多い.酢に対して耐性を持つが,冷凍(12℃以下,24時間以上)で死滅する[60].

2.5.4 小型球形ウイルス (**SRSV; small round structured virus**)

SRSVは非細菌性急性胃腸炎の原因ウイルスで,ノーウォークウイルス

またはノーウォーク様ウイルスの総称である（表2.18）．ヒトが唯一の感受性動物である．

　SRSVによる胃腸炎は主にSRSVで汚染された食品（主にカキ，二枚貝）の喫食によることが多く，11月～3月にかけて多発している．SRSVは10～100個の摂取で発症する．SRSVはウイルスであるので一度感染すると抗体が上昇し，しばらくの間は感染しても抵抗性を示し発症しないが，この効果は数か月で低下するので二度三度と感染する．また，ヒトからヒトへの接触感染があり，その場合には殺菌消毒よりも，汚染物に触れない，洗い流す（うがい）ことが重要である[62-64]．

2.5.5　西ナイルウイルス（West Nile virus）

　本ウイルスはフラビウイルス属に属している．日本脳炎ウイルスに近縁で，イエカ，アカイエカ，コガタアカイエカによって媒介され，蚊の吸血によって感染し，脳炎や髄膜脳炎などの症状を伴い，致死率は10％前後である．鳥類が中間宿主（健康宿主の場合が多い）とされ，哺乳類（ヒト，

表2.18　胃腸炎を起こすウイルス[61]

	ウイルス	リスク群	症状	発生状況	食品との関連性（推定）
SRSV	ノーウォークウイルス群 スノーマウンテンウイルス群	全年齢	嘔吐・下痢	急性胃腸炎の流行を起こし，大規模集団発生もある．汚染食品の摂取，ヒト→ヒトの感染による．	貝類で濃縮されている．水・果物・野菜への汚染
	ヒトカリシウイルス	乳幼児	下痢	ヒト→ヒトの感染．病院・施設での集団発生例がある．	（未確認）
	アストロウイルス	乳幼児	下痢	症状は軽いとされている．成人の集団発生例がある．	水への汚染，貝類での濃縮
ロタウイルス		乳幼児	下痢	冬期に発生する乳児嘔吐・下痢症．抗体獲得で治療．	（未確認）
アデノウイルス		幼児	下痢	呼吸器症状を伴う場合が多い．発症頻度は低い．	（未確認）
エンテロウイルス		幼児	下痢	呼吸器・神経疾患を伴う．発症頻度は低い．	（未確認）

ウマなど）が感染する．

　感染は吸血によってのみ起こるのではなく，本ウイルスの混入した血液の輸血（発病）や，感染した母親からの母乳による乳児への感染（発病していない）が報告されている（Centers for Desease Control and Prevention 報告）．

2.6 プリオン

　BSE（狂牛病，ウシ海綿状脳症）はウシの脳組織に多くの穴があきスポンジ状の変化を起こし，起立不能などの症状を示す中枢神経系の疾病である．感染後の潜伏期は2～8年と長く，その後神経過敏，体重減少，異常姿勢などの形態で発病し2週間から6か月の経過を経て死に至る．BSEに罹ったウシの肉を摂取するとヒトも同様に感染する（クロイツフェルト・ヤコブ病）[65]．

　この病原体はプリオンと呼ばれるタンパク質であり，このタンパク質のみで異常プリオンが増加する（通常の遺伝学的増加とは異なる）．プリオンはタンパク質であるが，通常のタンパク質変性処理（加熱，タンパク質分解酵素処理など）に対して安定である．プリオンを不活性化できるのは，熱（300℃，1時間），1M NaOH，10％ホルムアルデヒド処理などで，133℃，3気圧，20分処理では，出発濃度から4桁下げる程度である[66, 67]．このようなことから，と殺牛全てについて検査し，プリオンが陽性とされた場合には，そのウシは全て焼却処分されている．

参 考 文 献

1) 動物性食品のHACCP研究班編：HACCP：衛生管理計画の作成と実践，総論編，厚生省生活衛生局乳肉衛生課監修，中央法規出版（1997）
2) 金子精一他：図解食品衛生実験，p.9，講談社（1994）
3) 厚生省生活衛生局食品保健課監修：生めん類の衛生規範，日本食品衛生協会（1991）
4) 弁当・そうざいの衛生規範，日本食品衛生協会（1979）
5) 木村　光編：食品微生物学，p.47，培風館（1988）
6) 村尾沢夫，藤井ミチ子，荒井基夫：くらしと微生物，p.87，培風館（1993）

7) Z. J. Ordal : *J. Milk Food Technol.*, **33**, 1（1970）
8) 木暮一哲：防菌防黴, **30**, 82（2002）
9) 森地敏樹：食品加工において生じる損傷菌の挙動と対策, 最新食品微生物制御システムデータ集, 春田三佐夫, 宇田川俊一, 横山理雄編, p.151, サイエンスフォーラム（1983）
10) 土戸哲明：防菌防黴, **30**, 105（2002）
11) 工藤由起子：同誌, **30**, 111（2002）
12) 友近健一, 三好伸一, 篠田純男：同誌, **30**, 85（2002）
13) 門田　元, 中山昭彦：高温菌の挙動と対策, 最新食品微生物制御システムデータ集, 春田三佐夫, 宇田川俊一, 横山理雄編, p.73, サイエンスフォーラム（1983）
14) A. Nakayama, J. Sonobe and R. Shinya : *J. Food Hyg. Soc. Jpn.*, **23**, 25（1982）
15) 土戸哲明：熱殺菌の微生物学的基礎, 熱殺菌のテクノロジー, 高野光男, 土戸哲明編, p.33, サイエンスフォーラム（1997）
16) J. W. Foster and M. Moreno : Novartis Foundation Sympsium, p.55（1999）
17) 諸角　聖：防菌防黴, **25**, 355（1997）
18) 濱田信夫：環境管理技術, **18**（4）, 178（2000）
19) 宇田川俊一：*HACCP*, **7**（2）, 42（2001）
20) 鈴木公雄：防菌防黴, **23**, 303（1995）
21) 氏家昌行他：同誌, **17**, 473（1989）
22) 日本防菌防黴学会編：防菌防黴ハンドブック, 日本防菌防黴学会（1986）
23) 宇田川俊一：*HACCP*, **7**（1）, 94（2001）
24) 小林一寛：防菌防黴, **25**, 599（1997）
25) 芝崎　勲：同誌, **26**, 371（1998）
26) 伊藤　武：腸管出血性大腸菌, 食中毒, 細貝祐太郎, 松本昌雄監修, p.87, 中央法規出版（2001）
27) 本田武司：腸内細菌, シンプル微生物学, 東　匡伸, 小熊恵二編, p.151, 南江堂（2000）
28) 伊藤　武：カンピロバクター・ジェジュニ/コリ, 食中毒予防必携, 厚生省生活衛生局食品保健課乳肉衛生課食品化学課監修, p.50, 日本食品衛生協会（1998）
29) 伊藤　武：防菌防黴, **25**, 711（1997）
30) K. S. Kim *et al.* : *J. Infect Dis.*, **157**, 47（1988）
31) 伊藤　武他：東京都衛生研究所年報, **37**, 119（1986）
32) M. R. A. Cgowdbury *et al.* : *FEMS Microbiol. Ecology*, **74**, 1（1990）
33) X. Jiang and T. Chai : *Appl. Environ. Microbiol.*, **62**, 1300（1996）
34) 伊藤　武：腸炎ビブリオ, 食中毒, 細貝祐太郎, 松本昌雄監修, p.61, 中央法規出版（2001）

参考文献

35) T. F. Murphy *et al.* : *J. Infect Dis.*, **156**, 720 (1987)
36) 島田俊雄：腸炎ビブリオ，食中毒性微生物，総合食品安全事典編集委員会編，p.33, 産業調査会 (1997)
37) 田中共生：細菌性食中毒，食品衛生学，澤村良二，濱田　昭，早津彦哉編，p.77, 南江堂 (1995)
38) 島田俊雄：ナグビブリオ，食中毒性微生物，総合食品安全事典編集委員会編，p.235, 産業調査会 (1997)
39) 喜多英二：サルモネラ属菌，細菌学，竹中美文，林　英生編，p.372, 朝倉書店 (2002)
40) 中西寿男：食衛誌，**34**, 318 (1993)
41) 伊藤　武：サルモネラ，食中毒，細貝祐太郎，松本昌雄監修，p.46, 中央法規出版 (2001)
42) N. B. McCullough and C. W. Eisele : *J. Infect Dis.*, **89**, 209 (1951)
43) 五十嵐英夫：防菌防黴，**25**, 549 (1997)
44) 品川邦汎，小沼博隆：黄色ブドウ球菌，食中毒性微生物，総合食品安全事典編集委員会編，p.123, 産業調査会 (1997)
45) 尾上洋一，高橋孝則，森　實：日本細菌学雑誌，**42**, 751 (1987)
46) K. Shinagawa *et al.* : *J. Med. Sci. Biol.*, **35**, 1 (1982)
47) 坂口玄二：防菌防黴，**25**, 559 (1997)
48) 伊藤　武，植村　興：ボツリヌス菌，食中毒性微生物，総合食品安全事典編集委員会編，p.147, 産業調査会 (1997)
49) 櫻井　純：防菌防黴，**25**, 651 (1997)
50) 植村　興：ウエルシュ菌，食中毒性微生物，総合食品安全事典編集委員会編，p.175, 産業調査会 (1997)
51) 品川邦汎：ウエルシュ菌，食中毒予防必携，厚生省生活衛生局食品保健課乳肉衛生課食品化学課監修，p.20, 日本食品衛生協会 (1998)
52) 丸山　務：リステリア，食中毒性微生物，総合食品安全事典編集委員会編，p.215, 産業調査会 (1997)
53) T. Chakraborty and W. Goebel : *Microbiol. Immunol.*, **138**, 41 (1988)
54) J. E. Heisick *et al.* : *Appl. Environ. Microbiol.*, **55**, 1925 (1989)
55) M. Gray and A. H. Killinger : *Bacterio. Rev.*, **30**, 309 (1966)
56) 遠藤卓郎，八木田健司：原虫類，食中毒予防必携，厚生省生活衛生局食品保健課乳肉衛生課食品化学課監修，p.287, 日本食品衛生協会 (1998)
57) 村田以和夫：食品の寄生虫，幸書房 (2000)
58) 黒木俊郎，山本志朗：臨床栄養，**89**, 845 (1996)
59) 村田以和夫：フードケミカル，No.57, 77 (1998)
60) 小島荘明：蠕虫類，食中毒予防必携，厚生省生活衛生局食品保健課乳肉衛生課食品化学課監修，p.305, 日本食品衛生協会 (1998)

61) 松本昌雄：小型球形ウイルス，食中毒，細貝祐太郎，松本昌雄監修，p.124，中央法規出版（2001）
62) 武田直和：小型ウイルス，同書，p.280.
63) 関根大正，佐々木由紀子：食衛誌，**14**（3），136（1997）
64) 関根大正，佐々木由紀子：臨床栄養，**89**，850（1996）
65) 村上　司：環境管理技術，**20**（2），84（2002）
66) D. M. Taylor：*J. Hosp. Infect.*，**433**，S69（1999）
67) 芝崎　勲：環境管理技術，**19**（2），51（2001）

〔矢野俊博〕

第3章　食品微生物の殺菌とそのメカニズム

　食品の微生物危害は，食品を栄養源として増殖する微生物の代謝によって発生し，その過程や程度は食品の性質（種類）や食品の置かれている環境（図3.1），あるいは増殖した微生物の種類により異なる[1]．したがって，食品の安全性を保持する原則は，食品自体の持つ品質を損なうことなく，食品の微生物汚染を防止すること，微生物の増殖や代謝活性を抑制することであり，そのために用いられているのが微生物制御技術である．

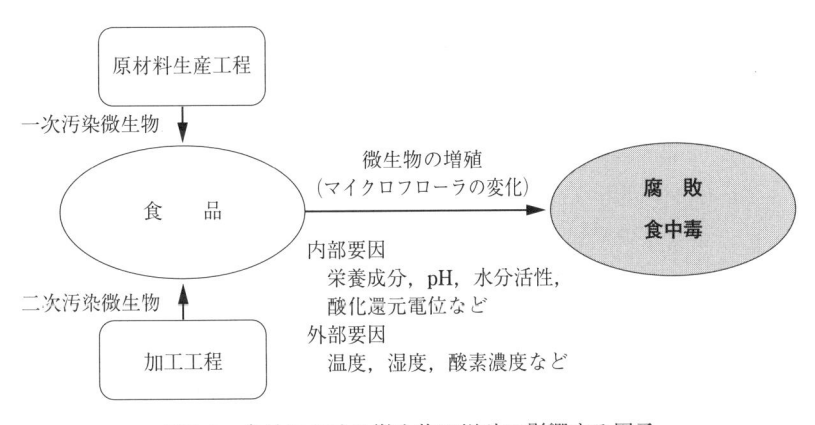

図3.1　食品における微生物の増殖に影響する因子

　微生物制御の方法は殺菌（熱殺菌と冷殺菌がある），静菌（微生物が存在しても，その増殖や代謝活性を抑制すること），除菌，遮断の4つに大別することができる．ここでは安全な食品を供給する上で最も重要と考えられる殺菌およびその技術とメカニズムについて示す．

3.1 食品微生物殺菌の考え方

殺菌とは,文字通り微生物を殺すことを示すが,食品中の有害微生物が死滅し,無害な微生物が生残した場合でも,殺菌(消毒とほぼ同意)と呼ばれる.一方,滅菌は食品中の全ての微生物を殺滅させることであるが,実際,食品では滅菌状態のものはない.すなわち,半永久的に保存が可能な容器包装詰加圧加熱殺菌食品(缶詰,レトルト食品など)においても,商業的無菌がなされているだけで,その環境では生育できない微生物が存在する.

殺菌の方法としては表3.1に示すように,熱殺菌と冷殺菌に分類され,様々な方法が取られている.

ここでは,加熱殺菌を例に殺菌の考え方を示すが,冷殺菌においても同様の様式で微生物は殺菌される.

微生物の死滅は一般には時間に対して対数的に起こることが知られている(図3.2).食品に加熱殺菌を適用する場合には,目標とする有害微生物を効率的に死滅させるとともに,食品の品質劣化を最小限にとどめる加熱条件を採用しなければならない.必要最小限の加熱条件を設定するためには,ある温度で微生物が死滅する速さ(表3.2)と食品の品質が劣化する速さ(表3.3)を比較し,加熱温度と加熱時間を設定しなければならない.冷殺菌の場合には,薬剤殺菌ではその濃度,紫外線殺菌ではその線量と処理

表3.1 熱殺菌と冷殺菌

熱殺菌	直接加熱殺菌	インジェクション式,インフュージョン式
	間接加熱殺菌	プレート式,チューブラー式,表面かき取り式
	内部加熱殺菌	通電加熱,マイクロ波,高周波,遠赤外線
	その他	レトルト,煮沸,熱風,火炎
冷殺菌	紫外線殺菌	紫外線
	高圧殺菌	高圧,衝撃波,超音波
	電界磁場殺菌	パルス電界,閃光パルス,振動磁場
	放射線殺菌	ガンマ線,X線,電子線,ソフトエレクトロン
	化学的殺菌	次亜塩素酸,オゾン,過酢酸,過酸化水素

時間を設定することになる.

熱殺菌だけでなく熱による食品成分の変化（分解）を数値的に示すために，D（decimal reduction time）値（処理温度で供試菌（食品成分）の90％を死滅（分解）させるのに要する時間），F値（一定濃度の供試菌が一定温度で死滅するのに要する加熱時間），Z値（D値を1桁変化させるために必要な温度差）などが使われている.

図3.2において，D値が5分であると仮定すると，菌数が100個の場合，菌は10分間の熱処理でほぼ死滅するが，10 000個の場合，菌をほぼ死滅させるのに20分を要することを示している．すなわち，食品の原材料に多数の微生物が存在した場合，長時間の加熱殺菌が必要であることを示している．したがって，食品を製造するには微生物数の少ない原材料を選択することが最も重要であり，人為的に微生物数を減少させるためには除菌操作（主に洗浄）を行わなければならない.

一般に示されているD値（表3.2）は，十分に水分が存在する条件下（湿熱条件）での値であり，乾熱条件下ではD値は大きくなる．しかし，D値は乾熱条件下で最高値を示すのではなく，水分活性が0.2～0.4で最高値を示す[3]．また，D値の多くは緩衝液中で測定されているが，微生物が存在

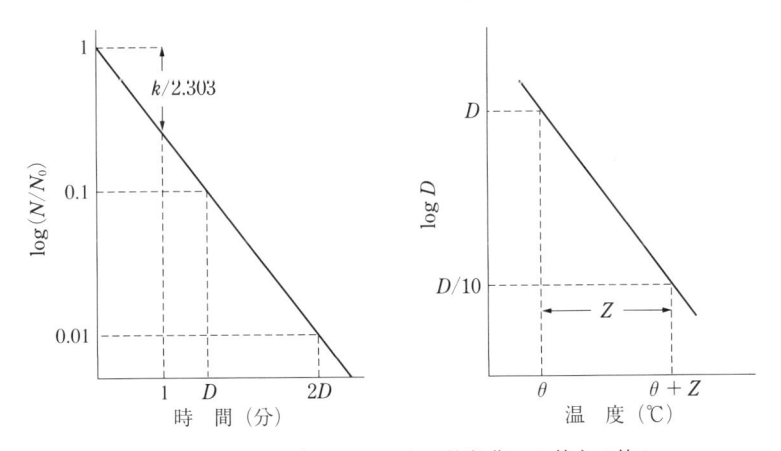

図3.2 1分子反応モデルによる熱殺菌のD値とZ値[2]
N_0；初発生菌数，N；t時間後の生菌数，k；単位時間当たりに死ぬ確率（1/分），θ；殺菌温度（℃）

表 3.2 主な病原性細菌の発育条件と熱死滅条件[3]

菌　　　種		発育条件		熱死滅条件	
		pH	温度(℃)	温度(℃)	時間(分)*
エロモナス菌	*Aeromonas hydrophila*	5.5～9.0	0～45	60	0.026～0.04(D)
炭疽菌	*Bacillus anthracis*	(7～7.2)**	12～43	100	2～5
セレウス菌	*B. cereus*（栄養細胞）	4.9～9.3	10～45	60	0.13(D)
	B. cereus（胞子）	—	—	100	0.8～14(D)
ブルセラ菌	*Brucella abortus*	5.8～8.7	8～43	60	10
カンピロバクター菌	*Campylobacter jejuni*	4.9～9.0	25～45	55	0.74～1.0(D)
ボツリヌス菌	*Clostridium botulinum* A	4.7～8.5	10～37	110	1.6～4.4(D)
ボツリヌス菌	*C. botulinum* B	4.7～8.5	10～37	110	0.74～13.7(D)
ボツリヌス菌	*C. botulinum* E	5.0～9.0	3.3～30	77～80	0.6～4.3(D)
ボツリヌス菌	*C. botulinum* F, G	—	—	82.2	0.25～0.84(D)
ウエルシュ菌	*C. perfringens*	5.0～9.0	15～50	115.6	0.6～0.8(D)
ジフテリア菌	*Corynebacterium diphtheriae*	(7.2～7.8)	15～40	58	10
病原性大腸菌	*Escherichia coli*	4.0～9.6	10～45	60	0.27(D)
肺炎桿菌	*Klebsiella pneumoniae*	4.4～9.0	(37)**	55	30(D)
レジオネラ菌	*Legionella pneumophila*	5.4～8.0	5.7～50	60	2.3～5.0
リステリア菌	*Listeria monocytogenes*	4.7～9.2	1～45	65	0.1(D)
結核菌	*Mycobacterium tuberculosis*	4.5～8.0	30～44	60	20～30
プレシオモナス菌	*Plesiomonas shigelloides*	4.5～8.5	10～55	60	30
プロテウス菌	*Proteus vulgaris*	4.4～9.2	10～43	55	60
緑膿菌	*Pseudomonas aeruginosa*	6.0～9.3	5～42	55	14～60
サルモネラ菌	*Salmonella enteritidis*	6.0～8.0	15～41	55	5.5(D)
サルモネラ菌	*Sal. senftenberg*	6.0～8.0	15～41	60	7.5(D)
サルモネラ菌	*Sal. typhi*	6.0～8.0	15～41	60	5～15
サルモネラ菌	*Sal. typhimurium*	6.0～8.0	15～41	55	10(D)
赤痢菌	*Shigella dysenteriae*	4.9～9.3	6.1～47.1	60	5
黄色ブドウ球菌	*Staphylococcus aureus*	4.5～9.8	12～45	60	0.43～2.5
腸球菌	*Streptococcus faecalis*	4.0～9.0	10～45	60	0.83～13(D)
化膿性連鎖球菌	*Strept. pyogenes*	5.7～9.0	20～40	60	0.4～2.5(D)
コレラ菌	*Vibrio cholerae*	6.4～9.6	23～37	60	0.63(D)
腸炎ビブリオ	*V. parahaemolyticus*	4.8～11.0	5.0～43	53	2.8～4.0(D)
エルシニア菌	*Yersinia enterocolitica*	4.4～7.8	0～44	62.8	0.24～0.96(D)

* 死滅時間，D は 90％死滅時間．**（　）最適 pH，最適温度．

した温度履歴（微生物は高温に置かれると熱ショックタンパク質を生成し熱抵抗性が増大する）[4]，あるいは pH（酸ショックタンパク質の生成）[5]，食品成分（微生物に対して，糖質，脂質は保護的に，食塩は阻害的に働く），添加物などによって影響を受けることが知られている[3].

3.2 ハードル理論

容器包装詰加圧加熱殺菌食品のように商業的無菌を達成している食品では腐敗の心配はないが，その他の食品に採用されている殺菌では食品中に存在する微生物を全て殺滅するのではなく，製造・流通過程を通じて微生物の増殖を一定レベル以下に抑制する方法が取られ，食品の安全性が確保されている．

表 3.3 微生物と食品成分のZ値

成　　　分	Z値(℃)
微生物（栄養細胞）	4～8
細菌芽胞	7～12
酵　素	10～50
ビタミン	25～30
タンパク質	15～37
官能的因子	
総合	25～47
テクスチャー	25～47
色	25～47

ハードル理論とは，「食品中で微生物を増殖させない」ことを目的として，微生物の増殖を抑制する各種の微生物制御法を障害（ハードル）と考えるところに特徴がある．そのハードルが1つ1つは小さくても，それらを複数組み合わせることによって相加的あるいは相乗的効果が現れ，最終的に微生物の増殖を抑制できれば，安全な食品が製造・販売できるとの考えに基づいている．すなわち，微生物の増殖や殺菌，静菌などに係わる要因を穏和な条件で，意識的，意図的に組み合わせることにより，品質を確保しながら安全性を保証する方法であり，低温加熱あるいは非加熱食品の製造方法として注目されている[6, 7]．

ハードル理論は，1970年代後半にLeistnerによって提唱されたものである[8]が，現在も注目を浴び，常温保存食品の開発に利用されている．その概念を図3.3にも示してあるが，ハードルとしては，加熱を初めとする殺菌方法，低温などの微生物の増殖に係わる外部（環境）要因，食品自体の水分活性・pH・酸化還元電位などの内部要因，保存料の添加などが利用される．それぞれの利用度，微生物増殖抑制に係わる貢献度（ハードルの高さ）は異なっていても，食品中の微生物が最終的に超えることができなければ，食品は安全に保たれることになる．

図3.3において，No.1は理論的なもので，いずれのハードルも同じ高さ

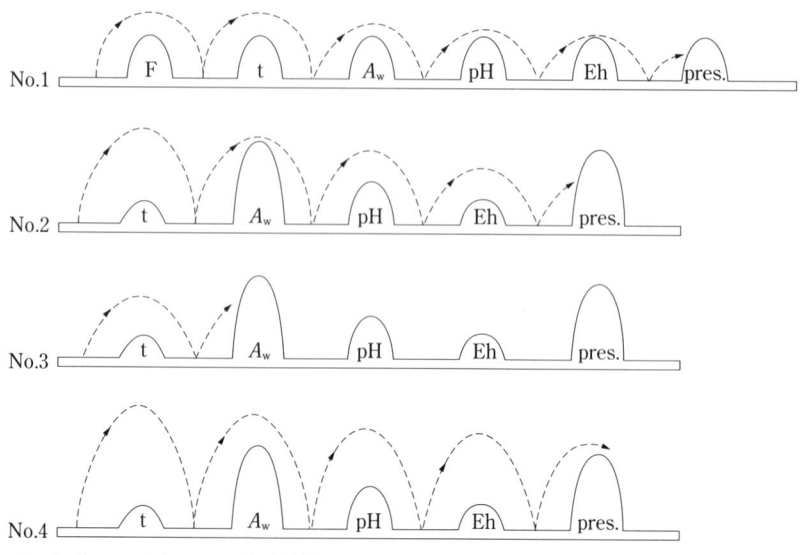

No.1 F t A_w pH Eh pres.

No.2 t A_w pH Eh pres.

No.3 t A_w pH Eh pres.

No.4 t A_w pH Eh pres.

F：加熱，t：冷却，A_w：水分活性，pH：酸性化，Eh：酸化還元電位，pres.：保存料

図3.3 ハードル理論による微生物制御要因の効果[6]

で，緩やかにそれぞれのハードルが微生物制御に貢献し，最終的には完全に微生物制御が行われている．No.2は実際の食品例で，水分活性の調節と保存料の添加が微生物制御に貢献している．No.3は原材料の微生物汚染が少なかった場合で，冷却と水分活性の調節のみにより微生物制御が行えていることを示している．No.4は原材料の微生物汚染が高かった場合で，図中の制御項目のみでは，微生物制御が行えない状態を示している．

3.3 予測微生物学

　食品中の微生物の増殖，生残および死滅を数学モデルを用いて予測しようとする研究が行われており，これを予測微生物学と称している．数学モデルを用いて食品中の微生物の挙動を予測する目的は，食品の原材料から製造工程，流通，保管，販売，消費までの全ての過程で病原性および腐敗微生物を制御することにある．また，予測微生物学は対象となる食品中の

病原性微生物の定量的危険度評価を行うために有効な手法である[9, 10].

3.3.1 予測微生物学のデータベース

一般に予測微生物学が数学モデルの対象としている微生物は主として細胞数が計測しやすい細菌または酵母であり，その菌数自体または増殖速度を数式によって表わしている．多様な増殖形態を示す糸状菌（カビ）を対象としたモデルもあるが，その場合はバイオマス（菌体重量）あるいは寒天平板上のコロニーの大きさ（直径）を指標としている[11, 12]．また，菌糸の伸長，分裂をモデル化したものもある[13].

1） ComBase モデル

ComBaseはアメリカ農務省の農業研究センターがイギリスの食品基準局と共同で構築したデータベースである．これは病原菌モデリングプログラム（PMP）のデータ，イギリス農漁業省研究機関が開発したフードマイクロモデル（FMM）とその後食品研究所によって収集されたデータ，フランスのSym' Previusシステムのデータ，それに過去の文献からのデータを統合した総合データベースで，これまでのPMPやFMMではアクセスできなかったデータを無料で入手することができる（http://wyndmoor.arserrc.gov/combase/）．データ数は増殖に関しては約2万件，死滅に関しては約9 000件にのぼる．

検索条件は温度（0～98℃），pH（0.1～14），水分活性（0.01～1）で任意に変えることができる．記載されている微生物も多く，大腸菌，ボツリヌス菌など食中毒原因菌のみでなく，乳酸菌，*B. subtilis* などの腐敗菌を単独で選択することもでき，また全ての菌を選ぶことも可能で，23項目に分かれている．一方，増殖（死滅）媒体は，培地と食品があり，食品では，乳製品，ミルク，肉，肉製品など12項目に分かれている．さらに，条件は好気条件や嫌気条件，保存料の添加条件，雰囲気ガス条件など，45項目に分かれている．

検索結果の一例を図3.4に示した．検索条件の他に，増殖過程の図と表，比増殖速度，ダブリングタイム，その結果が導かれた条件の詳細などが書

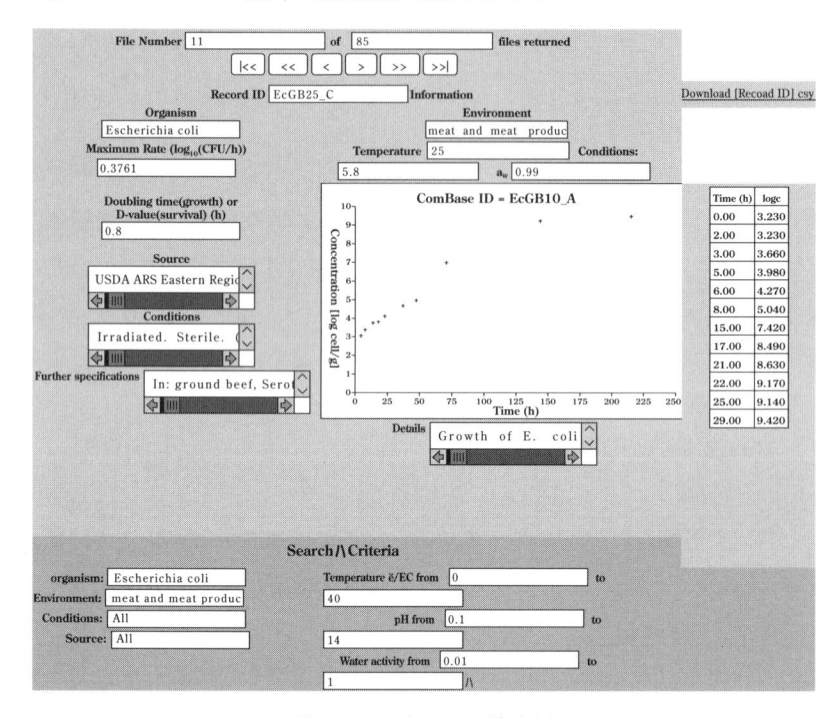

図**3.4**　ComBaseの検索例

かれている．

2）Thermokill Database

日本でも土戸らが熱殺菌を予測するために"Thermokill Database"の構築に取り組んでいる．このデータベースは"Thermokill Database R"と"Thermokill Database E"の2つで構成されている．前者は国内外の文献30種から，D値，Z値，加熱前・加熱中・加熱後の因子，予備保温や昇温などの非定温過程に関することなど88項目が設定されている（http://www.h7.dion.ne.jp/~tbx-tkdb）（無料）．後者は表3.4に示すような設定条件の基に，実験を行いデータ化している．例えば，*E. coli* OW 6株を用いて，48～55℃の範囲で1℃ごと，5.5～8.5のpH範囲で0.5ごとに熱死滅データを取り，さらに食塩濃度についても検討を加え，その3因子間の組合せについて解析が行われている[14]．

表 3.4 Thermokill Database E の設定基本条件[14]

1. 供試菌：大腸菌 K-12（W 3110 由来 OW 6）
2. 培養条件
   1) 温度：37℃
   2) 培地：EM 9 broth（pH 7.0）
   3) 振とう条件：120rev/min
   4) 培養時間：前培養 16 h 後，2％植菌で対数増殖期中期（$OD_{650} ≒ 0.3$）まで約 2.5h
3. 集菌・洗浄条件
   1) 遠心分離：4℃，8 000rpm，5min
   2) 洗浄液：50mM リン酸カリウム緩衝液（pH 7.0）
   3) 洗浄回数：2 回
   4) 再懸濁条件：保持温度 0℃静置；液量 3mL
   5) 予備保温条件：0℃から各温度へ菌懸濁液試験管移動による直接昇温後 60min まで振とう保温
4. 加熱条件
   1) 昇温希釈率：100 倍
   2) 菌濃度：約 10^7/mL
   3) 培地：50mM リン酸カリウム緩衝液（pH 7.0）
   4) 振とう条件：120rev/min
   5) pH：7.0 を基準
   6) 温度：60℃を基準
   7) 添加食塩濃度：0％を基準
5. 加熱後保温条件：10 倍希釈法により 37℃へ降温後，1min 振とう保温，その後 0℃へ試験管移動による直接降温，静置保持
6. 生存数測定条件
   1) 生育遅延解析法
   2) 培養条件：EM 9 broth，10％植菌，37℃，一晩

3.3.2 予測微生物学の適用

ここでは予測微生物学が食品の製造から消費者に至るまでの過程でどのように適用できるかについて示す[15, 16]．

1つは，定量的な危険度評価で，病原性微生物に汚染された食品を喫食することによって，どのくらいの確率で発症するかの推定に利用できる．このことに関しては *Salmonella*[16] や *Listeria*[17] の解析結果が発表されている．もう1つは，HACCPシステムへの寄与である．すなわち，危害の評

価（HA）や重要管理点監視（CCP）における加工条件の管理基準の設定に利用できる．また，新商品の開発時に微生物の増殖や死滅を予想し，賞味期限や殺菌条件の設定などに利用できる[9]．

3.3.3　リスクアナリシスと予測微生物学

リスクアナリシスの全体像を図3.5に示した．その構成要素は，① 科学的なデータを基にそのリスクを評価するリスクアセスメント，② リスクアセスメントに基づいて，そのリスクに起因する危害が起こらないように問題点を把握し，その問題点の対策を企画，実行し，その結果を評価改善するリスクマネージメント，③ リスクに関連する全ての人々（原料生産者，製造業者，消費者など）の間で全ての情報・意見を双方向で交換するリスクコミュニケーションからなっている．このようにリスクアセスメントはリスクアナリシスの根源をなすものである．

食品衛生分野において，化学的危害に対するリスクアセスメントは，その危害が環境条件などによって変化しないため，多くの科学的データが蓄積され評価も進んでいる．一方，生物的危害の代表である微生物のリスクアセスメントは，その菌数（濃度）が増殖・死滅によって変化すること，

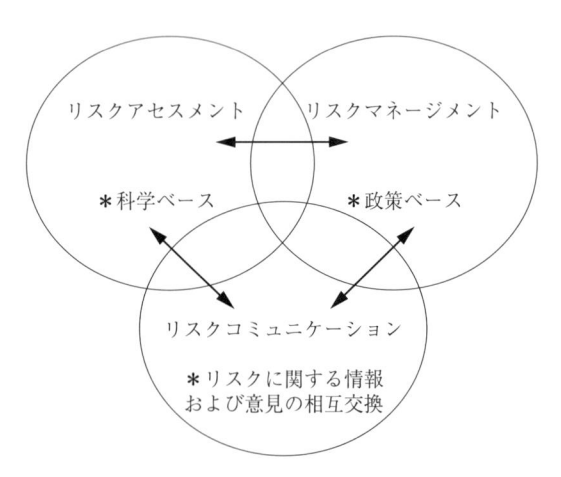

図3.5　リスクアナリシスの全体像[18]

増殖・死滅によって環境条件（内部要因や外部要因）や微生物自体が影響を受けることなど定量性に欠けるとともに，考慮しなければならない多くの要因があり開発は遅れていた．しかし，上述したように，種々の条件下における解析が進み，予測微生物学として発展してきた．このようなことから食品の衛生管理・新製品開発などにおいて，これからはリスクアナリシスや予測微生物学が活用されるであろう．

3.3.4 予測微生物学の問題点

現在の予測微生物学の問題点について以下に示す[9]．① 食品中には多種多様の微生物が存在・増殖しているが，それらの相互作用については検討されていない．② 環境要因の変動が含まれていない．すなわち，食品が置かれている環境は一定ではなく，時々刻々変動しているが，上記のモデルは一定の環境要因のもとで解析されている．③ 食品の特性が検討されていない．例えば，同じ水分活性であっても，砂糖と食塩では微生物に対する影響が異なるが，それらが考慮されていない．④ 微生物の特性が検討されていない．例えば，同じ病原性微生物であっても，その発症に必要な菌数や発症を引き起こす確率は菌種によって異なる．

3.4 加熱殺菌

加熱殺菌とは，食品に存在している微生物の生存可能な温度よりも高温を保持し，迅速に殺菌する方法であり，加熱温度と加熱時間の設定が必要であることを先に示した．そのためには対象とする食品に存在し，殺さなければならない微生物中で最も高い耐熱性を示す指標微生物を定め，その耐熱性を知ることが重要である[2, 3, 19]．

加熱方法は種々様々であるが，原理的にはいずれも加熱によって微生物中の成分（主にタンパク質）を熱変性させることにより殺菌している．病原菌，食中毒菌，腐敗細菌は耐熱性が低く，60℃前後の加熱で短時間に死滅するが，*Bacillus*属，*Clostridium*属などの芽胞の耐熱性は高く，短時間

で死滅させるためには，100℃以上の高温が必要である．食品を殺菌する場合，そうざいなどの消費期限の短い食品では，一般細菌を対象として$5D$（D値の5倍），レトルト食品のように賞味期限の長い食品では，ボツリヌス菌の芽胞を対象として$12D$が最低殺菌時間として採用されている．また，微生物のZ値は5～10程度（表3.3）であるが，通常は10が採用されている．一方，食品成分（ビタミン，色素など）の熱分解におけるZ値は25～50であることから，高温・短時間殺菌を行うことで，食品成分の分解を防ぐことができる．

低温殺菌は殺菌温度が100℃以下の加熱殺菌であるが，それには鍋・釜から温水浸漬式連続低温殺菌機[20]などの装置が利用されている．一方，高温殺菌は，100℃以上の条件で行われる殺菌法であり，それには超高温短時間殺菌やレトルト殺菌[21]などがある．以下，代表的な加熱殺菌について示す．

3.4.1 超高温短時間（UHT）殺菌

UHT殺菌は，135～150℃の高温により2～6秒で微生物を確実に死滅させることができ，滅菌乳の製造などに用いられている．加熱方式は直接加熱方式と間接加熱方式がある．前者には食品に直接蒸気を吹き込むインジェクション式と，蒸気の中に食品を入れるインフュージョン式がある[22]．この方式では蒸気の凝縮による製品の希釈を防ぐため，凝縮水と等分の水分が除去できるように設計されている．後者には加熱のために熱交換器が使用され，その形状によってプレート式，チューブラー式，表面かき取り式がある．表面かき取り式では高粘度食品の加熱において，食品の焦げつきを防止するためにかき取り装置の付いた熱交換器が用いられている．日本で使用されているUHTの70％はプレート式である[23]．

3.4.2 通電加熱殺菌

通電加熱（オーミックあるいはジュール加熱）は，電流が電気伝導性を持っている物質（食品）を流れるときに発生する抵抗熱を利用している（図

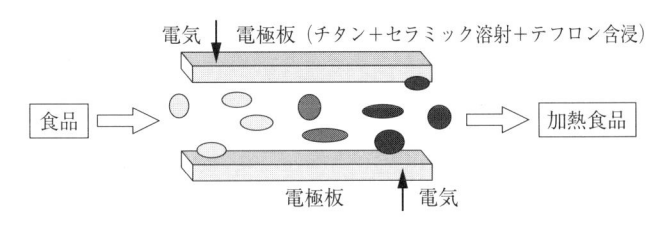

図3.6 通電加熱のイメージ[24]

3.6)．本法の最大の利点は，加熱が容積的に行われることである．すなわち，被加熱物質は加熱過程において，それ自身の内部に大きな温度勾配を生じない．例えば，レトルト殺菌装置や表面かき取り式熱交換器などを使用し，固形物を含んだ製品を熱処理する場合では，固形物中の伝熱に伴う温度変化について考慮すると，その中心部に十分な加熱を行うためには，液相の過加熱が生じるのに対して，本法では固相も液相も原理的には同時に加熱できる特徴がある．本法に利用できる固形物の大きさは25mm角以下である[25-27]．

本加熱方式の利点は，①温度制御精度が高い，②温度変更応答が速い，③過加熱の恐れがない，④材料が焦げつかない，⑤高粘度材料の均一加熱性能が高い，⑥エネルギー変換効率が高い，⑦燃焼を伴わないのでクリーンである，などである．一方，欠点は，①油脂，低水分材料は加熱できない（電気を通さないため），②材料の電気抵抗率の影響が大きい（材料によって異なるため），③包装後の加熱ができない（包材の一部は電気を通さない），④加熱容器の耐熱性が要求される，などである[28]．

3.4.3 マイクロ波殺菌

マイクロ波加熱はマイクロ波照射による誘電加熱である．すなわち，マイクロ波（加熱用に利用できる周波数は915±25MHzと2 450±50MHz）の電波エネルギーがその電場内に置かれた被照射物の有極性分子（正負等量に荷電した双極子，例えば水分子）に照射されると，有極性分子は電場に配向するために，分子が振動したり回転したりする分子の運動エネルギーに変換

される.さらに運動エネルギーにより生ずる分子摩擦が熱エネルギーに変換される加熱方式である.本法では損失係数の大きい分子ほど発熱量が多く,マイクロ波で加熱されやすい[29].例えば,多くの食品中に含まれている水は損失係数が大きく加熱されやすいが,食品の包装に使われているプラスチック類やガラスなどの損失係数の小さい物質は,マイクロ波では加熱されにくい.この現象はマイクロ波の選択的加熱作用と呼ばれている[30].

また,厚みのあるものは中心部までマイクロ波が到達せず,中心部が加熱されない場合がある.一般に,中心まで加熱するためには,被加熱体の厚みを半減深度(マイクロ波の出力が半減する距離)の2倍以内にする必要がある.25℃の水の半減深度は2.6cmである[31].また,被加熱体の比熱が小さいほど加熱されやすく,熱伝導度が大きいほど熱が伝わりやすい.

マイクロ波加熱は誘電加熱であるため,伝熱加熱とは異なり,以下に示すような利点を有している[30,32].①マイクロ波は瞬時に被加熱体の中に浸透し熱エネルギーに変わるため,熱伝導に要する時間は不要である.②電波が内部へ侵入して加熱するので表面と内部の温度差を少なくすることができる.③電波なのでエネルギー密度を容易に高くすることができる.④誘電損失で発熱するため,損失の大きい物質に選択的に吸収され,必要な部分だけを加熱することができる.⑤被加熱体自体が発熱体となるため,周囲の空気や加熱炉を熱するロスが少なく,高い熱効率が得られる.⑥包装材料(非金属)を通しても処理が可能である.⑦高速応答性能を持っているので瞬時起動,停止,出力調整のコントロールが容易である.

しかし,一方ではマイクロ波加熱単独で殺菌を行う場合の問題点として,次のような欠点が挙げられる[30].①異なる物質が混在すると,温度差が生じる.②食品の形状により温度差が生じる.③放熱により表面の加熱が遅れる.④包材(プラスチック製など)は損失係数が小さく加熱できない.⑤同一容量でも形状で加熱効率が変わる.⑥金属製の容器が使用できない.⑦温度制御および温度測定が困難である.

3.4.4 過熱水蒸気殺菌

　加熱殺菌において乾熱殺菌よりも飽和水蒸気(熱水)を用いた湿熱殺菌の方が極めて有効であることが知られている．しかし，粉粒体食品を湿熱殺菌すると水分の吸収が起こり再乾燥などが必要となる．過熱水蒸気は，ある圧力の飽和水蒸気を，その圧力のもとでさらに加熱した乾いた状態の水蒸気である．過熱度が大きいほど被殺菌体を乾燥する能力が大きくなる．一方，過熱水蒸気は飽和水蒸気と同様に，低温の被殺菌体に触れると熱を奪われ，凝縮して水になる性質がある．したがって，過熱水蒸気は乾熱と湿熱の両方の性質を有している．

　近年，乾燥した，水分活性の低い粉粒体の食品に対しても，微生物汚染の少ないものが要求されるようになってきている．従来，このような食品に対してはエチレンオキサイドガス殺菌が利用されていたが，エチレンオキサイドの発がん性が問題となり使用が禁止されるに至り，この対応として過熱水蒸気殺菌が注目されるようになった．この方法では，通常，0.5〜3.0kgf/cm^2·Gの圧力下で，殺菌温度110〜260℃，殺菌時間5〜10秒が採用され，粉粒体を気流管内に流れる過熱水蒸気中に投入する気流式と，容器内の粉粒体に過熱水蒸気を流す撹拌式とがある[33-35]．気流式の殺菌能力を表3.5に示した．

3.4.5 その他の加熱殺菌

　固液混合食品の加熱殺菌には，固形食品を一定の大きさに切断・殺菌して，別に殺菌された液体食品を混合するジュピター殺菌[36]や，赤外線，遠赤外線殺菌[37]などがある．それぞれの殺菌装置の特徴を表3.6に示した[38]．また，それぞれの加熱殺菌技術は種々の特徴を有していることから，対象食品ごと(例えば，液状食品，固形食品など)により殺菌効果などが異なる．このことに関しては，比較評価が行われている[39]．

表 3.5　気流式過熱水蒸気殺菌装置による殺菌[37]

品　名	処　理　前			処　理　後			処　理　条　件		
	一般生菌数 (個/g)	耐熱性菌数 (個/g)*	大腸菌群	水分 (%)	一般生菌数 (個/g)	耐熱性菌数 (個/g)	大腸菌群	水分 (%)**	圧力 (kgf/cm²·G)	温度 (℃)	時間 (秒)
パプリカ（粉）	8.8×10^5	7.6×10^3	＋	8.0	<20	<20	－	8.2	1.5	140	4
唐辛子（粗挽き）	1.3×10^5	8.0×10	＋	10.0	4.0×10	3.0×10	－	10.0	1.5	140	4
ターメリック（粉）	1.5×10^5	3.0×10^4	＋	11.3	2.6×10^2	6.0×10	－	7.7	2.0	143	4
乾燥ヒジキ	1.6×10^5	5.3×10^3	－	9.2	2.0×10	<20	－	10.6	2.5	165	4
モロヘイヤ（粉）	5.6×10^6	5.0×10^4	＋	6.4	5.5×10^2	2.0×10^2	－	6.0	2.3	147	4
そば（粉）	1.2×10^6	4.0×10	＋	11.4	1.4×10^2	<20	－	7.6	1.0	135	4
かつお節（粉）	3.8×10^6	2.0×10^5	＋	9.9	2.2×10^2	4.0×10	－	8.6	2.0	145	4
乾燥ネギ（チップ）	2.2×10^4	2.0×10^2	＋	9.3	<20	<20	－	10.9	1.5	137	4
茶葉	8.0×10^3	4.8×10^2	－	3.7	<20	<20	－	5.5	2.0	142	4
センナ（粉）	1.2×10^5	2.3×10^3	－	3.0	8.0×10	4.0×10	－	3.4	1.6	148	4
カラヤガム	3.3×10^4	2.0×10^3	－	11.5	1.5×10^2	5.0×10	－	8.0	1.6	148	4
サイリウムハスクパウダー	4.6×10^3	2.4×10^2	－	10.2	<40	<40	－	9.1	1.6	148	4

＊ 耐熱性菌は 85℃, 30 分加熱処理後の菌数. ＊＊ 水分はある程度調整可能.

3.4 加熱殺菌

表 3.6 現在使用されている加熱殺菌装置[33]

殺菌装置の種類	殺菌装置名	殺菌温度(℃)	対象微生物	代表的な食品
低温加熱殺菌装置	ボイル式連続加熱殺菌装置	60～100	細菌(栄養)・カビ・酵母	包装豆腐、包装煮豆、漬物
	シャワー式連続加熱殺菌装置	80～100	細菌(栄養)・カビ・酵母	炭酸飲料、果実缶詰、瓶詰
	スチーム式連続加熱殺菌装置	80～100	細菌(栄養)・カビ・酵母	プラスチック容器詰調味料、缶・瓶詰
	乾燥式連続加熱殺菌装置	100～160 (熱風)	細菌(栄養)・カビ・酵母	板付かまぼこ、包装明焼き
高温・高圧加熱(レトルト)殺菌装置	熱水式レトルト殺菌装置	100～135	細菌(胞子)・カビ・酵母	レトルトパウチ食品、魚肉ソーセージ
	水蒸気式レトルト殺菌装置	100～135	細菌(胞子)・カビ・酵母	金属缶詰、瓶詰、パウチ食品
	定差圧式レトルト殺菌装置	100～135	細菌(胞子)・カビ・酵母	米飯、トレーそうざい
高温短時間(HTST)殺菌装置	液状食品HTST殺菌装置	100～120	細菌(胞子)・カビ・酵母	果汁、牛乳
超高温短時間(UHT)殺菌装置	液状食品UHT殺菌装置	135～150	細菌(胞子)・カビ・酵母	牛乳、果汁、スープ、豆腐
	固液混合食品UHT殺菌装置	135～150	細菌(胞子)・カビ・酵母	ビーフシチュー、ホールイチゴ
	粉末食品UHT殺菌装置	100～250	細菌(胞子)・カビ・酵母	粉末味噌・香辛料、乾燥野菜
電磁波加熱殺菌装置	マイクロ波殺菌装置	80～135	細菌(栄養・胞子)・カビ・酵母	パン、ジャム、米飯
	遠赤外線殺菌装置	100～160	細菌(胞子)・カビ・酵母	笹かまぼこ、パン
通電加熱殺菌装置	直流加熱殺菌装置	100～140	細菌(胞子)・カビ・酵母	実用化されていない
	交流加熱殺菌装置	100～140	細菌(胞子)・カビ・酵母	調理食品、フルーツ製品

3.5 非加熱殺菌

　加熱殺菌では加熱による品質劣化は無視できないが，非加熱殺菌では品質劣化はほとんど認められない．しかし，非加熱殺菌では加熱処理による品質改善（調理）ができない，殺菌の不確実性などの欠点を有しているので注意を要する．以下に数種の非加熱殺菌のメカニズムと特徴について示す．

3.5.1 紫外線殺菌

　紫外線（UV）は波長100〜300nmの電磁波であり，さらに波長によりUV-A（315〜380nm），UV-B（280〜315nm），UV-C（100〜280nm）に区分されている（国際照明委員会）．UV-Cのうち，200〜280nmの波長域は特に殺菌線と呼ばれ，250〜260nmで殺菌効果が高い．紫外線の殺菌メカニズムは明らかではないが，波長260nmの紫外線が最も強い殺菌力を示すこと，核酸（DNAやRNA）がこの紫外線を吸収することから，紫外線による分子の励起による核タンパク質の変化あるいはDNA鎖構造の変化が有力視されている．実際に紫外線により核酸分子内のピリミジン塩基にダイマー（二量体；チミンダイマー，チミン-シトシンダイマーなど）が生成する（図3.7）ことが知られており，このことが紫外線殺菌の主因と考えられている[40, 41]．

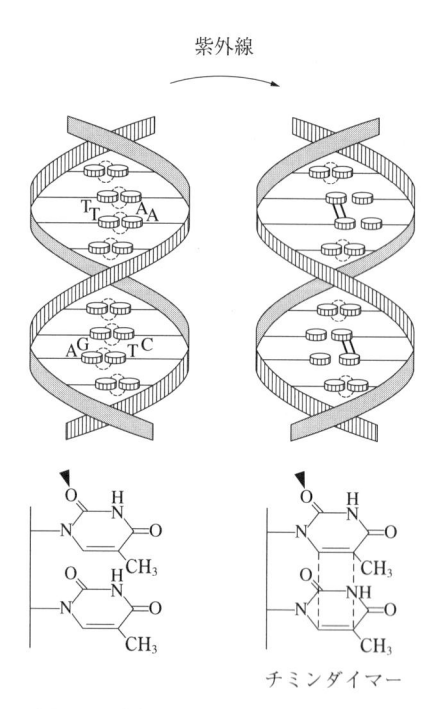

図3.7　紫外線照射によるチミンダイマーの形成[40]

　紫外線による殺菌では，細菌（芽胞を含む）や酵母では低線量で殺菌

3.5 非加熱殺菌

表 3.7 各種微生物を死滅させるのに必要な線量[42]

菌　種			培地上の菌を99.9%殺すのに必要な紫外線照射量 (mW·s/cm²)
グラム陰性菌 (gram-negative strains)	*Proteus vulgaris* Hau.		3.8
	Shigella dysenteriae	赤痢菌（志賀菌）	4.3
	Shigella paradysenteriae	赤痢菌（駒込 BIII 菌）	4.4
	Eberthella typhosa	チフス菌	4.5
	Escherichia coli communis	大腸菌	5.4
	Vibrio comma-cholerae	コレラ菌	6.5
	Pseudomonas aeruginosa	緑膿菌	10.5
	S. typhimurium	サルモネラ菌	15.2
グラム陽性菌 (gram-positive strains)	*Streptococcus haemolyticus* (Group A-Gr. 13)	溶血連鎖球菌（A群）	7.5
	Staphylococcus albus	白色ブドウ球菌	9.1
	Staphylococcus aureus	黄色ブドウ球菌	9.3
	Streptococcus haemolyticus (Group D. C-6-D)	溶血連鎖球菌（D群）	10.6
	Streptococcus facalis R.	腸球菌	14.9
	Mycobacterium tuberculosis	結核菌	10.0
	Bac. mesentericus fascus	バレイショ菌	18.0
	Bac. mesentericus fascus (spores)	バレイショ菌（芽胞）	28.1
	Bac. subtilis Sawamura	枯草菌	21.6
	Bac. subtilis Sawamura (spores)	枯草菌（芽胞）	33.3
酵　母 (yeasts)	Baker's yeast	パン酵母	8.8
	Saccharomyces ellipsoideus	ブドウ酒酵母	13.2
	Saccharomyces cerevisiae untergar. München	ビール酵母	18.9
	Saccharomyces sake	日本酒酵母	19.6
	Zygosaccharomyces barkeri	生姜酒ロウ	21.1
	Willia anomala	ウイリア属酵母	37.8
	Pichia miyagi	ピヒア属酵母	38.4

	種　類	胞子の色	主な繁殖場所	
カ　ビ (mold spores)	*Oospora lactis*	白	クリーム，バター	10.2
	Mucor racemosus	灰色	肉	35.4
	Penicillium roqueforti	緑	チーズ	26.4
	Penicillium expansum	オリーブ	リンゴ，果物	22.2
	Penicillium digitatum	オリーブ	ミカン	88.2
	Aspergillus glaucus			88.2
	Aspergillus flavus	青緑	土，穀物，乾草	120.0
	Aspergillus niger	黄緑	土，穀物	264.0
	Rhizopus nigricans	黒	全食品	222.0
ウイルス (virus)	Poliovirus-Poliomyelitis			6.0
	Bacteriophage (*E. coli*)			6.6
	Influenza		インフルエンザ	6.6
	Infectious hepatitis			8.0
	Tobacco mosaic		タバコモザイク	440.0
原生動物 (Protozoa)	*Chlorella vulgaris* (Algas)			22.0
	Nematode eggs			92.0
	Paramecium			200.0

効果が見られるが，カビ（胞子）に対しては高線量が必要（表3.7）で，死滅には薬剤（主に過酸化水素が利用されている）などとの併用が必要である[42]．

　紫外線は透過力が弱く，照射された部分のみに殺菌効果（図3.8参照）があり，被照射物の陰になった部分や裏面では，遮蔽効果が起こり殺菌効果はない．紫外線の殺菌作用は紫外線の波長，照射照度および照射時間が関係している．微生物に紫外線を照射した場合の生存数は有効照射照度と照射時間の積に対して指数関数的に減少するが，その効果は次第に弱くなる．この理由は前述の遮蔽効果の発生や紫外線耐性菌の存在などによるものとされている．以上の理由により，紫外線の食品分野での利用は，高出力紫外線ランプ（1 000 W以上）を使用した食品表面の殺菌，包装材料に付着している微生物の殺菌や，低出力紫外線ランプ（100 W以下）を使用した食品工場の空中浮遊菌の殺菌，水の殺菌などに限られている．流水における殺菌特性を表3.8に示した[42]．

3.5.2　ソフトエレクトロン殺菌

　ソフトエレクトロンはエネルギーが30万電子ボルト（300keV）以下の低エネルギーの電子線と定義されている．放射線は放射線障害防止法（原子力基本法）により管理されているが，電子線の場合，100万電子ボルト

表3.8　流水殺菌装置の殺菌能力（1 200 W 1 灯型）[42]

	菌　　液	流量（トン/日）	生菌数（殺菌率%）
大腸菌	1.1×10^6	8.2	0（99.99 以上）
緑膿菌	1.8×10^7	8.2	0（99.99 以上）
枯草菌（芽胞）	3.5×10^6	5.0	0（99.99 以上）
		8.2	50（99.99）
酵　母	2.5×10^5	5.0	0（99.9999）
		8.2	12（99.99）
好稠性カビ	5.6×10^5	2.0	0（99.99 以上）
		5.0	4.0×10^2（99.92）

(1MeV)以上のものを放射線と定義している．したがって，ソフトエレクトロンは放射線障害防止法でいう放射線には当てはまらないので，放射線管理に係わる法律上の義務が免除される．すなわち，ソフトエレクトロンの使用に際して許可を得る必要はなく，放射線主任者を任命したり，立入検査を受ける必要がない[43]．

電子線による微生物の殺菌作用は，遺伝子を構成するDNA鎖の切断によって起こり，紫外線のようなタンパク質への影響はほとんど無視できる．

一方，電子線は殺菌に必要な線量を照射すると，好ましくない変化が食品に生じることがある．例えば，小麦を電子線殺菌すると，デンプンの低分子化やグルテンの変性が起こり，うどんやパンの原料としての商品価値を失う．

電子線の透過力は一般にガンマ線よりは小さいが，表面で反射される紫外線よりも大きい（図3.8）．電子線の透過力はエネルギーに依存し，エネルギーが高いほど透過力が大きくなる．エネルギーの小さいソフトエレクトロンは透過力がほとんどなく（数万～30万電子ボルトで数十～数百μm），物体の裏側には当たらない．したがって，食品原料を完全に殺菌するには，対象物を回転させ表面に均一に照射する必要がある（装置は開発済み）．例えば，穀類は微生物によって表面は汚染されているが，内部は汚染されていない．したがって，穀類などの原材料は表面のみを殺菌すれば良い．表3.9に示したように，玄米（微生物数4.6×10^6個/g）に75keV，8μA，10分処理した場合，4桁の殺菌が認められ，40分処理ではほとんど微生物は検出されなくなっている．また，表面のみの照射であることから，表面のTBA値（脂質酸化の

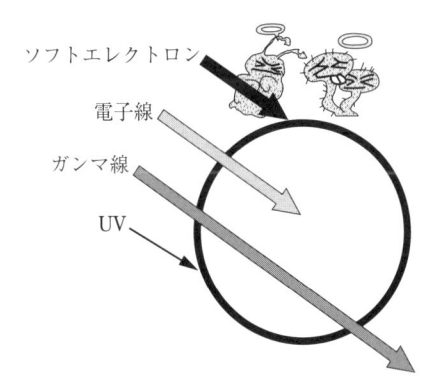

図3.8 ソフトエレクトロンの透過力の模式図[43]

表3.9 ソフトエレクトロン処理した穀物の微生物数（個/g）[43]

処理の方法	玄米	籾	小麦	殻付ソバ
無処理	4.6×10^6	4.7×10^7	2.7×10^4	1.4×10^6
75keV, 8μA, 10分	5.1×10^2	—	1.2×10^3	—
75keV, 8μA, 40分	<10	—	<10	—
100keV, 14μA, 5分	1.2×10^3	5.8×10^5	3.1×10^2	1.4×10^3
100keV, 14μA, 20分	<10	6.3×10^3	<10	3.3×10^2
130keV, 22μA, 1分	2.5×10^3	1.6×10^5	2.9×10^3	1.8×10^3
130keV, 22μA, 6分	<10	<10	<10	<10
150keV, 40μA, 0.5分	7.4×10^2	1.3×10^5	2.0×10^3	9.7×10^2
150keV, 40μA, 3分	<10	<10	<10	<10
ガンマ線 10 kGy	<10	6.3×10^2	<10	<10

指標）は上昇するが，可食部はほとんど変化を受けない利点を有している．この方法はフレーバーの劣化が問題となる香辛料の殺菌や，カイワレダイコン，もやしなどの種子の殺菌にも応用できる[44]．

　ソフトエレクトロンの包装材料への殺菌では，フィルム状の物に対しては有効であるが，透過力が小さいために，PETボトルの殺菌には不適である[45]．ガンマ線や高エネルギー電子線を利用する施設では，それらを遮蔽するために施設が大型になるが，ソフトエレクトロン殺菌では，電子のエネルギーが低いために，遮蔽は金属板で十分であり，装置を食品工場に持ち込むことができる．しかし，照射幅にもよるが$2m^2$以上のスペースが必要となる．

3.5.3　閃光パルス殺菌

　希ガス（キセノン）を発光成分とする閃光放電灯を瞬間的に発光させ，これによって発生する閃光パルス（1秒間に1～10回）を微生物に照射して殺菌する方法である．閃光パルスのスペクトルは200～1 000nmまでの波長を持つ白色光で，太陽光と似ているが，200～300nmの紫外線を含んでいることと，そのエネルギー強度が太陽光の約90 000倍である点に大きな違いがある．しかし，この光は1回わずか数百マイクロ秒の光であることから，尖頭出力が極めて高いにもかかわらず，総エネルギーは非常に低く，

所要電力もさほど大きくない[46, 47]．

　光パルス殺菌のメカニズムは明らかになっていないが，紫外線効果と加熱効果が考えられている．紫外線効果は紫外線殺菌と同様にDNAの損傷を引き起こす効果であるが，閃光パルスが発する瞬間的な大光量により，微生物の細胞膜などの紫外線吸収を有する物質が存在する場合でも，奥深くまで光が到達することにより高い殺菌効果が得られるというものである．一方，加熱効果は閃光パルスが有する可視光線や赤外線を照射することにより，表面に吸収された光が熱に変換され，それが殺菌効果として現れるものである．また，閃光パルスは非常に短時間照射であるため，瞬間的に表面のみで，急激な温度上昇が発生していると考えられている．その結果，紫外線殺菌と熱殺菌の相乗的効果で，紫外線殺菌よりも高い殺菌効果が現れるとされている[48]．さらには，細菌細胞内の感光性物質（リボフラビン，NADHなど）の分解によって生じる酸素の活性化（活性酸素）も殺菌に関与していると考えられている[49]．

　閃光パルスの殺菌効果を表3.10に示した．1回の照射はほぼ$0.7J/cm^2$（J：ジュール）であるが，大腸菌O 157のような芽胞を形成しない細菌に対して6～8桁，セレウス菌などの芽胞に対しては3～4桁低下させる殺菌

表3.10　閃光パルスの各種微生物に対する殺菌効果[50]

微生物の名称	殺菌効果（log）
大腸菌（*Escherichia coli* O 157 : H 7）	6*
サルモネラ菌（*Salmonella* Enteritidis）	8
エルシニア菌（*Yersinia enterocolitica*）	8
黄色ブドウ球菌（*Staphylococcus aureus*）	7
リステリア菌（*Listeria monocytogenes*）	7
ウエルシュ菌（*Clostridium perfringens*）	3
セレウス菌（*Bacillus cereus*）	4
枯草菌（*Bacillus subtilis*）	3
乳酸菌（*Lactobacillus viridescens*）	6
清酒酵母（*Saccharomyces cerevisiae*）	6
黒コウジカビ胞子（*Aspergillus niger*）	3

＊　各々の微生物のプレート上で，$0.7 J/cm^2$の光パルスを照射したときの効果．

効果を示した．また，酵母に対しては6桁低下させる殺菌効果を，紫外線殺菌では比較的殺菌されにくい黒コウジカビの胞子でも，閃光パルス殺菌では3桁低下させる殺菌効果を示した．また，一般に浄水場で行われている遊離塩素消毒法では不活性化できないクリプトスポリジウムのオーシストに対しても殺菌効果が認められ，$1\,J/cm^2$の閃光パルス照射で3～6桁のオーシスト数の低減が確認されている[50]．また，多様な酵素を不活性化する作用も有している．

閃光パルス殺菌は紫外線殺菌と同様に，物体の表面や透過性のある水などの殺菌にのみ有効であることから，影が発生しない照射方法を採用する必要がある．また，閃光が強力なため，皮膚に対する火傷や目への傷害が生じるので遮蔽措置が必要である[51, 52]．

閃光パルス殺菌の食品分野での利用は紫外線と同様，食品の表面や水であるが，と殺後の枝肉の殺菌などに効果を発揮している．

3.5.4 高 圧 殺 菌

微生物は高圧（100kPa以上，1kPaは約10気圧）にさらされると，生体高分子物質の立体構造の変化（圧力変性）により死滅することが知られている．すなわち，細胞壁，細胞膜，核膜の変性が惹起され，細胞成分（タンパク質，核酸など）の漏出が起こること，タンパク質が変性（熱変性と同様）することなどが死滅の原因となっている[53, 54]．

3.6 薬 剤 殺 菌

食品や食品工場の施設設備・器具などの殺菌に利用されている薬剤には，表3.11に示すような化合物がある[55]．それぞれ特徴を持っているが，一方では毒性を持っていることから，高濃度使用においては留意しなければならない（表3.12）[56]．ここでは，環境殺菌と食材の殺菌に広く利用されている薬剤に焦点をしぼって解説する．

薬剤殺菌全般に言えることであるが，多量の食品に使用する場合，殺菌

表3.11 主な殺菌剤の抗菌特性・用途[55]

分類	有効成分名	用途			適用				抗菌特性					特徴
		手指皮膚	機械器具	容器資材	施設環境	室内噴霧	フォーミング	環境殺菌	浸漬殺菌	グラム陽性	グラム陰性	細菌胞子	酵母菌	カビ類	
ハロゲン系	次亜塩素酸ナトリウム Sodium hypochlorite		○	●				●	●	◎	◎	△	◇	◇	・広範囲の抗菌性 ・殺菌力は強いが，タンパク質などの有機物，金属イオンなどにより不活性化される ・安価である ・塩素特有の臭気をもつ
	ヨウ素 Iodine ヨードホール Iodophors	○	○	○	○			●	●	◎	◎	△	◇	◇	・有機物，金属イオンの影響を受けにくい ・酵母に対して強い殺菌力がある ・着染性があるため注意が必要
過酸化物	過酸化水素			●				●	●	◇	◇	×	△	×	・包材の殺菌 ・漂白作用をもつ
	過酢酸		○	○				●	●	◎	◎	◇	◇	◇	・芽胞に対して効力がある ・非危険物
アルコール系	エタノール Ethanol	●	●	○	○			●		◎	◎	×	△	×	・安全性が高い ・速効性 ・易燃性 ・食品装置への噴霧など
逆セッケン性	塩化ベンザルコニウム Benzalkonium chloride	●	●	●	●	○		○		◎	●	×	◎	◎	・腐食性がほとんどない ・有機物，金属イオンなどの影響を受けやすい
両性界面活性剤	アルキルポリアミノエチルグリシン塩酸塩 Alkyl polyaminoethyl glycine	●	●	○	●	○		◎	◎	◎	◎	×	◇	◇	・有機物，金属イオンなどの影響が少ない ・粘膜刺激性が弱いため広範囲に使用
ビグアニジ系	ポリヘキサメチレンビグアニジン塩酸塩 Polyhexamethylene biguanidine		●		●	●		●	●	◎	◎	◇	◇	△	・芽胞の発芽抑制力大 ・有機物，金属イオンなどの影響が少ない
二種混合タイプ	両性界面活性剤・非イオン界面活性剤・その他	●	●	○	●	○		●		◎	◎	×	◇	◇	・有機物，金属イオンなどの影響が少ない
	四級アンモニウム塩・両性界面活性剤	●	●	○	●	○	○	●		×	◎	×	◎	◎	・酵母，乳酸菌に対し効果がある

● よく使用される，○ 使用されることがある，◎ 非常に効果あり，◇ 効果あり，△ 少し効果あり，× 効果なし．

表 3.12 消毒剤の毒性と安全対策上の注意点[56]

分類	代表的な消毒剤	刺激性	腐食性	過敏性	有毒ガスの発生	毒性度	保護具の着用	その他
アルデヒド系	ホルムアルデヒド	×		△		大	空気マスク等	強い刺激
	グルタルアルデヒド	×	○	△		中	空気マスク等	強い刺激
アルコール系	エタノール	○	○	○		小	特に必要ない	可燃性
	イソプロパノール	○	○	△		小	特に必要ない	手指の荒れ・可燃性
過酸化物系	過酸化水素	△	○	△		小	特に必要ない	
フェノール系	フェノール	▲	×	▲		大	空気マスク等	強い臭気
	クレゾール	▲	○	▲		中	空気マスク等	強い臭気
	ヘキサクロロフェン	△	○	▲		小	特に必要ない	
	イルガサン	△	○	○		小	特に必要ない	
ヨウ素系	ヨウ素	×	×	▲	有	大	空気マスク等	着染性・不快臭
	ヨードホール	▲	▲	▲		中	空気マスク等	着染性・不快臭
塩素系	塩素	×	▲	▲	有	大	空気マスク等	強い臭気
	次亜塩素酸ナトリウム	×	▲	▲	有	大	空気マスク等	強い臭気
	塩素化イソシアヌル酸	▲	▲	▲	有	中	空気マスク等	強い臭気
カチオン界面活性剤（四級アンモニウム塩）	塩化ベンザルコニウム	△	○	▲		小	特に必要ない	手指の荒れ
	塩化ベンゼトニウム	△	○	▲		小	特に必要ない	手指の荒れ
両性界面活性剤	アルキルポリアミノエチルグリシン塩酸塩	▲		▲		小	特に必要ない	手指の荒れ・特有の臭気
ビグアニジン系	グルコン酸クロルヘキシジン	○	○	△		小	特に必要ない	
	ポリヘキサメチレンビグアニジン塩酸塩	○	○	△		小	特に必要ない	
その他	エチレンオキサイド	△	△	△	有	中	空気マスク等	可燃性
	フッ素化合物	▲	×	△		大	特に必要ない	
	ホウ酸	△	△	△		中	特に必要ない	

注）× 作用が強い、▲ 作用がある、○ 作用を示すことがある、△ 作用があまり認められない。

効果が発揮されないことがある．例えば，豆腐工場のように多量の豆を浸漬，殺菌する場合，豆の移動はほとんどない．それゆえ薬剤流入口付近の原料は殺菌されるが，流入口から遠くなればなるほど，薬剤と食品（有機物）とが反応し，殺菌効果がなくなる．したがって，薬剤流入方法を検討する必要がある．

3.6.1 次亜塩素酸

次亜塩素酸系殺菌剤には古くから使用されている次亜塩素酸ナトリウムや次亜塩素酸カルシウム（さらし粉，高度さらし粉）があるが，後者は固体のために水に溶けにくく，主に前者が使用されている．一方，低濃度の食塩または塩酸を加水分解して得られる次亜塩素酸水も次亜塩素酸が食品添加物として追加承認（厚生労働省平成14年食発第0610003号）されたため，その利用が急速に伸びている．これらは殺菌作用だけではなく，強い酸化作

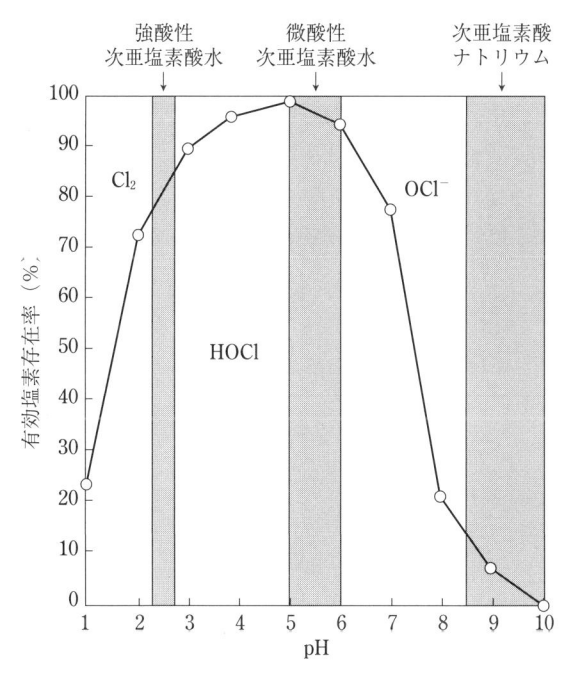

図3.9 次亜塩素酸水溶液中の分子種存在率に対するpHの影響[57]

用も有している．ただし，次亜塩素酸，次亜塩素酸ナトリウムはゴマへの使用は禁じられている．

次亜塩素酸はpHの影響を受け，図3.9に示すように各pHにおいて存在分子種が異なる[57]．すなわち，アルカリ側では主に次亜塩素酸イオン（OCl$^-$）型で，酸性側では主に次亜塩素酸分子（HOCl）の型で存在する．次亜塩素酸系殺菌剤で殺菌作用を示す主な分子種はHOClであり，OCl$^-$型ではHOClの約1/8程度の殺菌力である．したがって，次亜塩素酸系殺菌剤の殺菌作用は，次亜塩素酸あるいは次亜塩素酸塩（ナトリウム，カルシウム）を利用しても殺菌作用はpHに依存することになる．これら次亜塩素酸系の殺菌剤を食品に使用した場合には，その食品を飲用適の水で十分に洗浄することが要求されている（厚生労働省平成14年食発第0610003号）．

次亜塩素酸の殺菌メカニズムは，次亜塩素酸そのものではなく，次亜塩素酸から派生するOHラジカル，Clラジカルの反応性が極めて強力であり，微生物の細胞内に入り，その強い酸化作用により脂質，（酵素）タンパク質や核酸を酸化あるいは破壊し（図3.10），細胞膜の損傷を引き起こすことによって生理活性が失われ，微生物が死滅するとされている[58, 59]．

次亜塩素酸は有機物などと容易に反応し，殺菌作用を有さない化合物に変化する．そこで殺菌作用を示す指標として有効塩素量で示される場合が多い．有効塩素とは遊離型塩素と結合型塩素の和のことで，有効塩素量は塩素，次亜塩素酸および次亜塩素酸イオンの総和である．有効塩素量（単位はppm）はヨードとチオ硫酸ナトリウムを用いて滴定することによって求められるが，最近では扱いが簡単な検出紙や反応液が市販されている．

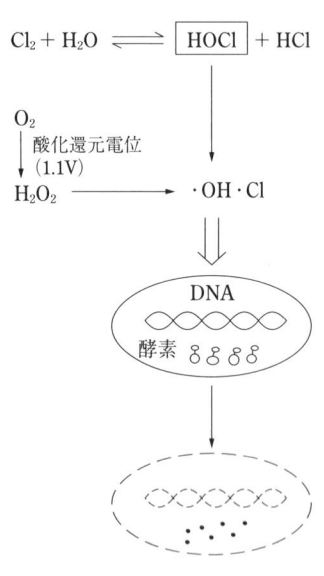

図3.10 強酸性次亜塩素酸水の殺菌機構[59]

1）次亜塩素酸塩

　この殺菌作用は，濃度，温度によって影響を受け，濃度が2倍になると殺菌時間は33％程度短縮される．また，5～50℃の範囲において温度が10℃上昇すれば，殺菌作用は約2倍になるが，あまり温度が高くなると，次亜塩素酸が不安定になり溶液から失われる[60]．次亜塩素酸ナトリウムと他の殺菌剤の特性は表3.13を示した[61]．

　次亜塩素酸塩の抗菌スペクトルは広く，グラム陽性細菌，グラム陰性細菌，ウイルス，カビ，酵母などに強い殺菌作用を示す（表3.14）が，細菌の耐熱性芽胞に対する活性は弱い．このことから食品の殺菌，特にカット野菜の殺菌（100～200ppmで5～10分）に広く利用されているが，完全には殺菌されず，2～3桁の菌数を減少させるにすぎない．また，水道水の殺菌（残留塩素量；0.1ppm）や食器類（100ppm，2～5分），手指（100ppm，瞬間消毒）など環境殺菌剤としても使用されている[58]．

2）強酸性次亜塩素酸水

　強酸性次亜塩素酸水（以下，強酸性水と記載）は従来，強酸性電解水と呼ばれていたもので，隔膜のある水槽内で食塩を電気分解して陽極側に生成する次亜塩素酸を主成分とする溶液（表3.15）であり（装置，発生原理については第5章5.2.4項で詳しく示す），強力な殺菌力を有しているが，得られる有効塩素量は20～60ppmである[62]．

　強酸性水は不安定で開放された容器に保存すると，塩素ガスとして揮発したり，紫外線などにより分解され24時間で1/10程度に減少する．また，水温によっても影響を受け，水温が高いほど消失が早くなる．したがって，長期保存は避け，生成直後に使用するようにしなければならない．また，有効塩素量が低いために，有機物を多く含む食品や環境（器具，床など）などを殺菌する場合には，流水方式で多量に使用する必要がある．

　食品の殺菌に利用できる（表3.16）が，野菜類の殺菌に使用する場合はpHが低いために，葉菜類はしおれたり，変色する場合があり，長時間の接触は避けなければならない．また，魚介類や食肉類に利用する場合も変色することがある．

表3.13 次亜塩素酸ナトリウムと他の消毒・殺菌剤の比較[61]

	エタノール	次亜塩素酸ナトリウム	ヨードホール	オゾン水
殺菌機構	菌体内代謝阻害作用 ATPの合成阻害 濃度により殺菌機構差異 40〜90%：構造変化，代謝阻害 20〜40%：細胞膜損傷，RNA漏出 1〜20%：細胞膜損傷，酵素阻害	菌体内酵素破壊 細胞膜損傷	タンパク質の変性 SH酵素の不活化 結合による立体障害 脂質二重結合の酸化による立体障害	細胞壁などの表層構造破壊 濃度により内部成分破壊（酵素，核酸など） 0.2〜0.5ppm：細胞表層酸化 0.5〜5.0ppm：酵素阻害 5.0ppm以上：内部成分破壊
殺菌に及ぼす環境因子 pH	酸性域（3〜5）効果大 アルカリ域で効果小	4〜6で効果大 アルカリ域で効果小 酸性域で塩素ガスとなり不安定	2〜5で効果大 中性域で効果小 アルカリ域で効果小	3〜5で安定 アルカリ域で不安定
温度	高温で効果大 低温で効果小	高温で効果大 低温で効果小	0〜40℃の温度範囲では効果ほぼ一定	低温で安定，高温で不安定 溶解度低温で大 高温で効果大
有機物	殺菌力低下小 高濃度でタンパク質変性	殺菌力低下大	殺菌力低下大	殺菌力低下大
殺菌効果	カビ，細菌に効果大 酵母に効果小	細菌，ウイルスに効果大	細菌，酵母，カビに効果大	0.3〜0.5ppmで大腸菌，乳酸菌，サルモネラ，ウイルスに効果大
使用濃度	殺菌：45〜95%（通常70〜80%） 静菌：20〜40% 誘導期延長：1〜20%	0.3〜1.0ppm 水消毒 50〜100ppm 野菜消毒 100〜150ppm 手指消毒 100〜300ppm 工場消毒	3〜8ppm 手指消毒 5〜20ppm 装置洗浄 10〜100ppm 工場洗浄	0.3〜4ppm 手指消毒 0.5〜3ppm 野菜消毒 5〜10ppm 穀類洗浄 0.5〜8ppm 工場洗浄
当該殺菌剤で処理している食品工場より検出した微生物	酵母（*Pichia anomala*） カビ（*Moniliella suverolens*） 細菌（*Bacillus*）	乳酸菌（*Leuconostoc*） 乳酸菌（*Enterococcus*） 乳酸菌（*Lactobacillus*） 大腸菌（*E.coli*） カビ（*Aspergillus*）	細菌（*Bacillus*） カビ（*Aspergillus*）	細菌（*Bacillus*） カビ（*Aspergillus*）
その他	揮発性大 刺激臭 引火性 タンパク質の変性 異臭生成	酸性下で塩素ガス生成 皮膚，粘膜刺激 次亜塩素酸が残留	大量の洗浄水必要 金属表面酸化 プラスチックにヨウ素が吸着する コスト高い	散布時にオゾンガス発生 有機物による分解が早い 脂質が表面にあると酸化 イニシャルコスト高い

表3.14 次亜塩素酸塩の無胞子細菌に対する殺菌作用[60]

微生物	pH	温度(℃)	有効塩素(ppm)	時間(分)	死滅率(%)
Kleb. pneumoniae (Aer. aerogenes)	7.0	20	0.01	5	99.8
E. coli	7.0	20	0.01	5 秒	99.9
E. coli	8.5	25	3.0	30 秒	100.0
E. coli	7.1	25	1.0	30 秒	90.0
E. coli	7.9	25	12.5	3.5 秒	90.0
V. parahaemolyticus	7.0	20	13	15 秒	90.0
火落菌	7.0	20	7.5〜20	5〜10	100.0
Ps. aeruginosa	8.0	20	2	7.5 秒	90
Sh. dysenteriae	7.0	20	0.02	5	99.9
Sal. purutyphi	7.0	20	0.02	5	99.9
Sal. derby	7.2	20〜25	12.5	1.5 秒	90
Staph. aureus	7.0	20	0.07	5	99.8
Strept. faecalis	7.5	20〜25	0.6	11.9 秒	90.0
Strept. lactis	8.4	25	6.0	60 秒	100.0
Lact. plantarum	5.0	25	3.0	15 秒	100.0
Pediococcus cerevisiae	8.5	25	12.0	30 秒	100.0
Mycobact. tuberculosis	8.4	50〜60	50	0.5〜2.5	100.0

注) 一部省略.

表3.15 強酸性次亜塩素酸水と強アルカリ性電解水の性質[62]

	強酸性次亜塩素酸水	強アルカリ性電解水
主な有効成分	次亜塩素酸, 塩酸, 塩素	水酸化ナトリウム
pH	2.7 以下	11.3 以上
酸化還元電位	＋1 100mV 以上	－800mV 以下
有効塩素濃度	20〜60ppm	原水以下
色	無色	無色
その他	塩素臭がある 未電解食塩を含有する	無臭 未電解食塩を含有する

　また，調理器具や機械器具の殺菌にも利用できるが，強い酸性のために金属類を腐食させることがあるので，長時間の接触は避け，必ず水道水などで十分にすすぐ必要がある．

　殺菌作用は主成分が次亜塩素酸であるために次亜塩素酸ナトリウムに比

表 3.16　強酸性水の食品素材に対する殺菌効果[62]

区　分		品　目	処理方法	一般生菌数 菌　数		大腸菌群数 菌　数	
				初　発	処理後	初　発	処理後
野菜類	根菜類	ダイコン（泥付）	流水攪拌120秒	1.8×10^7	9.0×10^4	1.8×10^4	1.7×10^3
		ゴボウ（スライス）	浸漬300秒	9.2×10^5	1.0×10^3	陰性	陰性
	葉菜類	キャベツ	流水攪拌60秒 浸漬600秒	4.4×10^4	2.0×10^1	陰性	陰性
		レタス	流水攪拌60秒 浸漬600秒	4.9×10^2	<10	陰性	陰性
	果菜類	トマト	浸漬600秒	1.9×10^2	3.9×10^1	陰性	陰性
果　実		ミカン	流水攪拌60秒 浸漬600秒	6.4×10^2	<10	陰性	陰性
		リンゴ	流水攪拌120秒	2.0×10^4	<10	陰性	陰性
		イチゴ	浸漬600秒	7.3×10^2	3.4×10^1	陰性	陰性
卵		タマゴ	流水手洗10秒	7.8×10^3	<10	陰性	陰性
魚介類		イカ	流水攪拌60秒 浸漬600秒	6.6×10^4	4.4×10^1	陰性	陰性
		ホタテ	流水攪拌120秒	9.9×10^1	4.5×10^1	陰性	陰性
		アサリ	流水攪拌120秒	2.1×10^3	3.6×10^1	陰性	陰性
		ブリ	流水手洗10秒	5.3×10^3	3.0×10^2	陰性	陰性
		アジ	流水手洗30秒	5.8×10^5	1.5×10^4	陰性	陰性
肉		鶏ササミ	流水手洗60秒 浸漬600秒	5.9×10^4	1.7×10^3	9.0×10^2	陰性

べ低濃度で十分に発揮される（強酸性水20〜40ppmと次亜塩素酸ナトリウム100〜150ppmの殺菌力は同等）が，殺菌スペクトルは次亜塩素酸ナトリウムと変わりはない（表3.17）．また，食中毒の原因であるエンテロトキシンを

表 3.17 強酸性次亜塩素酸水と次亜塩素酸ナトリウムの殺菌効果[57]

1 岩沢[a]		滅菌時間			滅菌時間	
		A	B		A	B
〈細 菌〉	Staphylococcus aureus	＜5秒	＜5秒	〈抗酸菌〉Mycobacterium tuberculosis	＜2.5分	＜30分
	S. epidermidis	〃	〃	M. nonchromonicum	〃	〃
	Streptococcus pyogenes	〃	〃	M. fortuitum	〃	＜2.5
	S. pneumoniae	〃	〃	M. avium	＜1	＞30
	Achromobacter sp.	〃	〃	M. scrofulaceum	〃	〃
	Acinetobacter sp.	〃	〃	M. xenopi	〃	〃
	Alcaligenes sp.	〃	〃			
	Escherichia coli	〃	〃	〈真 菌〉		
	Enterobacter cloacae	〃	〃	Candida albicans	＜15秒	＜15秒
	Enterococcus faecalis	〃	〃	Cryptococcus neoformans	＜60	＜5
	Flavobacterium sp.	〃	〃	Trichosporon	＜15	〃
	Haemophilus influenzae	〃	〃	Aspergillus terreus	〃	〃
	Klebsiella pneumoniae	〃	〃	Trichophyton rubrum	＜60	＜15
	Moraxella catarrhalis	〃	〃		不活化時間	
	Proteus mirabilis	〃	〃	〈ウイルス〉		
	Pseudomonas aeruginosa	〃	〃	Cox.：A7, A9, A16	＜5秒	＜5秒
	P. cepacia	〃	〃	B1, B2, B3, B4, B5	〃	〃
	Salmonella typhi	〃	〃	Echo：7, 11	〃	〃
	Serratia marcescens	〃	〃	Entero：71	〃	〃
	Xanthomonas maltophilia	〃	〃	HSV：HF, UW	〃	〃
	Yersinia pseudotuberculosis	〃	〃	Inf.：A/PR/8, A/Tokyo/2/75	〃	〃
	Bacillus cereus	＜5分	＜5分			

2 堀田[b]		滅菌時間
〈細 菌〉	Bacillus subtilis PC 1219	3分
	Escherichia coli K 12	10秒
	E. coli O 157：H 7	〃
	Staphylococcus aureus（MRSA）	〃
〈放線菌〉	Streptomyces griseus	〃
〈ウイルス〉	HIV	＜1分（不活化時間）

3 鈴木[c]		滅菌時間
〈食中毒菌〉	Escherichia coli	＜1分
	Staphylococcus aureus	〃
	Salmonella sp.	〃
	Vibrio parahaemolyticus	〃

a) 岩沢：臨床検査, **37**, 918 (1993) より抜粋. A＝強酸性水, B＝0.1%次亜塩素酸ナトリウム.
b) 堀田：第43回日本化学療法学会東日本支部総会発表より.
c) 鈴木：ウォーター研究会会報, No.3, pp.1-15 (1996) より抜粋.

不活化できることも報告されている[63].

　強酸性水は次亜塩素酸ナトリウムに比べ, ① 残留性がほとんどなく食

品品質への悪影響や廃水処理への影響がほとんどない，② 有効塩素濃度が低いために手荒れが少なく，手に付いても異臭が残らない，③ クロロホルムなどの塩素化合物が生成しない（次亜塩素酸ナトリウムはクロロホルムを生成する[64]），④ 同時に生成する強アルカリ性電解水で中和することができ，環境にやさしい，などの利点を有している[62]．

使用上の注意点は，定期的な有効塩素量の測定，目に入らないようにすること（入った場合には直ぐに洗眼すること），塩素ガスが発生するために換気を良くすることなどである．

一方，陰極側に生成する強アルカリ性電解水は，水酸化ナトリウムを主成分とするアルカリ性の溶液であり（表3.15），油脂を乳化したり，タンパク質を溶解する作用がある．したがって，食品や器具，床などの洗浄に利用でき，強酸性水で殺菌する前工程として，強アルカリ性電解水で汚れ（タンパク質，油脂，野菜ではワックスなど，魚介類ではぬめりなど）を除去する方法として有効利用できる[62]．例えば，カットしたレタスやキャベツを殺菌する場合，強酸性水のみの処理では5分かかるところを，強アルカリ性電解水で前洗浄することによって，1分の処理で同程度の結果が得られている[65, 66]．

3） 微酸性次亜塩素酸水

微酸性次亜塩素酸水（以下，微酸性水と記載）は従来，微酸性電解水と呼ばれていたもので，塩酸を電気分解して得られる．この場合，陰極側には水素が発生するが揮散する．陽極側に生成する塩素イオンは塩素分子に変わり，この塩素分子が水と反応して次亜塩素酸を生成する．他の製造方法として，食塩を隔膜のない1槽で電気分解し，陽極側に生成する次亜塩素酸と，陰極側に生成する水酸化ナトリウムとを混合し，pH 5.0～6.5にする方法と，次亜塩素酸ナトリウムを塩酸でpH調整する方法がある．ここでは塩酸を電気分解して得られる微酸性水について示す．

塩酸を電気分解して得られる微酸性水は微酸性（pH 5～6.5）で有効塩素量は10～30ppmである．

微酸性水は次亜塩素酸分子の存在比が高く，効果が迅速で殺菌作用が強

表 3.18　微酸性水の各種微生物に対する殺菌効果[67]

菌　株	処 理 前	処 理 後
大腸菌（O 157：H 7）*	6.0×10^6	0
サルモネラ（*Sal. enteritidis*）**	3.8×10^6	0
ブドウ球菌（*Sta. aureus*）	9.9×10^5	0
細菌芽胞（*B. subtilis*）***	5.9×10^5	<10
カ　ビ（*Cladosporium* sp.）	1.0×10^4	0
酵　母（*Candida albicans*）	8.8×10^4	0
緑膿菌（*P. aeruginosa*）	1.5×10^6	0

＊ ATCC 43895，＊＊ IF 03313，＊＊＊ ATCC 6633.
細胞芽胞は 30 分，他は 1 分処理．
処理水 pH 6.2, 塩素濃度 10ppm.

いのが特徴で，一般細菌，真菌を殺菌する（表 3.18）だけでなく，ウイルス（乳酸菌ファージ）を不活化する．また，薬剤や物理的処理に対して抵抗力を示す細菌芽胞に対しても実用的な時間で殺菌が可能である．微酸性水の殺菌作用は温度に依存し，温度上昇により殺菌作用は増大するし，50～60℃でも数時間は殺菌効果が持続する[67]．

微酸性水は食塩を含まないことやヒトに対する毒性がないために，空中噴霧により，空中浮遊菌を除去できる特徴を有している．有効塩素量 27ppm（pH 5.5）で 25mL/m³ を噴霧した場合，一般生菌数（15個/80L），カビ・酵母数（25個/80L）を 96％除去できる[67]．

微酸性水の特徴は，① 微酸性であるため，遮光下で 30 日間（約85％の有効塩素残留）保存できる，② クロロホルムが生成しにくい，③ 塩素ガスが発生しない，④ 金属腐食がほとんどない，⑤ 廃水処理負荷が小さい，などである．一方，使用上の留意点は，強酸性水と同様に有効塩素量が小さいため，食品などの有機物の多い物を対象とした場合には，流水として使用しなければならない[67]．

3.6.2　オゾン

オゾン（O_3）は空気よりも重い気体で，紫外線照射や電子の衝突によって酸素から生成され，酸素に分解する時に活性酸素が放出されるために，強い

酸化作用を有している．オゾンはその酸化作用により殺菌，脱臭，漂白，脱色などの作用を有しているが，ここでは殺菌作用のみについて示す．

オゾンの使用法には3種類がある．第一は空気中にガス体として放出するもので，これは空中浮遊菌や表面付着菌の殺菌が主な対象である．第二は水相中に高い濃度でオゾンを溶かし液体状態で使用するもので，食品や施設設備・器具の殺菌に利用できる．第三はオゾン溶液を凍結し，活性を氷中に封じ込め氷として利用するものである．すなわち，氷による低温維持に加えてオゾンの殺菌作用を付与し，氷が溶けるときに氷との接触面で殺菌を行おうとするものである[68]．

オゾンの殺菌メカニズムは，その強い酸化作用を示すO_3およびO_3とH_2Oとの反応生成物（HO_2，OHラジカル）（$O_3 + H_2O \rightarrow HO_3^+ + OH^-$，$HO_3^+ + OH^- \rightarrow 2HO_2$，$O_3 + H_2O \rightarrow \cdot OH + 2O_2$）に起因した生体内高分子（細胞壁，細胞膜や核酸，タンパク質，脂質など）や低分子（アミノ酸，不飽和脂肪酸など）の酸化分解によるもので，その結果生理活性がなくなり微生物は死滅する（図3.11）．また，ウイルスを不活化させるが同様のメカニズムによる[69-71]．

オゾンは独特の生臭い臭気を有し，0.01～0.02ppmの濃度で臭いを感じ

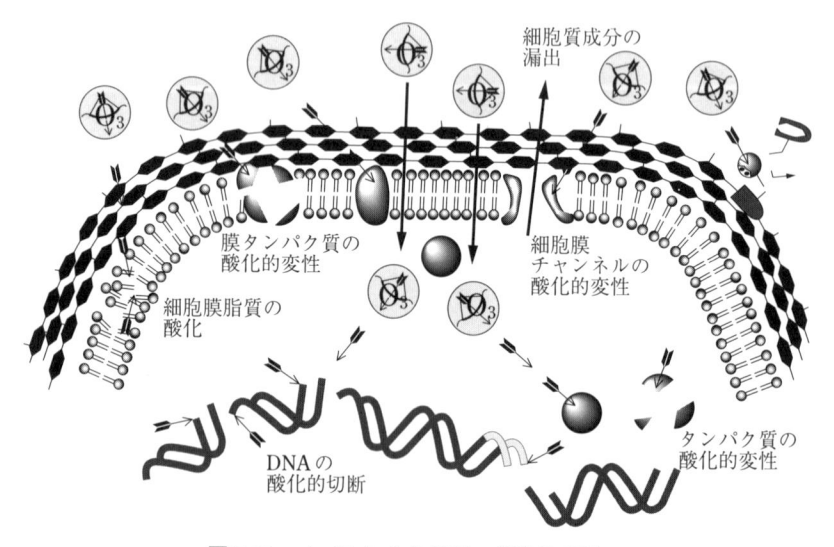

図3.11 オゾンによる細菌の構造的破壊[71]

る．また，ヒトに対しても毒性を持ち，0.5ppmの低濃度でも吸い込むと目，鼻，のどの粘膜を刺激し，その結果，呼吸気道に刺激症状がでる．このことから，週40時間（1日8時間）労働環境下での許容濃度は0.1ppmと日本産業衛生学会から勧告されている[72]．

1） オゾンガスの殺菌特性

オゾンの気相中での殺菌は，湿度によって極めて顕著に影響を受け，温度によっても影響を受ける．例えば，オゾン濃度100ppmで3時間処理した場合，*B. subtilis*（初発濃度；10^6個/ろ紙1枚）は，湿度70％までは温度に関係なく殺菌されないが，湿度95％では，20℃で1桁，30℃で4桁，40℃で5桁程度菌数を減少させる[73, 74]．

2） オゾン水の殺菌特性

オゾン水を利用して殺菌する場合，オゾンの自己分解に留意しなければならない．すなわち，水中のオゾンは比較的短時間に分解して酸素になり殺菌作用を失う．この分解速度はpHの影響を受け，酸性側では比較的安定であるが，アルカリ性側では速やかに分解（pH 10で約3時間で完全分解）を受ける．また，オゾン水中に有機物があると優先的に有機物と反応し，その後，微生物とオゾンが接触，殺菌作用を示すため，処理液中の有機物を少なくする（除く）必要がある[74]．

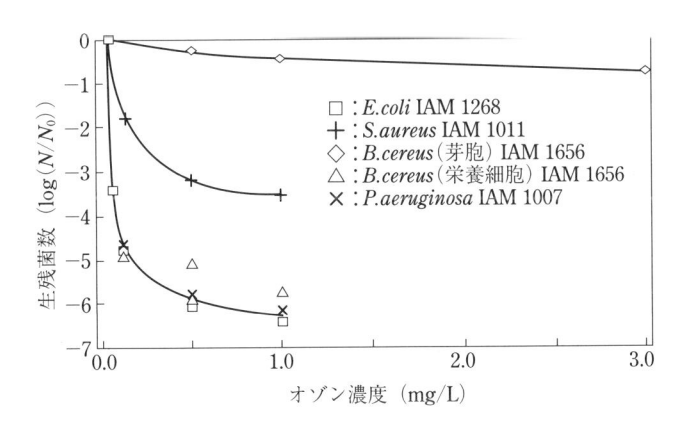

図3.12 オゾン水中での各種微生物の生残曲線
（処理時間；30秒）[61]

オゾン水による殺菌効果は，細菌に対しては速やかに起こるが，細菌芽胞に対してはあまり効果がない（図3.12）．カビに対しても殺菌作用を有し，1ppmでも殺菌できる．食品工場では，食品や床，器具の殺菌に1〜3ppmの濃度で使用され効果を発揮している[61, 74]．

3.6.3 過酢酸

過酢酸は分解されやすく保存性に欠けることや引火性があることなどから，単独で使用されることはほとんどなく，過酢酸製剤として利用されている．この製剤は，過酢酸（5〜12％）-過酸化水素（5〜20％）-酢酸（3〜32％）の混合物で，メーカーによって異なる．過酢酸製剤（過酢酸；0.2％）は一般細菌（表3.19）を15秒以内[75]に殺菌するだけでなく，酵母・カビ，ウイルスでは5分以内に，薬剤抵抗性の強い *B. subtilis* の胞子でも1分間以内[76]に殺滅できる（ただし，過酢酸に含まれている過酸化水素も殺菌作用を有し

表3.19 過酢酸溶液（0.2％）による殺菌効果[75]

	0.2％過酢酸処理時間			
	15秒	30秒	1分	2.5分
Staphylococcus aureus IFO 12732	−	−	−	−
MRSA*（MIC of methicillin：1 600 μg/mL）	−	−	−	−
MRSA*（MIC of methicillin：12.5 μg/mL）	−	−	−	−
Staphylococcus epidermidis IFO 12993	−	−	−	−
Enterococcus faecalis IFO 12965	−	−	−	−
Staphylococcus hominis JCM 2419	−	−	−	−
Pseudomonas aeruginosa IFO 13275	−	−	−	−
Burkholderia cepacia IFO 14595	−	−	−	−
Serratia marcescens IFO 12648	−	−	−	−
Proteus vulgaris IFO 3988	−	−	−	−
Klebsiella pneumoniae IFO 3317	−	−	−	−
Salmonella Typhi TD strain	−	−	−	−
Escherichia coli IFO 3806	−	−	−	−
Enterobacter cloacae IFO 13535	−	−	−	−
Bacillus subtilis IFO 3134 spore	＋	＋	−	−

−：死滅，＋：生残．
* メチシリン耐性黄色ブドウ球菌．

ているが，この条件下では過酸化水素の殺菌効果は無視できる）．過酢酸の殺菌作用は温度の影響を受け，60℃まで温度を上げることによって殺菌効果は上昇する[77]．また，殺菌作用は酸性側では影響を受けないが，アルカリ性側で低下する[78]．

過酢酸製剤は希釈すると，水，活性酸素，酢酸に分解し，この活性酸素と過酸化水素の反応によりOHラジカルが生成することから，殺菌には，OHラジカルと活性酸素が関与しているものと考えられている（$2CH_3COOOH \rightarrow 2CH_3COOH + H_2O + \cdot O$，$\cdot O + H_2O \rightarrow (2(\cdot OH))$）．また，この分解産物は食品や環境に対しては無毒であるので，廃水処理にも悪影響はない．過酢酸は環境殺菌剤として次亜塩素酸などと同様に利用でき，FDAでは最高許可水準（すすぎなしで）を100〜200ppmと規定している[60]．

過酢酸製剤は主に無菌充填用のPETボトルの殺菌に，使用濃度2.5〜3.5％，温度40〜50℃で利用されている．方法としては満注充填か噴霧を利用し，すすいだ後に食品の充填に供される．過酢酸製剤は腐食性があるため，本剤と接触する材料はステンレス（SUS 304以上）やテフロン，ポリエチレンなどの合成樹脂が使用されている[78]．この濃度では，刺激性や臭気があるため換気が必要となる．

3.6.4 過酸化水素

過酸化水素は一般にはオキシドール（3％溶液）として知られている物質である．食品業界では液体（35％溶液）あるいはミストとして，包装材料などの殺菌に利用されている．最近，過酸化水素蒸気を包装材料などの殺菌に利用する方法が採用されるようになってきたので，この過酸化水素蒸気殺菌について解説する．この殺菌方法の特徴は，滅菌に使用した後，白金やバナジウムなどの触媒によって容易に過酸化水素を酸素と水蒸気に分解でき，エチレンオキサイドやホルマリンを用いた滅菌と異なり，残留ガスあるいは分解物の毒性によって環境を汚染しないことである[79]．

過酸化水素蒸気（VPHP；vapor phase hydrogen peroxide）は同濃度の過酸化水素水よりも強力な殺菌力を有し（表3.20），その殺菌力はVPHPの濃度に

表 3.20 過酸化水素蒸気滅菌における D 値[80]

試験微生物	平均蒸気濃度(mg/L)	D 値（分）
細菌胞子		
Bacillus subtilis	1.69	1.22
Bacillus stearothermophilus	1.72	3.31
Bacillus pumilus	1.74	1.89
Bacillus cereus	1.59	0.56
Clostridium sporogenes	1.32	0.61
栄養型細菌		
Escherichia coli	1.77	0.56＞
Staphylococcus aureus	1.70	0.45
Streptococcus faecalis	1.82	0.56＞
Pseudomonas aeruginosa	1.67	0.72＞
Nocardia lactamdurans	1.74	0.61
Serratia marcescens	1.81	0.56
Mycobacterium smegmatis	1.74	1.09
カビ・酵母		
Aspergillus terreus	1.75	0.56＞
Rhodotorula glutinis	1.69	0.56＞
Fusarium oxysporum	1.68	0.56＞
Penicillium chrysogenum	1.68	0.56＞
Candida parapsilosis	1.69	0.51
Saccharomyces cerevisiae	1.63	0.51

測定条件
　試験容器：0.58m³ ステンレスグローブボックス．
　担　　体：ステンレスクーポン．
　菌　　数：1.0×10^6 個．
　実験温度：25〜32℃．

依存する．しかし，VPHPは毒性が強いために，滅菌庫（アイソレーター）内から蒸気が漏れないようにする必要がある．また，過酸化水素の蒸気圧が非常に小さいために，滅菌庫内の湿度が高い状態では滅菌に必要な濃度のVPHPを得ることができない．そのために，滅菌庫内の湿度を10〜30％にする必要がある．

殺菌メカニズムは解明されていないが，過酸化水素が反応分解する時に発生する発生期の酸素（活性酸素）による酸化および活性酸素とH_2Oとの反応によって生成するOHラジカル（$\cdot O + H_2O \rightarrow (2(\cdot OH))$）によって殺菌

効果が現れるものと考えられている.

　過酸化水素は強力な酸化剤であることから,被滅菌物と滅菌庫などの材質が制限される.すなわち,ステンレスやアルミニウムなどの錆びない材質や,ガラス,ポリエチレンなどVPHPを吸着しないような材質を使用する必要がある[80].

参 考 文 献

1) 里見弘治:食品と科学, No.10, 85 (1994)
2) 高野光男,横山理雄:食品の殺菌—その科学と技術—, p.37, 幸書房 (1998)
3) 芝崎　勲:加熱殺菌,新・食品殺菌工学,改訂新版, p.5, 光琳 (1998)
4) 芝崎　勲:環境管理技術, **19**, 259 (2001)
5) 芝崎　勲:同誌, **20**, 1 (2002)
6) 日本食品衛生協会編:微生物制御の考え方,食品衛生における微生物制御の基本的考え方, p.105, 日本食品衛生協会 (1994)
7) 清水　潮:複合的な要素による食品保存,食品微生物Ⅰ基礎編　食品微生物の科学, p.172, 幸書房 (2001)
8) 日本食品保全研究会編:食品保全に適用されるハードルテクノロジーの基本及び応用,食品微生物制御技術の進歩, p.10, 中央法規出版 (1998)
9) 藤川　浩:防菌防黴, **26**, 423 (1998)
10) 矢野信禮,小林登史夫,藤川　浩編:食品への予測微生物学の適用,サイエンスフォーラム (1997)
11) R. E. Pitt : *J. Food Prot.*, **56**, 139 (1993)
12) A. M. Gibson *et al.* : *Int. J. Food Microbiol.*, **23**, 419 (1994)
13) G. Viniegra-Gonzalez *et al.* : *Biotech. Bioeng.*, **42**, 1 (1993)
14) 土戸哲明,中村一郎,横原恭士:防菌防黴, **28**, 657 (2000)
15) R. C. Whiting and R. L. Buchanan : *Food Technol.*, **48**, 113 (1994)
16) R. C. Whiting : *ibid.*, **51**, 82 (1996)
17) L. Miller, R. C. Whiting and J. L. Smith : *ibid.*, **51**, 100 (1996)
18) 春日文子:食品工業, **44** (14), 8 (2001)
19) 高野光男,土戸哲明編:熱殺菌のテクノロジー,サイエンスフォーラム (1997)
20) 藤原　忠:低温加熱殺菌システム,同書, p.145.
21) 清水　潮,横山理雄:レトルト食品の基礎と応用,幸書房 (1995)
22) 中村智義:食品と開発, **33** (10), 14 (1998)
23) 食品と開発編集部:同誌, **35** (10), 18 (2000)
24) 杉江紀彦:ジャパンフードサイエンス, **41** (7), 83 (2002)

25) 松山良平：通電加熱殺菌システム，熱殺菌のテクノロジー，高野光男，土戸哲明編，p.225，サイエンスフォーラム（1997）
26) 松山良平：食品機械装置，**37**（4），47（2000）
27) 多田宗儀：食品工業，**45**（22），23（2002）
28) 秋山美展：ジャパンフードサイエンス，**41**（6），47（2002）
29) 中川善博：防菌防黴，**16**，131（1988）
30) 中川善博：マイクロ波加熱殺菌システム，熱殺菌のテクノロジー，高野光男，土戸哲明編，p.209，サイエンスフォーラム（1997）
31) 広瀬喜一郎，中川善博：マイクロ波加熱による殺菌技術・包装食品の殺菌，新殺菌工学実用ハンドブック，高野光男，横山理雄編，p.419，サイエンスフォーラム（1997）
32) 佐藤誠吾：食品機械装置，**33**（7），60（1996）
33) 山中良郎：食品工業，**42**（20），21（1999）
34) 伊藤　崇，畑中健治，五師功仁：同誌，**45**（20），36（2002）
35) 周ср達雄：過熱水蒸気による殺菌技術，有害微生物管理技術，第1巻，p.695，フジテクノシステム（2001）
36) 宮園勝三：ジュピターシステム，無菌化技術便覧，p.206，ビジネスセンター社（1983）
37) 大森豊明：赤外線，有害微生物管理技術，第1巻，p.713，フジテクノシステム（2001）
38) 横山理雄：熱殺菌のテクノロジーセミナー資料，日本食品工業クラブ，p.1，大阪（1998）
39) 土井義明：食品機械装置，**38**（2），46（2001）
40) 鈴木堅之：突然変異とDNA修復，分子生物学，p.87，講談社サイエンティフィク（1994）
41) B. E. Moseley : The rivival of injured microbes, M. H. E. Andrews and A. D. Russell eds., p.147, Academic Press（1984）
42) 町田三一：紫外線による殺菌技術，食品の非加熱殺菌応用ハンドブック，一色賢司，松田敏生編，p.67，サイエンスフォーラム（2001）
43) 林　徹：食品機械装置，**37**（7），46（2000）
44) T. Hayashi, Y. Takahashi and S. Todoroki : *Radiat. Phys. Chem.*, **52**, 73（1998）
45) 小久保護：私信．
46) 山中洋之，竹下和子：食品工業，**43**（20），18（2000）
47) 木下　忍：同誌，**45**（22），34（2002）
48) 高見和朋：食品機械装置，**38**（7），48（2001）
49) 土井義明他：食品工業，**44**（24），31（2001）
50) 竹下和子：閃光パルス処理応用技術，食品の非加熱殺菌応用ハンドブック，一色賢司，松田敏生編，p.38，サイエンスフォーラム（2001）

参考文献

51) 小林　健, 倉田孝男：閃光パルス処理装置技術, 同書, p.31.
52) J. Dunn：食包研会報, **77**, 15 (1998)
53) 林　力丸編：生物と食品の高圧化学, さんえい出版 (1993)
54) 五十部誠一郎：高圧処理と装置開発の現状, 食品の非加熱殺菌応用ハンドブック, 一色賢司, 松田敏生編, p.44, サイエンスフォーラム (2001)
55) 食品と開発編集部：食品と開発, **29** (5), 27 (1994)
56) 金山龍男：ハロゲン系, 食品の非加熱殺菌応用ハンドブック, 一色賢司, 松田敏生編, p.113, サイエンスフォーラム (2001)
57) 堀田国元：酸性電解水による殺菌効果と殺菌のメカニズム, 有害微生物管理技術, 第1巻, p.751, フジテクノシステム (2001)
58) 菅野智栄：防菌防黴, **23**, 105 (1995)
59) 堀田国元：同誌, **28**, 669 (2000)
60) 芝崎　勲：薬剤殺菌, 新・食品殺菌工学, 改訂新版, p.229, 光琳 (1998)
61) 内藤茂三：防菌防黴, **27**, 51 (1999)
62) 藤原　昇：食品工業, **45** (10), 25 (2002)
63) T. Suzuki：*J. Agr. Food Chem.*, **50**, 230 (2002)
64) 日高利夫他：食衛誌, **33**, 267 (1992)
65) 小関成樹, 伊藤和彦：食科工, **47**, 907 (2000)
66) 小関成樹, 伊藤和彦：同誌, **47**, 914 (2000)
67) 土井豊彦：食品工業, **45** (10), 40 (2002)
68) 山吉孝雄：防菌防黴, **22**, 243 (1994)
69) 神力就子：同誌, **22**, 315 (1994)
70) 神力就子：同誌, **22**, 383 (1994)
71) 神力就子：同誌, **22**, 431 (1994)
72) 内藤茂三：同誌, **27**, 403 (1999)
73) 大平美智男：同誌, **22**, 503 (1994)
74) 内藤茂三：同誌, **22**, 685 (1994)
75) 坂上吉一他：同誌, **26**, 605 (1998)
76) 浜本典男他：食衛誌, **25** (2), 99 (1984)
77) 立花稔彦, 吉岡純司：食品機械装置, **39** (9), 74 (2002)
78) 田端修蔵, 西田穣一郎：HACCP対応無菌充填包装機, HACCP必須技術, 横山理雄, 里見弘治, 矢野俊博編, p.164, 幸書房 (1999)
79) 小久保護：防菌防黴, **28**, 95 (2000)
80) 小久保護, 今井匡弘：過酸化水素蒸気滅菌, 医薬品, 医療用具製造の滅菌バリデーション, 新谷英晴監修, p.283, 薬業時報社 (1998)

〈矢野俊博〉

第4章　食品原材料の洗浄・殺菌

　安全な食品を製造するためには，新鮮で衛生的な原材料を使用しなければならないが，ほとんど全ての原材料には微生物が付着し，その菌数は製品の微生物基準を超えているものも少なくない．それゆえ，微生物基準をクリアーするためには，洗浄（除菌）・殺菌が必要である．また，洗浄・殺菌を行うことにより，原材料に付着している土などの異物の混入を防ぐことができる．

4.1　食品加工と初発菌数の低減

4.1.1　食品原材料に付着する微生物

　食品工場では農産物，畜産物，水産物あるいはこれらの加工品を原材料として使用しているが，そこには多くの微生物が存在している．これら原材料の夏と冬における一般生菌数と大腸菌群数を表4.1に示してあるが，多いものでは一般生菌数が10^7個/g，大腸菌群数が10^6個/g存在している[1]．加工食品における微生物基準は食品により異なるが，一般生菌数は通常3 000～100 000程度で，大腸菌群は生カキおよび一部の食肉製品を除き陰性である．したがって，何らかの方法により菌数を低減する必要がある．

　一方，食中毒原因菌も原材料に存在している．以下に主な食中毒菌の食品原材料における検出率などを示す[2]．

　腸炎ビブリオの検出率は市販の生食魚（マグロ，イカ，タコ，アジなど）で平均33％であるが，その汚染菌量は10^4個/100g以下である．しかし，魚種によって異なり，イカで10^4個/100g以上，貝類で10^7個/100g以上検出されるものもある．

　サルモネラの検出率は市販鶏肉で38％，鶏卵で0.03％であるが，鶏卵中

表 4.1 食材および一般食品の微生物汚染[1]

品　名	冬			夏		
	原材料受入時の品温（℃）	一般生菌数	大腸菌群	原材料受入時の品温（℃）	一般生菌数	大腸菌群
タマネギ	4.4〜11.8	$<10^2\sim10^5$	$-\sim10^5$	18.6〜23.6	$<10^2\sim10^7$	$-\sim10^4$
チンゲンサイ	3.9〜5.8	10^5	$-\sim10^2$	8.8〜21.3	$10^5\sim10^7$	10^1
トマト	6	$<10^2$	10^2	5.4〜21.3	$10^1\sim10^3$	$-$
ナ　ス	2.5	10^3	$-$	22.8	10^4	10^4
ニ　ラ	8	10^3	$-$	7	10^5	10^4
ニンジン	0.4〜9.3	$10^3\sim10^5$		5.3〜22.3	$10^2\sim10^6$	$-\sim10^5$
ネ　ギ	3.6〜9	$10^2\sim10^7$	$-\sim10^3$	6〜21.1	$10^4\sim10^6$	$-\sim10^6$
ハクサイ	4.6〜9.3	$10^5\sim10^6$	$-\sim10^1$	13.7〜20.4	$10^5\sim10^6$	$-\sim10^4$
パセリ	4.1	$10^3\sim10^5$	$-\sim10^1$	13.8	$10^6\sim10^7$	$10^3\sim10^5$
ピーマン	3.2〜6.5	$10^4\sim10^5$	$-\sim10^3$	6〜13.6	$10^5\sim10^6$	$-\sim10^4$
ブロッコリー（冷凍）	（-20）	$10^2\sim10^6$	$-\sim10^1$	（-10.2）	$<10^2$	$-$
ホウレンソウ（冷凍）	3.5〜10（-17）	$10^4\sim10^6$	$-\sim10^4$	6〜10.9	$10^4\sim10^6$	$10^2\sim10^5$
モヤシ	0.9〜8.8	$10^4\sim10^7$	$-\sim10^5$	5.3〜14.7	$10^7\sim10^8$	$10^4\sim10^6$
レタス	6.5〜12.5	$10^4\sim10^6$	$-\sim10^4$	4.8〜20.2	$10^3\sim10^6$	$10^1\sim10^3$
牛　肉	-0.3〜13.9	$10^2\sim10^6$	10^1	0.4〜11.4	$10^4\sim10^5$	10^1
鶏　肉	-2〜5.6	$10^3\sim10^6$	$-\sim10^3$	-1.2〜9	$10^4\sim10^6$	10^1
豚　肉	-2〜2	$10^2\sim10^6$	$10^1\sim10^4$	-2.6〜13.3	$10^2\sim10^6$	$10^1\sim10^4$
挽き肉（合挽）	-1〜3.2	$10^5\sim10^6$	$-\sim10^4$	2.3〜5.3	$10^3\sim10^6$	$10^1\sim10^3$
魚　類	-15〜8.6	$10^4\sim10^5$	$-\sim10^4$	-8.9〜10.7	$10^1\sim10^5$	$-\sim10^3$
鶏　卵	1.7〜11	$10^1\sim10^2$	$-$	20.1〜23.6	$<10^1\sim10^1$	$-$
おから	38.6	10^4	10^3			
麩（ふ）		10^5	$-$			
グリンピース		$-$	$-$	-13.6	10^2	$-$
こんにゃく	6〜7	10^2	$-$	4.5〜23.9	$10^1\sim10^3$	$-$
豆　腐	11.4	$10^3\sim10^4$			10^1	
生揚げ	15〜23.3	$10^2\sim10^4$	$-\sim10^2$	29.5〜34.1	10^4	
しらたき	6.4〜8.8	$10^3\sim10^4$	$-\sim10^1$		10^1	
冷凍コーン	-17	$10^2\sim10^4$	$-\sim10^3$	-18	$10^2\sim10^3$	$-$
冷凍ミックス野菜	-16	10^3		-8.1	10^3	
冷凍枝豆		$-$	$-$	-10.8	10^5	10^2
コショウ	7〜21	$10^2\sim10^6$	$10^1\sim10^2$	20.8〜21.7	$10^5\sim10^6$	$-\sim10^3$
練り辛子		10^4	10^1		10^4	10^1
パン粉	10	$10^2\sim10^5$	$-$	22.7〜23.8	$10^2\sim10^5$	$-$
かつお節だしパック		10^3	$-$	21	10^1	$-$

の菌数は1 000個/100g以下である．また，加工用に使用される液卵での検出率は20％である．本菌による食中毒は，1990年以前は魚介類，肉類を原因とするTyphimurium菌によるものが大半を占めていたが，以後は卵を原因とするEnteritidis菌によるものが多くなってきている．また，ペットからの感染事例も増大してきている．病原大腸菌の血清型別の検出率はカキで高く30％程度である．また，腸管出血性大腸菌は牛枝肉で0.3％である．カンピロバクター食中毒の原因菌は主に C. jejuni (96％) であり，検出率は鶏肉で60％，牛肉で3％である．黄色ブドウ球菌の検出率はハム・ソーセージ・弁当・サンドイッチで10～25％，サラダ・そうざい類で3～10％程度である．また，健康者の保菌率は30～40％で，これらの20～30％がエンテロトキシンを産生する．ボツリヌス菌は河川，湖，海岸などの土壌にE型菌が濃厚に分布し，その陽性率は0.4～20％である．ウエルシュ菌の検出率は畜肉類で3～25％，ハム・ソーセージで10～65％である．また，肥沃な耕地からは10^3～10^4個/gが検出される．セレウス菌は自然界に広く分布し，市販の各種食品中に高率（数％～60％）で検出（菌数は10^3個/g以下）される．また，健康人の糞便（約15％）からも検出される．エルシニアは4℃の低温でも発育する低温発育病原菌であり，本食中毒の主な原因物質である豚肉での検出率は枝肉で0.3％，ミンチ肉で0.8％である．

　上記のように，食中毒原因菌の多くは魚介類，畜肉類などに存在するが，検出率は低く（全体の平均で約5％），野菜の洗浄水からも大腸菌，サルモネラ（Infantis），リステリア，ウエルシュ菌が検出されている（幸いにも，腸管出血性大腸菌O 157は検出されていない）[1, 3]．

　これら食中毒原因菌についても一部の加工食品で基準が設けられている（第2章の表2.1）．これら中で最小発症菌数の少ない腸管出血性大腸菌O 157（10～100個）[4]，カンピロバクター（500個程度）[5]，クリプトスポリジウム（10個程度）[6]，小型球形ウイルス（10～100個）[7]には特に注意が必要である．また，生野菜や果物を原因とするリステリアやO 157などによる食中毒が発生している[8, 9]ので，生食用のカット野菜などを加工しているところでは，留意しなければならない．

4.1.2 食品原材料の除菌における技術的ポイント

微生物は食品原材料の表面に存在している．この微生物を除去するには，以下の点を考慮しなければならない[10]．

① 微生物の付着・脱離挙動および食品表面の微細構造を考慮しなければならない．

微生物はその種類により表面構造が異なる．すなわちグラム陰性細菌の表層は細胞質膜の外側にペプチドグリカン/ペリプラズム間隙/外膜/リポ多糖，グラム陽性細菌はリポタイコ酸/ペプチドグリカン/タイコ酸（グリセロールまたはリビトールとリン酸の重合体でアニオン性ポリマーとして菌体表面に電荷を付与．テイコ酸ともいう）の順に並んでいるが，双方とも最外層には菌が産生した多糖を主要構成成分とする不定形の粘質層（莢膜）と鞭毛や線毛を具備している場合がある[11]．これらの表面構造物が細菌表面の物理化学的特性を支配し，細菌の初期付着に関与している．一方，細菌胞子（芽胞）は高度に脱水化された細胞質（コア）を，胞子-細胞膜，胞子-細胞壁，コルテックス（化学的に修飾されたペプチドグリカン），スポアコート（タンパク質）が順に層をなして取り囲んでいる[12]ことから疎水性になっており，この疎水性は栄養型細胞より強い[13]．これらの性質を持つ微生物の表面と基質（食品）表面との間で，静電的相互作用，ファンデルワールス力，疎水性相互作用などの微視的領域に働く表面力によって，微生物が基質に付着すると菌体外多糖類などの産生を加速させ，次第に強固な付着状態（バイオフィルム）を形成する[14-16]．

一方，植物は自己防衛のために種々の表面構造をとっている．すなわち，野菜表面は水に濡れにくいワックス効果を有する産毛，脂肪酸やそのエステルから構成されるワックス状の疎水性物質からなるクチクラ層などが存在する．また，細菌よりも遥かに大きな気孔や窪み，溝なども存在する．魚類では鱗やその隙間などが存在する．

これらの表面構造は除菌（洗浄）に対しては負の作用を示し，微生物が残存する原因となっている．

② 非生物汚れ（一般的な無機物，有機物の汚れ）と異なり，洗浄後に残

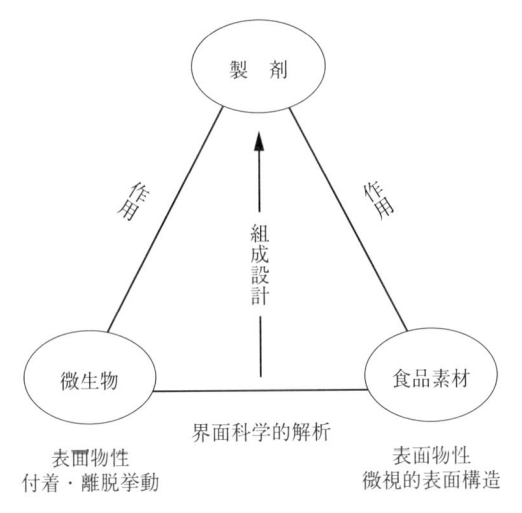

```
              製　剤
               △
              /|\
          作 / | \ 作
          用/  |  \用
           /組成 \
          /成設計 \
         /  計    \
       微生物 ――――― 食品素材
          界面科学的解析
    表面物性              表面物性
    付着・離脱挙動         微視的表面構造
```

図4.1　除菌洗浄の技術的ポイント[1]

留した微生物は生育条件が整うと増殖するために，実用的な除菌レベルは，菌数で10^2桁以上の減少である．

③　設備機器の洗浄のように機械力・流体力に依存できない．

微生物は微小な汚れであるうえに起伏のある複雑な食品表面に付着しているため，流体力を効果的に微生物に作用させることは困難である．また，過度な機械力を加えることは原材料の損傷を招くため好ましくない．

このように食品原材料における細菌の付着状態から考えて，洗浄によって付着菌数を2桁以上下げるには，そこに細菌がどのような状態で付着・生存しているかを界面科学的に理解することが必要で，それが効果的な洗浄（除菌）につながる（図4.1）[10]．

4.2　野菜類の危害微生物と除菌

4.2.1　カット野菜などの微生物汚染

市販されているカット野菜の多くから10^3〜10^7個/g程度の一般生菌数が検出され，原料野菜よりも高い値を示す場合も少なくない．この原因は，

野菜の水分量や細胞浸出液，品温などに加えて，複数の野菜を混ぜ合わせるため，菌数の多い野菜が混入することなどが考えられる．菌種別の汚染状況は，大腸菌群が$10^1 \sim 10^6$個/gと高く，土壌からの汚染によるものと考えられる．大腸菌については，大腸菌群に比べ極端に少ないが，野菜の種類や産地によって菌数が高いものもあり注意が必要である．セレウス菌は，市販カット野菜から13.8％の割合で検出され，土壌が付着しやすく，

表 4.2 カット野菜の原料における微生物数[9]

検体		一般生菌数			大腸菌群検出率		
		冬	夏		冬	夏	
		A工場	A工場	B工場	A工場	A工場	B工場
キャベツ	外層	5.5 (2)[a]	6.3 (1)	5.8 (1)	0/2[c]	0/1	1/1
	中層	− (6)	5.6 (3)	4.1 (2)	0/6	0/3	0/2
	内層	− (2)		2.9 (1)	0/2		0/1
レタス	外層	5.8 (2)	6.2 (1)	5.8 (1)	0/2	0/1	1/1
	中層	6.9 (2)			0/2		
	内層	5.5 (3)	4.9 (1)	4.5 (1)	0/3	0/1	0/1
ナガネギ	表皮	5.8 (2)	6.1 (1)	4.9 (3)	0/2	0/1	3/3
	芯	4.4 (2)	3.7 (1)	4.7 (2)	0/2	1/1	0/1
タマネギ	外層		− (2)	6.5 (1)		0/2	1/1
	中層		− (2)	4.0 (1)		0/2	1/1
	内層		− (2)	4.5 (1)		0/2	0/1
セロリ		5.6 (2)	6.0 (1)		0/2	1/1	
キュウリ	表面	5.8 (2)	6.8 (1)	6.3 (1)	0/2	0/1	1/1
	芯	− (1)	− (1)	2.0 (1)		0/1	0/1
ダイコン	表皮	6.1 (2)	4.8 (1)	4.2 (1)	0/2	0/1	0/1
	芯	− (2)	3.3 (1)	2.0 (1)	0/2	0/1	0/1
ニンジン	表皮	6.3 (2)	4.5 (1)	4.6 (1)	2/2	1/1	1/1
	芯	− (2)	2.9 (1)	3.7 (1)	0/2	1/1	1/1
ピーマン			4.8 (1)	3.0 (1)		0/1	0/1
ホウレンソウ			7.3 (1)			0/1	
カイワレダイコン[b]		7.9 (1)					
計					2/33	3/23	10/20
検出率（％）					(6.1)	(13.0)	(50.0)

a) 生菌数（1g当たり）の平均（−は調査検体の菌数がいずれも検出限界未満であったもの）．（ ）内は調査検体数．
b) C工場．
c) 大腸菌群陽性検体数/調査検体数．

かつ洗い落とすことが困難なホウレンソウ，セロリ，カイワレ，レタス，タマネギなどで比較的多く検出される[17, 18]．また，豆類（外皮）では*Bacillus*属が主で，少量のグラム陰性細菌とカビが検出されている[10]．

野菜や果物における微生物の存在部位が検討されている．細菌数は外部（表面）の方が極めて優勢であるが，内部（中心部）からも検出されている（表4.2）[19]．このことは，野菜や果物の場合，細菌にとって好適な生育条件が揃っているため，収穫後の貯蔵期間が長くなるにつれて，通導組織を経て細菌が内部に移行することを示している．また，キャベツやレタスのような葉の巻いている野菜の外側と内側の葉の細菌分布についても報告されている[20]．それによると，芯部に近づくと細菌汚染は少なくなる傾向にあるが，巻き方のルーズなもの，外側の汚染度が高いものでは内部の汚染度も高くなる．

4.2.2 カット野菜などの洗浄・殺菌

カット野菜の製造工程を図4.2に示した．この工程中で問題になるのは洗浄・殺菌工程であるが，そこには種々の洗浄・殺菌剤が使用されているので，それらの効果について示す[21, 22]．

厚生労働省は，平成9年衛食第85号（大量調理施設衛生管理マニュアル）で食中毒対策として以下のことを通知している．すなわち，原材料の納入に際しては，食肉類，魚介類，野菜類などの生鮮食品については1回で使い切る量を調理

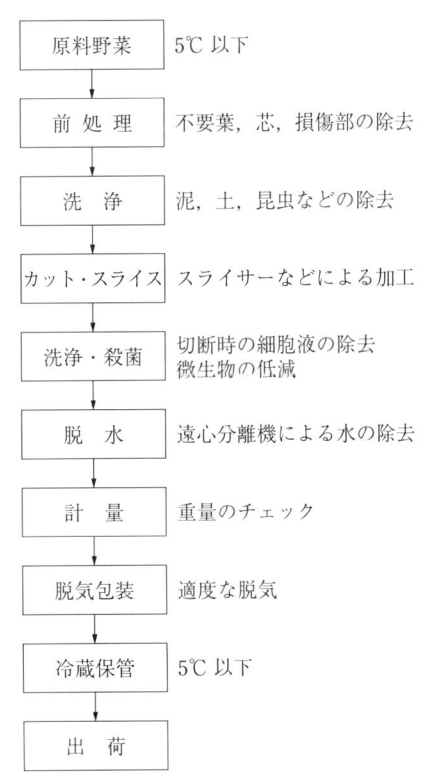

原料野菜	5℃以下
前処理	不要葉，芯，損傷部の除去
洗浄	泥，土，昆虫などの除去
カット・スライス	スライサーなどによる加工
洗浄・殺菌	切断時の細胞液の除去 微生物の低減
脱水	遠心分離機による水の除去
計量	重量のチェック
脱気包装	適度な脱気
冷蔵保管	5℃以下
出荷	

図4.2 カット野菜の製造工程[18]

日当日に仕入れること,野菜および果物を加熱せずに供する場合には流水で十分に洗浄し,必要に応じて次亜塩素酸ナトリウム(生食用野菜にあっては亜塩素酸ナトリウムも使用可)の200mg/L(200ppm)溶液に5分間(100mg/Lの溶液の場合は10分間),またはこれと同等の効果を有するもの(食品添加物として使用できるもの.例えば,強(微)酸性次亜塩素酸水,有機酸など)で殺菌を行ったのち,十分に水洗することとしている.

1) 次亜塩素酸ナトリウム

次亜塩素酸ナトリウムの100mg/L溶液で10分間浸漬殺菌を行っても,一般生菌数および大腸菌群数を2桁減少させるのみである(表4.3)[24]が,これに曝気処理を加えると除菌効果が上昇する(図4.3).また,次亜塩素酸ナトリウムの除菌効果は温度の影響を受け,30〜40℃で効果を発揮する(図4.4).ただし,次亜塩素酸ナトリウムを使用した場合の問題点として,① 消毒副生成物として発ガン性物質トリハロメタンなどが生成,② 食材の官能特性値などの品質劣化,③ 大腸菌などのグラム陰性細菌に対する薬剤耐性化,④ 塩素ガスによる作業環境の悪化,⑤ 排水による環境汚染,などがある[27].

次亜塩素酸ナトリウムを加工用原料野菜の洗浄・殺菌に用いる場合,次亜塩素酸ナトリウム特有の臭いが野菜に残留しないように配慮する必要がある.また,カットなどの物理的処理を加えると細胞浸出液の増大,細菌の増殖を促すとともに呼吸量の増大がみられ,品質劣化が早くなることなどの悪影響が大きいため,次亜塩素酸ナトリウムによる洗浄操作は加工前の原料野菜で行う方が効果的である.

2) 強酸性次亜塩素酸水

次亜塩素酸ナトリウム(有効塩素量150〜200mg/L)と強酸性次亜塩素酸水(有効塩素量40〜60mg/L)では,同等の殺菌力であるが,官能的検査結果では,強酸性次亜塩

表4.3 次亜塩素酸ナトリウム浸漬時間とキュウリ表皮菌数[23]

試料	1	2	3
洗浄前	4.0×10^2	4.0×10^3	8.0×10^3
水洗後	4.7×10^2	2.4×10^2	7.1×10^2
浸漬 5分	150	<10	60
15分	60	160	120
25分	60	150	10

菌数:個/cm². (有効塩素100ppm)

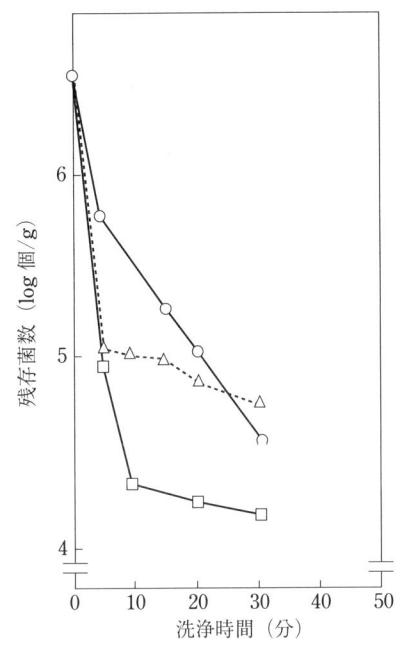

図 4.3 曝気と次亜塩素酸ナトリウム
併用洗浄における洗浄効果[25]

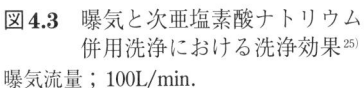

曝気流量；100L/min.
次亜塩素酸ナトリウム殺菌条件：
　有効塩素；100ppm，作用 pH；6.0,
　作用温度；20℃.
○ 次亜塩素酸ナトリウム洗浄，△ 曝気洗浄，□ 曝気・次亜塩素酸ナトリウム併用洗浄.

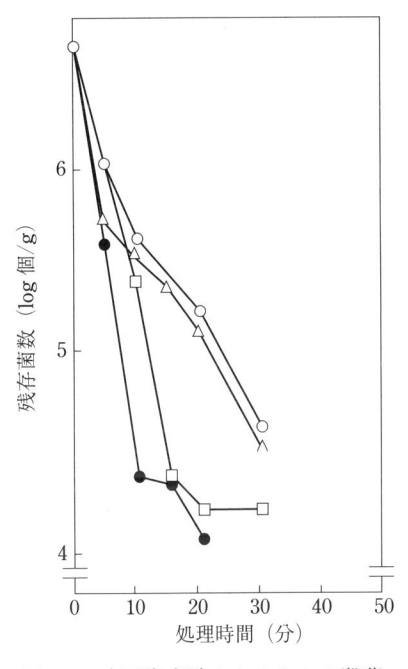

図 4.4 次亜塩素酸ナトリウムの殺菌
効果に及ぼす温度の影響[26]
○ 10℃，△ 20℃，□ 30℃，● 40℃.

素酸水が外観，食感，残留塩素臭で有意に良好で，色については，殺菌剤の種類と交互作用（野菜の種類×殺菌剤の種類）で有意に良好であると報告されている[28].

3) 有 機 酸

　有機酸を洗浄剤として利用する場合は，短時間で殺菌効果を発揮させることが必要であり，そのためには有機酸の中ではpH低下作用の強いフマル酸などが適している．実際に洗浄・殺菌剤として多く利用されている有機酸は酢酸（表4.4）とフマル酸である．また，これらの有機酸は野菜に残

表 4.4　各種微生物に対する酢酸の生育阻害酸度および死滅酸度[29]

菌　　名	生育阻害 pH*	生育阻害酸度 (%)	殺菌 pH**	殺菌酸度 (%)
Salmonella aertrycke	4.9	0.04	4.5	0.09
Staphylococcus aureus	5.0	0.03	4.9	0.04
Phytomonas phaseoli	5.2	0.02	5.2	0.02
Bacillus cereus	4.9	0.04	4.9	0.04
B. mesentericus	4.9	0.04	4.9	0.04
Saccharomyces cerevisiae	3.9	0.59	3.9	0.59
Aspergillus niger	4.1	0.27	3.9	0.59

　＊　生育阻害 pH では，菌の生育はないが菌はまだ生存している．
　＊＊　殺菌 pH では菌は完全に死滅している．

留することによって静菌作用を示し，日持ち延長効果が認められる．また，野菜のしゃきしゃき感が保持できる特性を有している．

4) オ ゾ ン

　オゾンも次亜塩素酸と同様に殺菌力を有していることから，カット野菜の除菌に利用されている．2.9～3.5ppm のオゾン水にカット野菜を浸漬することにより，一般生菌数では95.1～98.3％，大腸菌群では87.5～96.4％の除菌率が得られている（表4.5）[30]．

5) グリセリン脂肪酸エステル

　グリセリン脂肪酸エステルは食品用の乳化剤であり，野菜に残存しても問題はない．野菜の表面はワックス状のもので被われていることから，これらを除くための界面張力低下能を有し，洗浄作用のあるポリグリセリン

表 4.5　浸漬によるカット野菜のオゾン水処理[30]

	2.9ppm のオゾン水に 5分間浸漬		3.5ppm のオゾン水に 7分間浸漬	
	一般生菌数	大腸菌群	一般生菌数	大腸菌群
処 理 前	1.2×10^6	80	8.2×10^4	2.8×10^2
処 理 後	2.0×10^4	10	4×10^3	10
除 去 率	98.3%	87.5%	95.1%	96.4%

菌数：個/g．

一般細菌

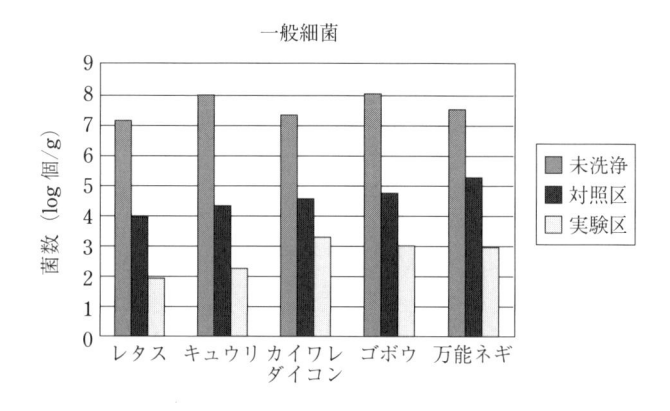

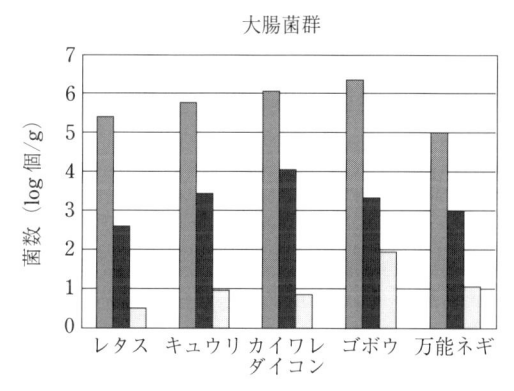

大腸菌群

未洗浄：未処理（カットのみ）
対照区：次亜塩素酸ナトリウム（200ppm）
実験区：脂肪酸エステル 0.2% → 次亜塩素酸ナトリウム（200ppm）

図4.5 カット野菜に対する脂肪酸エステルの除菌効果[31]

脂肪酸エステルと，高い静菌力を有するグリセリン脂肪酸エステル（低級脂肪酸モノグリセライド）が混合されて使用されている．その後，次亜塩素酸ナトリウムで殺菌することにより，高い除菌効果が得られる（図4.5）[31]．

6) 酵素含有洗浄剤

酵素含有洗浄剤は，先に示した有機酸，脂肪酸エステルなどに0.5％のセルラーゼを添加したもので，細菌類が野菜などの固形物に対してバイオフィルム（第8章8.1節参照）によって結合している部分を，セルラーゼによって切断し，効果的に除菌しようとするものである．その効果は次亜塩

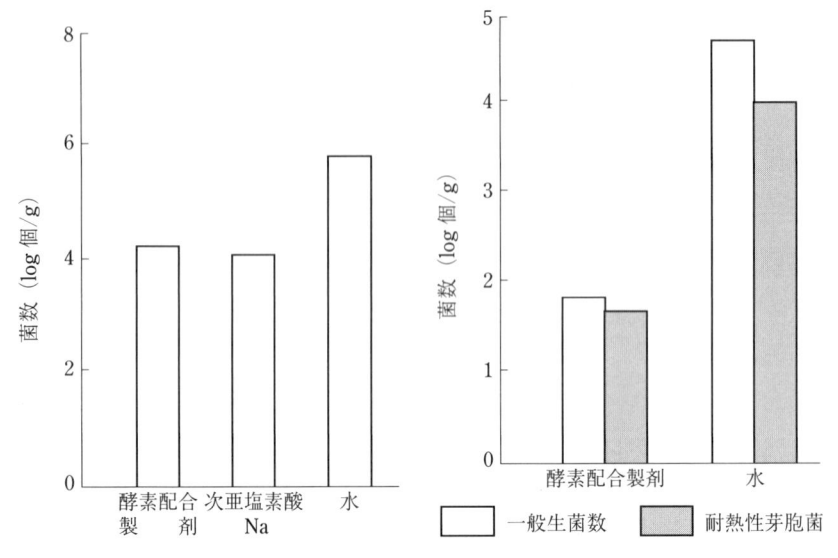

図4.6 キュウリに対する酵素配合製剤の除菌効果[32]

図4.7 大豆に対する酵素配合製剤（プロテアーゼ含有）の除菌効果[33]

素酸ナトリウムと同等である（図4.6）．また，煮豆や豆腐などの原料として使用される豆類の除菌では，セルラーゼ以外に0.5％プロテアーゼを含む酵素含有洗浄剤が有効である（図4.7）[32-35]．

7） カルシウム製剤溶液

カルシウム製剤はカキ殻の真珠層を加熱して得られる酸化カルシウムと水酸化カルシウムを主体とする製剤である．0.15～0.3％のカルシウム製剤に野菜を30分間浸漬することにより，次亜塩素酸ナトリウムと同様2桁の菌数を減少させることができる[21]．

8） そ の 他

塩化カルシウムが殺菌後に使用される場合があるが，これは野菜や果物の固さの保持，腐敗の抑制，呼吸量の抑制，褐変抑制のためである[36]．

カット野菜の日持ち延長を行うためにガス置換包装が行われているが，環境ガスの組成を1～5％酸素，2～10％炭酸ガスにすることによって，① 呼吸量・エチレン生成・追熟の制御，② 微生物の増殖，腐敗の制御，

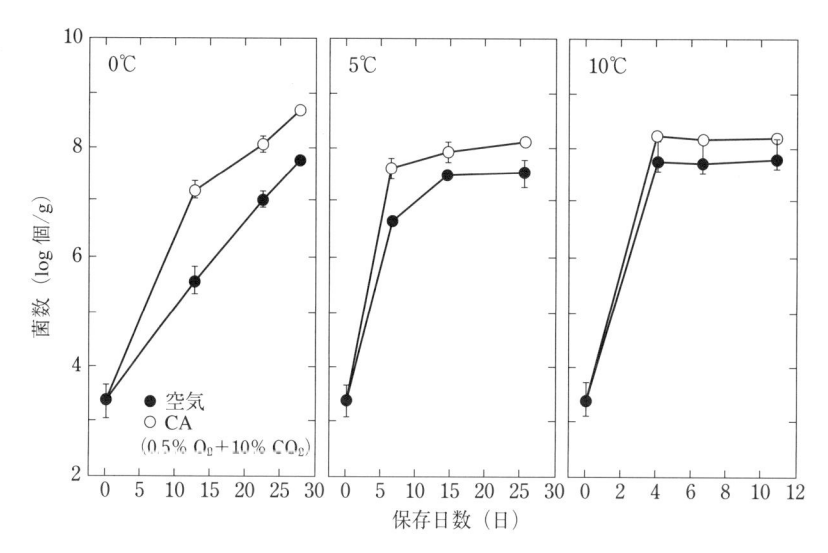

図4.8　ガス置換包装（CA）がニンジンスティックの菌数に及ぼす影響[36]

③緑色の保持，④固さの保持，⑤栄養成分（ビタミンCなど）の保持，などが行える[36]．微生物の増殖制御，日持ち延長効果は低温側でその効果は大きい（図4.8）．

4.2.3　カット野菜製造における留意点

原料を洗浄する場合，トマト，キュウリなど内部に空間があるもので，品温が高いときには，洗浄液中の微生物が内部に侵入することが知られている．対策としては，洗浄液の温度を品温よりも高くすることと，次亜塩素酸ナトリウムを加えた洗浄液などで殺菌することである．

洗浄・殺菌液として次亜塩素酸系の殺菌剤が使用されるが，次亜塩素酸系の殺菌剤では，原料あるいは原料に付着している有機物により，有効塩素量が減少する．したがって，殺菌時には常に有効塩素量をモニタリングする必要がある．

殺菌後，脱水などの処理が行われるが，殺菌後に使用される設備機器類の洗浄・殺菌を十分に行わなければ，二次汚染の原因となる．

4.3 魚介類の危害微生物と除菌

4.3.1 魚介類の微生物汚染

健全な魚類では筋肉や体液は無菌であるが，表皮やエラ，消化管内には環境水由来の細菌が，皮膚では$10^3 \sim 10^5$個/cm^2，エラでは$10^3 \sim 10^7$個/g，消化管では$10^3 \sim 10^8$個/g程度存在している[37]．存在している菌種は海水温度の影響を受け，熱帯などでは生育至適温度の比較的高い細菌が，寒帯などでは低温性細菌が主体となる（表4.6)[38]．また，季節によっても変動する．一般に海洋に生息する細菌は2〜3%の食塩存在下でよく増殖する好塩性のものが多いが，河川の影響を受けるところでは非好塩性の細菌も混在する．

表 4.6 鮮魚と漁獲された海水の菌組成の比較（%)[38]

菌　　群	オーストラリア			インド		北　海		ノルウェー	
	海　水	軟骨魚	硬骨魚	海　水	サバ	海　水	タラ	海　水	タラ
Pseudomonas	0.9	11.0	16.0	18.0	1.5	94.0	71.0	0	9.0
Achromobacter	0	0	0	11.6	13.8	6.0	13.5	14.0	51.0
Corynebacterium	71.0	61.0	12.0	—	—	—	5.5	25.0	20.0
Flavobacterium	—	0	0	9.7	3.0	—	7.0	1.0	9.0
Micrococcus, Sarcina	19.0	17.0	60.0	18.1	27.0	—	—	55.0	8.0
Bacillus	7.5	2.0	8.0	40.3	50.8	—	—	—	—
Vibrio	—	—	—	1.4	—	—	—	—	—
その他	1.7	9.0	4.0	1.4	3.0	—	3.0	—	3.0
分離菌株数	706	266	679	72	65	100	200	100	100

鮮魚のマイクロフローラ（細菌フローラ）は流通過程でも影響を受け，表皮の菌数は小売店では水揚げ直後より1〜2桁多くなるとともに，マイクロフローラも変化する（表4.7)[39]．

魚介類は畜肉に比べ腐敗しやすいが，その理由としては，①魚介類の皮膚には$10^3 \sim 10^5$個/cm^{2}の細菌が付着しており，②それらの中には低温でも増殖できるものが多く，低温貯蔵でも腐敗しやすい，③畜肉に比べ結合組織の発達が悪く肉質も弱いため，細菌の侵入を受けやすい，④筋

表 4.7 水揚港および小売店における鮮魚の生菌数と細菌フローラの比較[39]

試料採取地	小坪港	小売店
生菌数（個/cm²） （分離株数）	$5.4\times10^3 \sim 1.2\times10^4$ (450)	$1.5\times10^4 \sim 1.4\times10^6$ (105)
Pseudomonas I / II	1.8%	4.3%
Pseudomonas III / IV - NH	3.3	13.1
Pseudomonas III / IV - H	36.2	12.4
Vibrio	17.6	17.1
Moraxella	6.9	17.1
Acinetobacter	2.7	1.0
Photobacterium	5.6	0
Flavobacterium-Cytophaga	9.5	12.4
Corynebacterium-Arthrobacter	3.6	3.8
Micrococcus	6.2	7.6
Staphylococcus	0.4	0
非同定菌	6.2	5.7

肉の自己消化作用が強いため，タンパク質の低分子化が速く，細菌の栄養分が供給されやすい，⑤死後の筋肉のpH低下が少ないため，畜肉よりも細菌の増殖に適している，などが考えられている[40]．また，冷蔵などによってもマイクロフローラは変化する（図4.9）[37]．

4.3.2 魚介類の洗浄・殺菌

日本の食中毒原因食では水産食品が最も多く（約13％），なかでも腸炎ビブリオ食中毒が高い割合を占めている．この食中毒防止のために「腸炎ビブリオ食中毒防止対策について」（平成12年生衛発第891号）が出され，（第2章2.4.3項参照），その中で，生食用とする魚介類の洗浄は，原則として海水を使用しないことが挙げられている．洗浄に海水を使用しない理由は，真水では腸炎ビブリオが死滅しやすいためである．

鮮魚においても，カット野菜と同様に，次亜塩素酸，オゾン，有機酸などによる薬剤処理が試みられている．オゾン処理をした場合，6ppmのオゾン水で30～60分処理することによって，一般生菌数が2桁減少するとともに，日持ち延長効果が認められる（図4.10）[41]．ソルビン酸カリウム処

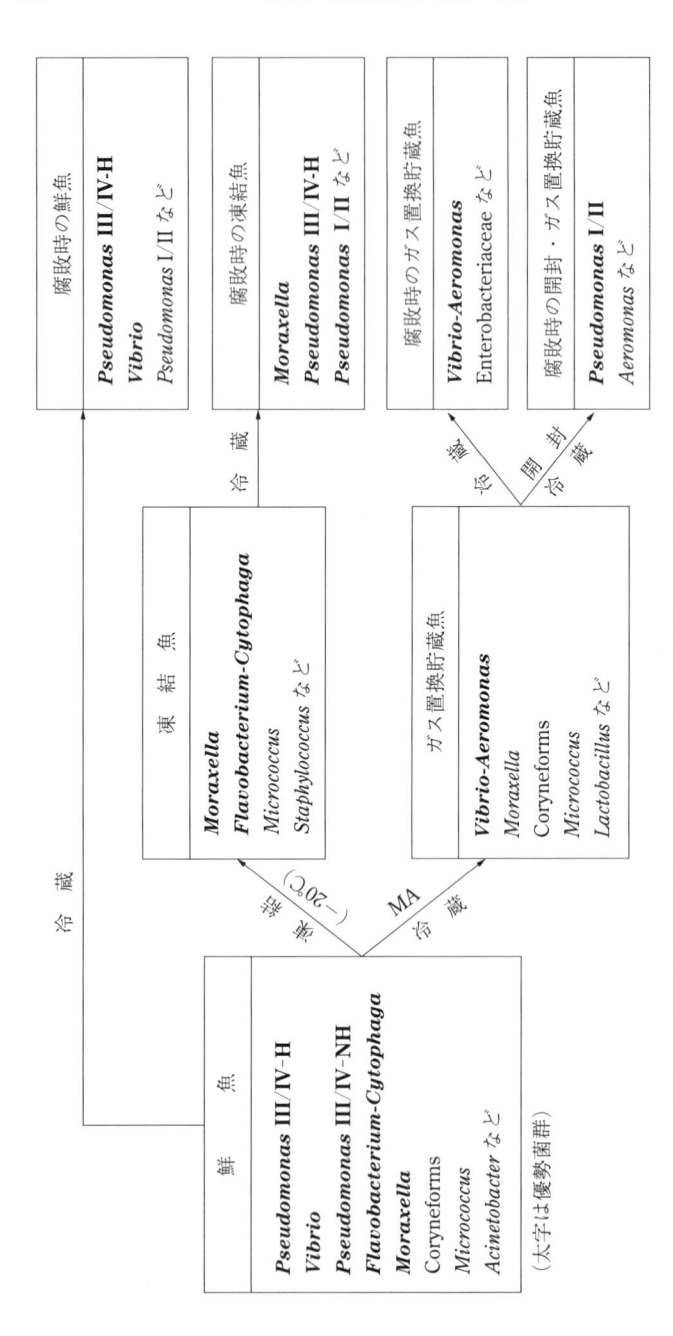

図4.9 鮮魚を各種条件下で貯蔵した際の新鮮時および腐敗時のマイクロフローラ[37]

鮮魚
- ***Pseudomonas* III/IV-H**
- ***Vibrio***
- ***Pseudomonas* III/IV-NH**
- ***Flavobacterium-Cytophaga***
- ***Moraxella***
- Coryneforms
- *Micrococcus*
- *Acinetobacter* など

(太字は優勢菌群)

↓ 冷蔵

腐敗時の鮮魚
- ***Pseudomonas* III/IV-H**
- ***Vibrio***
- *Pseudomonas* I/II など

↓ 凍結 (−20℃)

凍結魚
- ***Moraxella***
- ***Flavobacterium-Cytophaga***
- *Micrococcus*
- *Staphylococcus* など

↓ 冷蔵

腐敗時の凍結魚
- ***Moraxella***
- ***Pseudomonas* III/IV-H**
- *Pseudomonas* I/II など

↓ MA 冷蔵

ガス置換貯蔵魚
- ***Vibrio-Aeromonas***
- *Moraxella*
- Coryneforms
- *Micrococcus*
- *Lactobacillus* など

↓ 冷蔵

腐敗時のガス置換貯蔵魚
- ***Vibrio-Aeromonas***
- Enterobacteriaceae など

↓ 開封 冷蔵

腐敗時の開封・ガス置換貯蔵魚
- ***Pseudomonas* I/II**
- *Aeromonas* など

本図での微生物の分類はフローラを比較する際の便宜のため、同一簡易同定図式や Shewan らの分類図式にしたがった。この図式は Bergey の分類書第8版の分類をもとにしたもので、最近の分類では、このうちの *Pseudomonas* I/II の大部分は *P. fluorescens*, *P. putida*, *P. fragi* のいずれかに、*Pseudomonas* III/IV-NH (非好塩性) は *Alteromonas* (*Shewanella*) *putrefaciens* に、*Pseudomonas* III/IV-H (好塩性) は *A. macleodii* または *A. haloplanktis* に該当する。

理を行った場合にも殺菌効果と日持ち延長効果が見られる（図4.11）[42]．また，生カキなどは，菌数を減少させるために殺菌海水で一定期間飼育後，販売されることが多くなってきている．この場合，小型球形ウイルスにはあまり効果がない．

鮮魚類の日持ち延長効果のためにガス置換包装が行われている．ガス置換包装は，密封包装容器内の空気を炭酸ガスや窒素ガスで置換することによって，細菌・カビの抑制，脂質の酸化防止，肉色の保持などを行い，従来の低温貯蔵と併用することによって日持ち延長効果を期待した方法である．魚介類では図4.12に示すように，炭酸ガスや窒素ガスを用いることにより，細菌の増殖抑制が顕著であり，日持ち延長効果が認められる．しかし，ガス置換包装中も細菌は生残しているので，開封すると一般のものと同様に細菌の増殖が見られるので注意が必要である[43]．

魚介類が原因として起こる食中毒としてヒスタミン中毒があるが，欧米人はヒスタミン抵抗性が弱いために基準が設けられている（対EU輸出水産食品の取扱いについて，平成7年衛乳第110号）．すなわち，1ロット当たり9

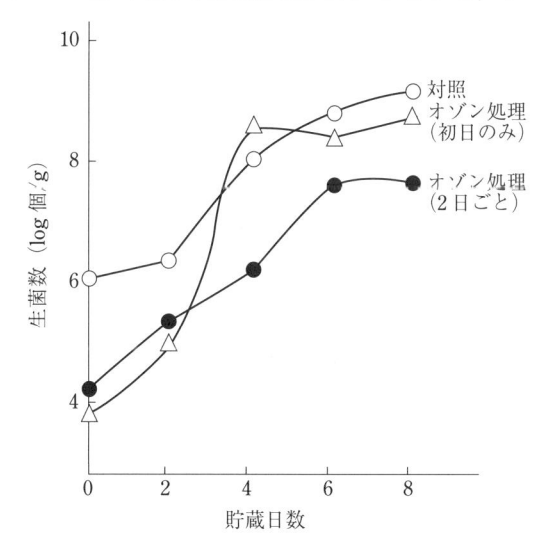

図4.10　鮮魚（アジ）のオゾン水処理（6ppm，3％食塩水）による殺菌効果とその後の一般生菌数の変化[41]

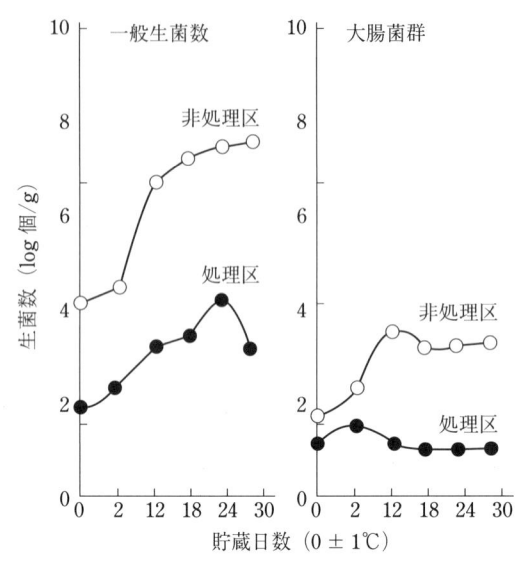

図4.11 クロダイフィレーのソルビン酸カリウム液（5% w/v）浸漬による殺菌効果とその後の微生物学的シェルフライフに及ぼす影響[42]

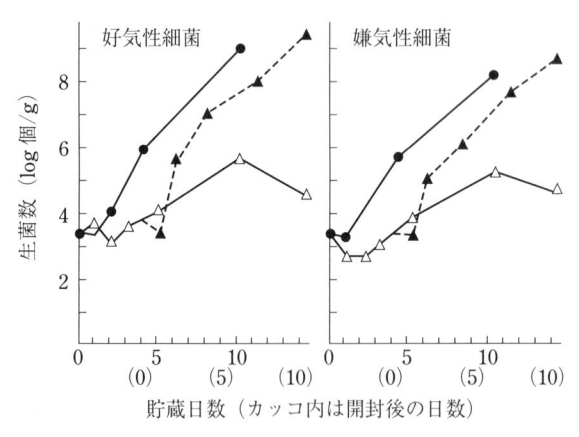

図4.12 5℃貯蔵中のマイワシフィレーの生菌数変化[43]
● 含気，△ ガス置換区（50% CO_2 + 50% N_2），▲ 4日目に開封したガス置換区．

検体について検査し，① 全ての検体の平均値が100ppmを超えないこと，② 2検体が100ppm以上200ppm未満，③ 全ての検体が200ppmを超えないこと，である．

先にも示したように，魚体には微生物が付着しており，その菌が可食部を汚染することが食中毒の原因となるため，使用器具などの洗浄・殺菌（大型魚にあっては体表の洗浄）も食中毒防止にとって重要な課題である．

4.4 食肉類の危害微生物と除菌

4.4.1 食肉類の微生物汚染

魚類と同様に，元々の筋肉や体液は無菌であるが，と殺処理やその後の処理によって微生物が付着，増殖して畜肉を汚染している．と殺直後の菌数と食肉の汚染微生物をそれぞれ表4.8，表4.9に示した[44, 45]．また，これらの微生物による腐敗現象を表4.10に示した[44]．

表4.8 食肉の汚染微生物[44]

細　　菌	カビ，酵母
Pseudomonas, Achromobacter, Micrococcus, Streptococcus, Leuconostoc, Pediococcus, Lactobacillus, Sarcina, Proteus, Flavobacterium, Bacillus, Clostridium, Escherichia, Streptomyces, 病原菌（腸内細菌）	*Cladosporium, Sporotrichum, Oospora* (*Geotrichum*), *Thamnidium, Mucor, Penicillium, Alternaria, Monilia, Candida, Trichosporon*

表4.9 と殺直後の牛枝肉の表面細菌（個/cm^2）[45]

	一般生菌数*	大腸菌群数*	乳酸菌数*
a. 手作業による剥皮洗浄後	5.6×10^4	7.1×10^3	6.8×10^3
b. 機械による剥皮洗浄前	2.4×10^3	<10	7.2×10^2
c. 機械による剥皮洗浄1時間後	3.3×10^1	<10	<10
d. 機械による剥皮直後（洗浄後）	<10	<10	<10

注）a：1979年11月，b：1980年4月，c, d：1980年11月．
* 一般生菌数（細菌数）：標準寒天培地，37℃，48時間培養．
　大腸菌群数：デソキシコレート寒天培地，37℃，24時間培養．
　乳酸菌数：BCP加プレートカウント寒天培地，37℃，72時間培養．

表 4.10　食肉の微生物変敗[44]

(1) 好気的条件下に起こる変敗	
表面に粘質物生成 （菌数が約 $10^7/cm^2$ になると生ずる）	*Pseudomonas, Achromobacter, Micrococcus, Streptococcus, Leuconostoc, Bacillus,* 一部の *Lactobacillus, Debaryomyces guilliermondii* var. *novazeelandicus*（酵母）
肉色素の変色（赤色が茶色[a]，緑色，灰色に変わる）	二次汚染細菌で促進，緑化はヘテロ発酵の *Lactobacillus, Leuconostoc* で生ずる（ソーセージ）
油脂の変敗（化学的なものが多いが，油脂分解性微生物が酸化を促進する）	*Pseudomonas, Achromobacter, Candida lipolytica*
リン光の表面発生（まれに生ずる）	*Photobacterium*
着色細菌による表面の着色，斑点の発生	*Serratia marcescens*（赤），*Pseudomonas syncyanea*（青），*Micrococcus, Flavobacterium*（黄色），*Chromobacterium lividum*（緑青〜茶色がかった黒色），黄色の球菌・桿菌（酸敗した油に菌の生成した過酸化物が作用して黄色からくすんだ緑や紫〜青色に変える）．酵母でも白，ピンク，灰色の斑点を生ずることがある．
臭気発生，味の悪変	表面の好気性細菌（すえたにおい，不快臭や不快な味は最も早く現れる）
酸臭（酸味）	乳酸菌，（酵母）（ギ酸，酪酸，プロピオン酸などの揮発酸の酸臭，乳酸やコハク酸などの酸味）
土臭	Actinomycetes
カビ発生による変敗 　粘着物の生成 　羽毛状の菌糸着生	カビは生育の初期に肉表面を粘った感じにする． *Thamnidium chaetocladioides, T. elegans, Mucor mucedo, M. lusitanicus, M. racemosus, Rhizopus*
カビの着色斑点	*Cladosporium herbarum*（黒色），*Sporotrichum carnis, Geotrichum*（白色），*Penicillium expansum, P. asperulum, P. oxalicum*（緑色）
カビの油脂分解	多くのカビはリパーゼを有し，油脂の加水分解，酸化を助長する．
カビによるにおい，味の劣化	*Thamnidium*（すえたにおい）
(2) 嫌気的条件下における変敗	
酸敗（souring）	*Clostridium*，大腸菌群，肉自体の酵素でも熟成中に酸敗が起こるが，細菌が嫌気下につくる脂肪酸，乳酸，およびタンパク質の分解で酸とガスを生成し悪臭を発して酸敗する．真空包装で酸素透過性の小さいフィルムに入れられた肉では乳酸菌で酸敗が起こる．
腐敗	腐敗菌[b]（*Clostridium, Pseudomonas, Achromobacter, Proteus*）
すえる（taint）	あいまいな言葉であるが，何らかの味，においの劣化を指し，酸敗，または腐敗に関係する（ハムに多い）．

a) 肉色素ミオグロビン（赤）→メトミオグロビン（赤茶色）への変化は化学反応として進行するとともに，微生物で促進される．細菌の生産する過酸化物，硫化水素などが変色を促進し，腐敗の前に肉が黒く変色して商品価値を失う．
b) 腐敗菌：食品の腐敗とは微生物によるタンパク質の嫌気的分解で硫化水素，メルカプタン，インドール，スカトール，アンモニア，アミンのような悪臭化合物，水素ガス，炭酸ガスなどの有害産物を生成する現象を指す．腐敗を起こし，または腐敗発生を助長する菌を腐敗菌と呼ぶ．

4.4.2　食肉類の洗浄・殺菌

　食肉はと殺から種々の処理が行われ消費者に販売されるが，その処理が進むにつれ，汚染度が増大していく傾向にある．と殺場では，生体の外皮洗浄に始まり，と殺後，水洗，熱湯・蒸気処理，次亜塩素酸噴霧，紫外線照射，閃光パルス処理などが施され，汚染の軽減が図られている．従来，次亜塩素酸剤，有機酸などによる枝肉などの原料食肉表面の殺菌が行われてきたが，O 157の問題以降，蒸気によって瞬間的に殺菌する加熱殺菌が主流になってきている[46]．

　紫外線照射による食肉・食肉加工品の表面殺菌は，細菌数を低減し日持ち延長効果が認められている[47]．表面の滑らかな肉塊に150mW・s/cm^{2}の条件で照射することによって，細菌数を約99％削減できたが，表面が粗い状態の肉塊ではほとんど効果がないとされている[48]．このように，紫外線や閃光パルスの適用は，肉塊の表面構造の影響を受けるとともに，細菌数減少による保存性の延長が認められる程度であり，O 157などの汚染を完全に除去することはできない[46]．

　アメリカでは，と殺後の牛枝肉の洗浄・殺菌が徹底的に行われており[49]，水洗浄後の枝肉に蒸気を噴射し，表面に付着しているO 157などを殺菌している．このシステムでは，蒸気は約93℃で肉表面に凝縮し，細菌が殺菌されるが，肉色素やフレーバー，テクスチャーには変化がないとされている．また，1997年に食肉へのガンマ線照射が認可された．食肉に関係

表 4.11　食肉に係わる病原菌の放射線殺菌による D 値[50]

病原菌	D 値 (kGy)	サンプル液	処理温度 (℃)
A. hydrophila	0.14〜0.19	牛　肉	2
C. jejuni	0.18	牛　肉	2〜4
E. coli O 157：H 7	0.24	牛　肉	2〜4
L. monocytogenes	0.45	鶏　肉	2〜4
Salmonella spp.	0.38〜0.77	鶏　肉	2
S. aureus	0.36	鶏　肉	0
Y. enterocolitica	0.11	牛　肉	25
C. botulinum（芽胞）	3.56	鶏　肉	−30

する病原菌の放射線殺菌によるD値を表4.11に示した．アメリカで認可された方法では，未加熱の食肉で冷蔵の場合，最大4.5kGy（キログレイ），凍結で最大7.0kGyの照射が可能[50]になっており，原料食肉で問題になっているO157に対して十分な殺菌が可能と考えられる．さらに，国内および輸出向けの食肉に対しては以下に示す処理方法を義務づけている[51]．

① すべてのと畜場に対し，冷却工程に入る前に，と体の微生物レベルを減らすための効果的な抗微生物措置（antimicrobial treatment）を少なくとも次の1つ行わせる．＊熱湯（74℃の湯を10秒間）を枝肉全体に接触させる．＊20〜500ppmの次亜塩素酸ナトリウム水溶液を枝肉全体に接触させる．＊有機酸（酢酸，乳酸，クエン酸）水溶液を枝肉全体に接触させる．

② と殺後のと体の冷却における特別の時間および温度に関する法的要件を設ける．すなわち，と殺後の枝肉の表面温度を5時間以内に10℃以下，24時間以内に4.4℃まで冷却させる．

③ 暫定微生物目標規格を設け，当該目標規格に適合しているか，改善措置が必要かを決めるために，と畜場において毎日サルモネラを指標菌とした微生物検査を行うことを義務づける．

④ すべての営業者に製品の安全を改善するための予防的なコントロールシステムであるHACCPを導入させる．

日本では，「生食用食肉等の安全性確保について」（平成10年生衛発第1358号）が公布されている．そこでは，成分規格として，糞便系大腸菌群およびサルモネラ属菌が陰性でなければならないとされている．そのために，と殺場，食肉処理場，飲食店における手順が定められている．例えば，① 調理器具は専用のものを使用する，② 手指または器具が汚染された場合には，その都度洗浄または洗浄殺菌を行う，③ 器具の洗浄は83℃以上の温湯で行う，④ 手指は洗浄消毒剤を用いて洗浄する，⑤ 生食用食肉は温度が10℃を超えないように調理する，などである．

保存性を高めるために，ガス置換包装が行われている（表4.12）．スライス牛肉のガス置換包装では，置換するガスの種類によって生育を抑制される微生物の種類も異なってくる[53]．炭酸ガスはカビの生育は阻害するが，

表 4.12 コンシューマーパック用生鮮食肉の包装形態による保存性[52]

No.	包装形態	区分	シェルフライフ	包装材料	備考
1	真空包装	チルドビーフ チルドポーク	0±1℃　45日目 0±1℃　25日目	塩化ビニリデン系 バリヤー性バッグ	—
2	ガス置換包装	牛スライス肉 牛ステーキ肉 豚スライス肉	5℃　5〜7日目 5℃　7〜9日目 5℃　5〜6日目	バリヤー性共押出 し多層フィルム	ガス組成 $O_2:CO_2$ $=8:2$
3	スキンパック	牛ステーキ肉 豚スライス肉	5℃　　15日目 7℃　　7日目	同　上	
4	ストレッチパック	牛ももスライス肉 豚ももスライス肉	5℃　2〜3日目 7℃　2〜3日目	塩ビ・ストレッチ OPS	—

注) OPS: 2軸延伸ポリスチレン.

酵母に対しては影響が少なく，グラム陽性細菌の *Clostridium botulinum*, *Lactobacillus* spp. は阻害されないという報告もある[54].

4.5　食品製造用水からの危害微生物の除去

4.5.1　水質基準

　食品製造においては「飲用適の水」を使用することと定められている（食品衛生法の製造基準）．これは，原料処理，食品の洗浄，設備機器・容器などの洗浄に水が用いられ，製品の品質に重要な影響を与えるためであり，水は衛生的で安全であることが必要十分条件であるためである．この「飲用適の水」とは，水道法で定められた基準が守られている水のことである．この水道法で定められた水質基準は変遷を経て，「水質基準に関する省令」（平成4年厚令第69号）により，26項目から46項目に改められた．その中には，消毒副生成物（クロロホルム，総トリハロメタンなど），一般有機化学物質（ジクロロメタン，ベンゼンなど），農薬（シマジン，チウラムなど）なども含まれている．微生物関係では，一般細菌は1mLの検水で形成される集落数が100個以下であること，大腸菌群は検出されないこと，と定められている．

4.5.2 水の消毒法

水の消毒法としては，塩素剤，オゾン，銀イオン，紫外線，熱処理などによる方法があげられるが，わが国の水道水の消毒には，塩素，次亜塩素酸ナトリウム（次亜塩素酸），さらし粉，クロラミン（$NH_2Cl, NHCl_2, NCl_3$）などの塩素剤による方法以外は，法的に認められていない．殺菌力はHOCl＞OCl^-＞$NHCl_2$＞NH_2Clと考えられている[55]．

水道法第22条の中で「消毒その他衛生上必要な措置を講じなければならない」とあり，これに関連して施行規則第16条第3項で「給水栓における水が，遊離残留塩素を0.1mg/L（結合残留塩素の場合は0.4mg/L）以上保持するように塩素消毒をすること．ただし，供給する水が病原生物に著しく汚染されるおそれのある場合または病原生物に汚染されたことを疑わせるような生物もしくは物質を多量に含むおそれがある場合の給水栓における水の遊離残留塩素を0.2mg/L（結合残留塩素の場合は1.5mg/L）以上にする」と明示されている．ここでの遊離残留塩素とは次亜塩素酸と次亜塩素酸イオンの和であり，結合残留塩素とはNH_2Cl（モノクロラミン）と$NHCl_2$（ジクロラミン）の和である．同じ接触時間で同等の殺菌効果を上げるためには結合残留塩素は遊離残留塩素に比して25倍が必要であり，また同じ量を用いて同等の殺菌効果を上げるためには前者は後者に比して約100倍の接触時間が必要である[56]．

水道水の消毒には主に次亜塩素酸ナトリウムが使用されている．次亜塩素酸ナトリウムの市販品には有効塩素量が6％程度のものと12％のものがある．水道用としては重金属が多いと水道水に悪影響を及ぼすので，日本水道協会規格では表4.13のように規格が定められている．次亜塩素酸ナトリウムは安定性を保つためにアルカリ性にしてあるが，光（特に紫外線），熱によって徐々に分解して有効塩素が次第に

表 4.13 水道用次亜塩素酸ナトリウム（日本水道協会 K 120 - 1981）[56]

有効塩素		(%)	5 以上
遊離アルカリ		(%)	2 以下
不溶分		(%)	0.01 以下
ヒ素	(As)	(mg / L)	1 以下
クロム	(Cr)	(mg / L)	2 以下
カドミウム	(Cd)	(mg / L)	1 以下
鉛	(Pb)	(mg / L)	1 以下
水銀	(Hg)	(mg / L)	0.1 以下

減少する(夏期には1か月間で約35%減少した例がある).また,ニッケル,コバルト,マンガン,鉄などの重金属やこれらの塩類と接触すると,著しく分解が促進されるので注意が必要である.したがって,しばらく貯蔵しておいた次亜塩素酸ナトリウムを使用する場合には,予め有効塩素量を測定する必要がある[56].また,食品工場では,強(微)酸性次亜塩素酸水が使用されることが多くなってきている.

他の消毒方法として,オゾン消毒法,紫外線消毒法がある.オゾン消毒法は,オゾンの酸化力と殺菌効果の両者を利用しており,水に異臭味を付けない,トリハロメタンを生成しないなどの長所があるが,持続性がない,アンモニアを除去できないなどの短所を有している.紫外線消毒は,水に異臭味を付けない,ランニングコストが安いなどの長所を有するが,殺菌効果が水質や水深など種々の条件によって変動するという短所を有している[55].紫外線殺菌装置は,外照式と内照式に大別され,通常,用水処理では内照式が用いられている.内照式は水の流れ方向とランプの長手方向によって平行流式と直交流式に分けられる(図4.13).一般的な食品用水向けの仕様は,塩素,熱に対して耐性が高い*Bacillus*属の胞子を対象とし,紫

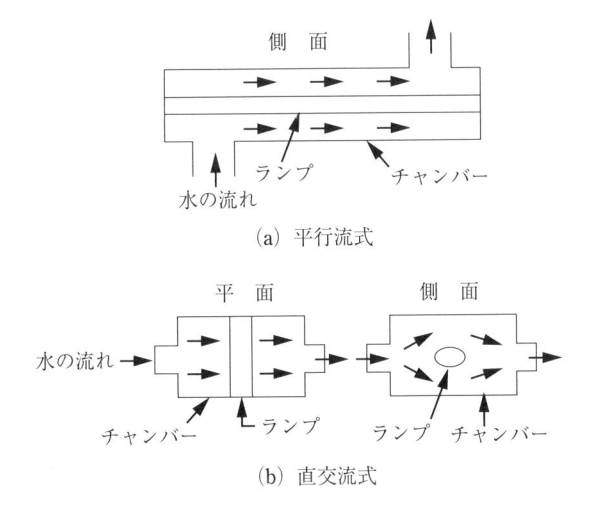

(a) 平行流式

(b) 直交流式

図4.13 内照式紫外線殺菌装置の配管接続形の形状と流れ[57]

外線は3～4桁程度の胞子を減少させる線量（*Bacillus subtilis*胞子で36～48mJ/cm^2）に設定される場合が多い[57].

4.5.3 水質の改善

水道法で定められている化学物質の除去方法として，活性炭処理，生物処理，オゾン処理などが行われている[56].

活性炭処理は，粒状活性炭ろ過によって農薬やトリハロメタン前駆体などを吸着除去する方法である.

生物処理は，微生物が生息している層に原水を通すことによって，原水中の有機物質などが酸化・分解するとともに，臭気やアンモニアなどを除去するために行われている.

オゾン処理は，オゾンと水を接触させて酸化を行い，分解されにくい物質を分解しやすい物質に変換させるなどで，生物処理の前処理として利用されている.

エアレーション（曝気）は，水に難溶で沸点の低い有機化学物質を除去するために行われている.

4.5.4 クリプトスポリジウム対策

クリプトスポリジウムは水が媒介する食中毒原因原虫で，日本でも埼玉県越生町で町営水道が汚染され，9 000名が発症した．そのために「水道水中のクリプトスポリジウムに関する対策実施について」（平成8年衛水第248号），「水道水におけるクリプトスポリジウム対策暫定対策指針」（平成10年）が出されている．これによると，浄水場におけるろ過池の出口の濁度を0.1以下に維持することとされている（水道水水質基準では2以下）.

クリプトスポリジウムのオーシストを90％不活性化するための有効塩素のCt値（処理濃度（mg/L）×処理時間（分））は7 000以上であることから，有効塩素量80mg/Lで90分間の処理時間が必要とされており，一般の浄水場で実施されている消毒法では，クリプトスポリジウムは不活化できない.

浄水場で行われている凝集，沈殿，砂ろ過（緩速ろ過）での除去率は－1～－2log前後（1～2桁減少させる）である[58]．また，精密ろ過で－6～－7log，限外ろ過で－7logである[59]．オゾンでは，感染性を99％失う動物感染法によるCt値は6.2mg・min/L，脱囊（だつのう）法による90％不活性化のCt値は6.0mg・min/Lとされている[60]．紫外線では，99％感染性を失う線量は1.0～1.3mJ/cm^2，99％不活性化に必要な線量は180～290mJ/cm^{2}程度とされている[61]．

参考文献

1) 小沼博隆：食品衛生研究，**49**（11），41（1999）
2) 総合食品安全辞典編集委員会編：食中毒性微生物，産業調査会（1997）
3) 小沼博隆：食中毒原因究明方策に関する研究報告集，p.1（2000）
4) 小林一寛：防菌防黴，**25**，599（1997）
5) 伊藤　武：同誌，**25**，711（1997）
6) 黒木俊郎，山井志朗：臨床栄養，**89**，845（1996）
7) 関根大正，佐々木由紀子：同誌，**89**，850（1996）
8) J. L. Ho et al.：*Arch. Intern. Med.*，**146**，520（1986）
9) 金子賢一：有害微生物管理技術，第1巻，p.514，フジテクノシステム（2000）
10) 磯部賢治：バイオフィルム，森崎久雄，大島広行，磯部賢治編，p.264，サイエンスフォーラム（1998）
11) 扇元敬司：畜産の研究，**49**，1235（1995）
12) 柳田友道：微生物科学3，p.89，学会出版センター（1982）
13) K. M. Wiencek et al.：*Appl. Environ. Microbiol.*，**56**，2600（1990）
14) 森崎久雄，服部黎子：界面と微生物，学会出版センター（1986）
15) W. G. Charackils and K. E. Cooksey：Advances in Applied Microbiology，Vol.29，p.93，Academic Press（1983）
16) P. Vandevivere and D. L. Kirchman：*Appl. Environ. Microbiol.*，**59**，3280（1993）
17) 小沼博隆：食品衛生研究，**45**（7），25（1995）
18) 山上伸一：食品原材料の洗浄殺菌装置とそのシステム，洗浄殺菌の科学と技術，高野光男，横山理雄，西野　甫編，p.192，サイエンスフォーラム（2000）
19) 内藤茂三：愛知県工業技術センター年報，**32**，138（1991）
20) 戸張眞臣，佐藤孝逸，西田　敦：月刊フードケミカル，No.2，82（1992）
21) 宮尾茂雄：加工用原料野菜の除菌技術，カット青果物と切り花の生産及び品質管理技術，p.249，エヌ・ティー・エス（1999）
22) 長谷川美典編：カット野菜実務ハンドブック，サイエンスフォーラム（2002）
23) 熊谷　進：食品衛生研究，**47**（11），29（1997）

24) 今井忠平他：油脂，**42**（7），76（1998）
25) 太田義雄他：広島県立食品工業技術センター報告，**21**，32（1996）
26) 太田義雄他：食科工，**42**，661（1995）
27) 種田耕蔵：食品工業，**45**（12），26（2002）
28) 種田耕蔵：同誌，**45**（18），57（2002）
29) A. S. Levine et al. : *J. Bacteriol.*, **39**, 499（1940）
30) 栗林　強他：長野県食品工業試験場研報，**17**，33（1989）
31) 増田卓也：食品機械装置，**38**（3），47（2001）
32) 磯部賢治：*New Food Industry*, **38**（10），74（1996）
33) 磯部賢治：大豆と技術，'97ディリーフード増刊，春季号，24（1997）
34) 磯部賢治：ジャパンフードサイエンス，**36**（9），36（1997）
35) 磯部賢治：日本油脂学会第3回洗浄・洗剤部会講演会，p.1（1997）
36) 泉　秀実：洗浄剤あるいはガス環境調節によるカット野菜の微生物制御，カット青果物と切り花の生産及び品質管理技術，p.167，エヌ・ティー・エス（1999）
37) 藤井建夫：食品における微生物の挙動（魚介類とその加工品），食品微生物Ⅱ制御編　食品の保全と微生物，藤井建夫編，p.16，幸書房（2001）
38) J. M. Shewan : *Recent Adv. Food Sci.*, **1**, 167（1962）
39) 奥積昌世：コールドチェーン研究，No.4, 161, No.5, 26（1979）
40) 横関源延：食品微生物学，相磯和嘉監修，p.241，医歯薬出版（1976）
41) 原口達一他：*Bull. Japan Soc. Sci. Fish.*, **35**, 915（1969）
42) E. H. Drosinos et al. : *J. Appl. Microbiol.*, **83**, 569（1997）
43) 藤井建夫：防菌防黴，**21**，155（1993）
44) 好井久雄，金子安之，山口和雄：食品微生物学，第2版，p.290，技報堂（1976）
45) 安田瑞彦：包装システムと衛生，第6集，p.8，サイエンスフォーラム（1981）
46) 鮫島　隆：食肉・食肉加工品，食品の非加熱殺菌応用ハンドブック，一色賢司，松田敏生編，p.256，サイエンスフォーラム（2001）
47) 田中好雄：包装技術，**31**，223（1993）
48) A. S. Raymond et al. : *J. Food Prot.*, **50**, 108（1987）
49) F. Katz : *Food Processing*（USA），**57**（6），83（1996）
50) G.O. Dennis : *Food Technol.*, **52**（1），56（1998）
51) 藤原真一郎：HACCPシステム実践講座，p.2，サイエンスフォーラム（1998）
52) 田中好雄：ミートジャーナル，**28**（2），33（1991）
53) 横山理雄：食品における微生物の挙動（食肉と食肉製品），食品微生物Ⅱ制御編　食品の保全と微生物，藤井建夫編，p.38，幸書房（2001）
54) J. M. Farber : *J. Food Prot.*, **54**, 58（1991）
55) 河端俊治，春日三佐夫編：HACCP―これからの食品工場の自主衛生管理―，

p.61，中央法規出版（1992）
56) 堀　春雄：月刊フードケミカル，No.5, 71（1998）
57) 佐々木賢一：食品工場における水の殺菌・除菌システム，HACCP対応主任微生物管理者講座8　現場応用コース，p.3-1，サイエンスフォーラム（2002）
58) 平田　強他：第53回水道研究発表会講演集，p.646（2002）
59) C. Drozd *et al.*: *Wat. Sci. Tech.*, **35** (11/12), 391 (1997)
60) 平田　強他：第53回水道研究発表会講演集，p.644（2002）
61) 平田　強他：第52回水道研究発表会講演集，p.170（2001）

（矢野俊博）

第5章　食品製造工程における除菌装置

　除菌は，微生物制御にとって，殺菌と同等以上に重要な手段である．除菌の方法には，ろ過，洗浄，沈殿（食品工場ではほとんど用いられていないが，浄水場の沈殿槽での操作がこれに当たる），電気的除菌（微生物は一般に電気的に陰性であることから，電気的に陽性のものがあれば，それに吸着される）があるが，食品工場ではろ過と洗浄が利用されている．ろ過は空中あるいは流体中の微生物を除くために，洗浄は食品原材料や施設設備などの除菌のために行われている．

　ろ過装置については，空中浮遊菌のろ過に使用されるフィルターとそれに密接な関係のあるバイオクリーンルーム，ならびに水中浮遊菌のろ過に使用されている除菌膜について示す．

　洗浄装置については，CIP装置，2002年に食品添加物として承認された強（微）酸性次亜塩素酸水の製造装置，オゾン発生装置について示す．

5.1　食品製造工程におけるろ過装置

5.1.1　空中浮遊菌除去
1）空中浮遊菌の挙動

　空中浮遊菌としてよく知られている微生物を表5.1に示した[1]．空気中には細菌，真菌類（カビ，酵母）が存在し，なかには食品衛生法により種々の食品に存在してはならない大腸菌（群）も含まれている．したがって，空中浮遊菌の挙動を知ることは，食品の微生物による腐敗や微生物的危害を防止するために重要である．

　空中に浮遊する細菌は単独に存在するのではなく，浮遊粉塵に付着して浮遊していることが明らかになっている．浮遊粉塵の平均粒径は大きく，

表 5.1 空気中によく見られる微生物[1]

由来経路	菌　名
人体由来	*Staphylococcus epidermidis* *Staphylococcus aureus* *Pseudomonas aeruginosa* *Serratia marcescens*
環境由来	*Bacillus subtilis* *Saccharomyces cerevisiae* *Hansenula anomala* *Aspergillus terreus* *Penicillium citrinum* *Penicillium cyclopium*

6.5～7μmである．この浮遊粉塵は人およびその活動によって，床などにたまっていた，あるいは衣類・機器に付着していた物が舞い上がることにより発生し，空中濃度は在室人数の多少，活動量に比例して変化する．一方，真菌，特にカビはその生態から胞子が風などによって飛散するので，単体胞子から40～50個の塊となって浮遊しているが，多くは2～3個の塊であり，その平均粒径は細菌の場合よりも小さく3.5μm前後である．この発生は人体からではなく，建物や清掃道具などで増殖した菌（胞子）が人の活動などによって空中に飛散することが空中濃度を増加させる要因となっている[2]．

2）バイオクリーンルーム

バイオクリーンルーム（BCR；biological clean room）は，無菌化包装食品の製造や牛乳などの液体食品の瓶詰め工程（バイオクリーンブースが使用されている場合が多い）などで，空中浮遊菌による食品事故防止に使用されている．

表 5.2　クリーンルームにおける NASA 規格，Fed. Std. 209E 規格，JIS B 9920 規格の比較[5]

クラス			$1\ m^3\ (1\ ft^3)$ 当たりの生菌数	設備・機器の 表面生菌数*	作業者衣服の 表面生菌数*	
NASA 規格	Fed.Std. 209E 規格	JIS B 9920 規格			手　袋	マスク， 靴，上着
100	M 3.5	5	3 以下(0.1 以下)	3 以下	3 以下	5 以下
10 000	M 5.5	7	20 以下(0.5 以下)	5 以下**	20 以下	10 以下
100 000	M 6.5	8	100 以下(2.5 以下)			

*　24～30cm^{2}のコンタクトプレートを使用．
**　床面は 10 以下．

BCRには，NASA規格[3]，アメリカ連邦規格（Fed. Std. 209E）[4]，日本工業規格（JIS B 9920-1989）などがある．NASA規格と他の規格との相関関係を表5.2に示した[5]．また，衛生規範ではゾーニングによる区域別に落下菌の基準が設けられている（表5.3）．

表5.3 衛生規範における空中落下菌の基準

区　　域	落下細菌数	落下真菌数
汚染作業区域	100 個以下	—
準清潔作業区域	50 個以下	—
清潔作業区域	30 個以下	10 個以下

ペトリ皿蓋解放時間と培養時間．
細菌：5分；35±1℃，48±3時間．
真菌：20分；23±2℃，7日間．

BCRは微生物汚染に関するコンタミネーションコントロールが行われている空間であり，空気中における浮遊微生物，その他空間に供給される材料，製品，包装材料，水などの微生物汚染が，要求されている清浄度以下に保持され，必要に応じて温度，湿度，圧力などの環境条件についても管理が行われている空間と定義されている[6]．一般的に温度は15～20℃，湿度は40～70％，空気圧は周りの環境に比べ陽圧（1.25～1.3mmAq）にコントロールする必要がある．

この技術は，ハード面では主に超高性能フィルター（HEPA ; high efficiency particulate air filter）または超々高性能フィルター（ULPA ; ultra low penetration air filter）[7]を用いた空気の清浄化とその空気流の制御（風速，風向，風量など），およびこれらを設置する建物，設備などから構成され，ソフト面では人・物などの動線の確保・維持および設備などの運用，モニタリング，保守，管理などで構成されているような総合的なものである．したがって，BCRの維持管理にはハードとソフトが一体化した対応が必要である[8,9]．

BCRの清浄化に関する原則は，①微粒子（微生物）の侵入防止，②微粒子の発生防止，③微粒子の堆積防止，④微粒子の排除であり（表5.4）[10]，そのためには清浄度，温湿度，室内圧力，室間差圧，フィルターの差圧などのモニタリングが必要となる[11]．特にフィルターの差圧のモニタリングは，フィルターの目詰まりや物理的破損の早期発見のためにも重要である[12,13]．

BCRは種々の食品製造現場で利用されている（表5.5）が，殺菌後の食品を包装する場合などでは，クラス100（NASA規格）が必要とされてい

表 5.4　バイオクリーンルームの4原則[10]

原　　則	内　　容
① 塵埃，微生物を持ち込まない	○無塵衣着用，入室の際の脱塵 ○物の持込みの際の脱塵 ○建物の気密 ○内部陽圧にし外部から汚染空気の侵入防止
② 塵埃，微生物を発生させない	○無発塵材の内装 ○室内発塵しやすい物，装置の持込み禁止 ○作業員が発塵しやすい作動，作業を避ける
③ 塵埃，微生物をためない	○室内空気を清浄空気に置換する ○内装を塵埃のたまらない構造にする ○内部機械を清掃しやすい配置にする ○内装を掃除しやすい構造にする
④ 塵埃，微生物を除去する	○HEPAフィルターにて給気を清浄化する ○よく清掃し，塵埃を除去する ○気流を層流とし，汚染空気を除去 ○発生塵は最寄りで排出し，拡散させない

表 5.5　バイオクリーンルームに要求される清浄度，温度，湿度[10]

製　　品	作業内容	清浄度クラス	温　度（℃）	湿度（％RH）
① ハム	スライス包装	1 000～10 000	5～15	50～70
② ハム	加工室	通常状態	15～22	50～70
③ ソーセージ	包装	10 000～300 000	15～22	50～70
④ かまぼこ	包装	1 000～10 000	10～15	50～70
⑤ かまぼこ	擂潰	100 000～300 000	常温	50～70
⑥ かまぼこ	加工	300 000～500 000	スポットクーリング	50～70
⑦ ハンペン	加工・包装	10 000	スポットクーリング	60～70
⑧ 生菓子	カステラ包装	1 000～10 000	15～22	50～60
⑨ 餅	杵つき	100～10 000	スポットクーリング	50～60
⑩ 餅	のし工程	1 000～10 000	20～22	50～60
⑪ 餅	冷却	1 000～100 000	5	50～60
⑫ 餅	包装	100～10 000	15～22	50～60
⑬ 乳業	充填	1 000～10 000	15～20	60～70

る[10].

3) 空気清浄方法

　空中浮遊菌の殺菌・除菌には，① 紫外線照射，薬剤噴霧，オゾン噴霧などにより微生物を殺菌する方法と，② 微生物が付着している粉塵粒子を除去する方法がある．しかし，確実性，除塵性，経済性，保守管理面などからフィルターによるろ過方式と殺菌との併用が広く行われている．HEPAフィルターは $0.3\mu m$ の粒子に対して99.97％以上，ULPAフィルターは99.9995％の捕集率を示す．ただし，これらのフィルターによって直接ろ過を行うと目詰まりを起こすために，粗塵フィルター（捕集率；80％程度）や中高性能フィルター（捕集率；85〜95％）を空気取入れ口に設置している．また，ビール・牛乳などの冷却された製品の充填では結露防止対策として，フィルターに送る空気を蒸気殺菌・冷却の工程を経て，ろ過供給している場合もある．

　これらのフィルターのろ材は，ガラス繊維やポリプロピレン繊維などで，それらが重層され，微粒子はそれらに衝突あるいは静電引力などによって捕集される仕組みになっている[14]．

5.1.2　水中浮遊菌除去

　水中など流体中に浮遊している微生物の除去方法として，除菌膜を利用した無菌化ろ過がある．

　無菌化ろ過（sterile filtration）とは，「無菌に近づけるためのろ過」と食品膜技術懇談会で定義されている[15]．この方法の利点は，ろ過により微生物を系外に分離するものであり，常温あるいは低温での処理が可能であり，品質的な変化が極めて少ないことである．無菌化ろ過の行われている代表的な食品は生ビール，生酒であり，加熱による風味の変化を生じさせず，生（天然）の風味を保持したまま微生物による品質の変化を防止することができる．

　無菌化ろ過に利用されるろ過技術には，通常のろ過（filtration），精密ろ過（microfiltration），限外ろ過（ultrafiltration），ナノろ過（nanofiltration）が

表5.6　各種無菌化ろ過技術の特徴と用途[16]

ろ過法	分離粒径・分子量	ろ材	操作圧力	用途
ろ過助剤ろ過	粒径 数μm～数十μm	珪藻土 パーライト	減圧～数百 kPa	粒子・微粒子・微生物の除去
精密ろ過 (microfiltration：MF)	粒径 0.1μm～数μm	精密ろ過膜 高分子 セラミックス ガラス	減圧～数百 kPa	微粒子・微生物の除去
限外ろ過 (ultrafiltration：UF)	分子量 数千～数十万	限外ろ過膜 高分子 セラミックス	減圧～数百 kPa	高分子量と低分子量成分の分離
ナノろ過 (nanofiltration：NF)	分子量 数十～数千	ナノろ過膜 高分子	数百 kPa～数 MPa	分子量の大きさによる低分子量成分の分離

ある（表5.6）．通常，除菌を目的とした場合には，ろ過助剤ろ過と精密ろ過が使用されている．

ろ過助剤ろ過には，ろ過を行う前にろ材（正確にはケーク層の支持体）表面にあらかじめろ過助剤のケーク層を形成し，これをろ材として使用するプレコート法と，適量のろ過助剤をろ過する原液に添加した後，ろ過するボディーフィード法とがあり，この両者を組み合わせる方法も利用されている．

精密ろ過は，流体中の微生物を含む浮遊物質や懸濁物質を分離するために利用され，分離する粒子の下限粒径は0.02μm程度で，上限は10μm程度であるが，特に範囲は決められていない．使用される膜には，有機（高分子）膜と無機膜があり製法も様々である[15, 16]．

ビールの場合，製造中に増殖した酵母の除去にはろ過助剤ろ過が行われ，充填時に細孔径1～1.5μmの精密ろ過膜で無菌化ろ過を行っている．また，浄水場では水道水を介して食中毒を引き起こす原虫クリプトスポリジウム（塩素殺菌では死滅しない）を除去するために0.2μmの精密ろ過（除去率；99.99％）を行っているところもある．

無菌化ろ過を行う場合，膜にピンホールや液漏れがないこと，ろ過液の

表 5.7 高分子素材の精密ろ過膜の性状[16]

膜材質	pH範囲	耐熱性および特記事項		
ポリプロピレン	1〜14	121℃	Max. 134℃	
ポリエステル	4〜9	80℃	Max. 121℃	
フッ素系ポリマー	1〜14	95℃		耐塩素性 3 000ppm
ポリエーテルスルホン	1〜13	75℃	Max. 95℃	NaClO 5 000ppm, 1N NaOH (30分)
ポリスルホン	1〜13	90℃	Max. 133℃	
ポリ四フッ化エチレン	1〜13	—	Max. 133℃	
ポリビニルアルコール	1〜14	50℃		
ポリオレフィン	1〜14	—	Max. 80℃	
酢酸セルロース	4〜9	40℃	Max. 80℃	
ポリビニリデンフルオライド	1〜14	135℃		
親水化PVDF	1〜12	135℃		

二次汚染を防止するために，ろ過液側の衛生管理，膜の洗浄・殺菌などに留意しなければならない．精密ろ過膜の特性を表5.7に示し，その洗浄・殺菌方法についても表5.8に示してあるので参考にして頂きたい．

5.2　食品製造工程における洗浄装置

5.2.1　CIP装置

　設備機器（特にパイプライン）の洗浄は，従来それらを分解後，洗浄を行い再び組み立てる方法がとられていたが，これでは組立て時に再汚染の可能性がある．しかし，CIP（定置洗浄）では設備機器の分解は必要なく，洗浄剤，殺菌剤処理が可能であるため，再汚染のおそれはない．それゆえ，CIP装置は牛乳，ジュース，ビールなどの飲料製造プラントなどの洗浄に広く利用されている．

　CIP装置には大きく分けて，洗浄剤を回収して再利用しながら洗浄するマルチユース方式と，洗剤を一度だけ使用し使い捨てにするシングルユース方式の2種類があり，前者には集中型と分散型がある．どの種類のCIP装置を選択するかは，処理設備の規模，被洗浄ラインの機器構成，汚れの

表 5.8 膜材料別の洗浄・殺菌方法[17]

酢酸セルロース	ポリアクリロニトリル	ジルコニアカーボン
① 水洗 ② 酵素洗剤 　(P 3-ultrasil® 53*, 1%, 60〜90分) ③ 水洗（室温） ④ 酸 　(P 3-ultrasil 75, 0.3%, 20分) ⑤ 水洗（室温） ⑥ 過酢酸による殺菌 　(P 3-oxonia aktiv® 0.3%, 20分) ⑦ 水洗（室温）	① 水洗 ② 弱アルカリ洗浄 　(P 3-ultrasil 56, 1%, 60〜90分) ③ 水洗（室温） ④ 酸 　(P 3-ultrasil 75, 0.5%, 20分) ⑤ 水洗（室温） ⑥ 次亜塩素酸ナトリウムによる殺菌 　(P 3-ultrasil 25, 1%, 20分) ⑦ 水洗（室温）	① 水洗 ② アルカリ洗浄 　(P 3-ultrasil 13, 1%, 30分) ③ 水洗（室温） ④ 酸 　(P 3-ultrasil 75, 0.5%, 20分) ⑤ 水洗（室温） ⑥ 次亜塩素酸ナトリウムによる殺菌 　(P 3-ultrasil 25, 1%, 20分) 　または過酢酸による殺菌 　(P 3-oxonia aktiv 0.3%, 20分) ⑦ 水洗（室温）
ポリスルホン	ポリアミド	通常の洗浄で流束の回復が十分でないもの
① 水洗 ② アルカリ洗浄 　(P 3-ultrasil 11, 0.5〜1%, 30分) ③ 水洗（室温） ④ 酸 　(P 3-ultrasil 75, 0.5%, 20分) ⑤ 水洗（室温） ⑥ 次亜塩素酸ナトリウムによる殺菌 　(P 3-ultrasil 25, 1%, 20分) 　または過酢酸による殺菌 　(P 3-oxonia aktiv 0.3%, 20分) ⑦ 水洗（室温）	① 水洗 ② 弱アルカリ洗浄 　(P 3-ultrasil 56, 1%, 60〜90分) 　またはアルカリ水洗 　(P 3-ultrasil 10, 1%, 30分) ③ 水洗（室温） ④ 酸 　(P 3-ultrasil 75, 0.5%, 20分) ⑤ 水洗（室温） ⑥ メタ重亜硫酸による殺菌 　(0.5%) ⑦ 水洗（室温）	① 水洗 ② 酵素洗剤 　(P 3-ultrasil 56, 1%, 60〜90分循環) 　上記の液を浸漬したまま一晩保持，その後循環 ③ 水洗（室温） ④ 酸 　(P 3-ultrasil 75, 0.3%, 20分) ⑤ 水洗（室温） ⑥ 過酢酸による殺菌 　(P 3-oxonia aktiv 0.3%, 20分) ⑦ 水洗（室温）

＊ P 3-ultrasil 53 などはヘンケル白水㈱の製品．

状態などによる[18-20]．装置としてはタンク，送液ポンプ，制御装置などからなっている．それぞれの特徴を表5.9に示す．

表 5.9 CIP システムの特徴[18]

項目	マルチユース式 集中型	マルチユース式 分散型	シングルユース式
洗剤	① 再利用 ② 洗剤濃度はタンクごとに一定	① 再利用 ② 洗剤濃度はマザータンクにより一定	① 使い捨て ② 洗剤濃度を自由に変えられる
洗浄時間	① 往復の距離が長いために他に比較して時間ロスが多い	① 被洗浄装置の近くへ据え付けるために時間ロスが少ない	① 被洗浄装置の近くへ据え付けるために時間ロスが少ない
設備	① イニシャルコストは高い ② ランニングコスト ・熱エネルギーが他に比べて多い	① 大型プラントになるとイニシャルコストが安い ② ランニングコスト ・水の使用量, 熱エネルギーの使用量が少なくてすむ	① イニシャルコストは高い ② ランニングコスト ・洗剤使い捨てのために高い ・水の使用量が少ない
用途	小中規模の工場	大規模の工場	汚れの激しい機器

1) 集中型マルチユース式CIP装置

一般的に広く利用されているCIP装置で,設備コストが比較的安価で,洗剤も再利用できるためにランニングコストも安く経済的である.中小規模の工場で利用され,CIP装置では最も普及しているタイプである.

この装置の特徴は,① CIP装置から被洗浄ラインまでの距離が長くなり,洗浄までの時間ロスが多くなる,② ラインごとのCIP洗浄になるので,洗浄時間が長くなる,③ 蒸気,水,電気などのエネルギー消費量が比較的多くなる,④ 洗剤濃度は洗剤タンクごとに一定であるが,洗浄を重ねていくと洗剤濃度が薄まるので,定期的な濃度チェックが必要となるなどである.

2) 分散型マルチユース式CIP装置

大規模工場向けのCIP装置で,酸・アルカリ洗剤のマザータンクを設備中央に設置し,各工程ごとに洗浄液をタイミングを合わせて送液する.決められた範囲内でのCIP循環洗浄を行い,洗浄開始時の汚れた洗剤は廃棄

され，汚れの少ない洗浄液はマザータンクに回収される方法がとられている．各工程の入口にCIP洗浄の分流設備（CIPサブステーション）を設置し，作業時間の短縮とランニングコストの低減を図っている．

この装置の特徴は，①サブステーションが各洗浄ラインの近くに設置されるので，洗浄までの時間ロスがなくなる，②大型プラントでは集中型CIP装置を複数設置するよりもイニシャルコストが安くなる，③蒸気，水，電気などのエネルギー消費量が比較的少なくなり，ランニングコストの低減となる，などである．

3）シングルユース式CIP装置

殺菌機などの汚れの激しい洗浄に使用され，洗剤は使い捨てとなるが，一般的なラインでも使用されるようになってきている．

この装置の特徴は，①洗剤は洗浄ごとに使い捨てとなるので，汚れの状態に応じて洗剤濃度を自由に変えられる，②すすぎ水の使用量は少なくて済むが，洗剤を1回ごとに使い捨てにするので，排水処理設備の負荷が増大する，③洗剤の使い捨てにより洗剤のコストが増大するが，ラインの洗浄時間は洗剤の濃度調節などにより短くすることができる，などである．

4）洗 浄 条 件

CIP装置は，洗剤をラインに沿って流し，元に戻す構造になっていることから，行き止まりや洗剤との接触が困難な部分があれば洗浄が不完全になり，その部分でバイオフィルムなどが発生し，食品事故の原因となる．また，比較的高濃度で高温のアルカリあるいは酸洗剤をラインに流すことから，それらにより設備機器が腐食する可能性があり，設備機器は規格（ISO, JIS B 9650）に則った材質，構造が必要になる．その他にもエンジニアリングに関する条件（パイプラインの傾斜など）が多く存在するが，ここでは省略する[19]．

CIP装置による洗浄を制限する要因としては，洗浄流量，洗剤濃度，洗剤温度があげられる．第8章で述べるように洗浄は物理的作用と化学的作用によって影響を受けるが，CIPの場合，物理的作用はほとんどなく，洗

表 5.10 汚れの状態に応じた洗浄条件[18]

汚れの状態	使用洗剤	濃度(%)	温度(℃)	時間(分)
強度の汚れ 熱変性したタンパク質 脂肪など有機物 (滅菌機,殺菌機など)	強アルカリ洗剤 ・水酸化ナトリウム	1.5〜3.0	60〜85	20〜60
軽度の汚れ タンパク質,脂肪など (ストレージ,サージタンク,プレートクーラーなど)	弱アルカリ洗剤 ・炭酸塩 ・ケイ酸塩 ・リン酸塩など	0.5〜2.5	60〜85	3〜20
強度の汚れ 有機,無機混在で乳石など激しい汚れ (滅菌機,殺菌機)	酸洗剤 ・硝酸系 ・リン酸	1.0〜1.5	60以下	10〜60
軽度の汚れ 有機物 (乳石,水アカなど)	酸洗剤 ・クエン酸 ・グリコール酸	0.5〜1.0	40〜80	3〜20

注1) 一般的には,アルカリ洗剤は苛性ソーダ(水酸化ナトリウム),酸洗剤には硝酸系が使用され,これに界面活性剤などを添加している.
  2) 洗剤タンクの洗剤は使用前に必ず濃度と汚れをチェックし週一度は全交換する.
  3) アルカリ洗剤,酸洗剤の取扱いは危険を伴うので保護具などを使用する.

剤がラインを流れるときの流量(流速)が唯一の物理的作用になる.したがって,パイプを流れるときの流量は,流速1.5m/秒を基準に設計される.これはレイノルズ数(流れの特性を示す値で,数値が小さい場合は層流状態,大きい場合は乱流状態になるが,その変更点のレイノルズ数は2 320)が25 000以上になる条件である.濃度と温度については,製造ラインを流れる成分などによって決定する必要がある.

CIP洗浄におけるプログラムは,汚れの種類や洗浄される装置などによって異なるが,一般的には,すすぎ→アルカリ洗浄→すすぎ→酸洗浄→すすぎの順に清水や洗剤(表5.10)が流される.さらに殺菌が必要な場合には殺菌操作(熱水殺菌,水蒸気殺菌,薬剤殺菌など)が行えるようになっている.

5.2.2　ピグシステム

　ピグシステムは生産ライン配管内に残存する移送物（水産ねり製品原料など）を押し出すシステムで，配管内を移動するピグとスタート管，キャッチャー管からなっている（図5.1）. 本システムの主目的は，配管内に残存した原料を回収し製品化することであるが，配管内の残留物が原因でCIP洗浄が行えない場合の補助装置としても利用できる．また，本システム自体がCIP洗浄対応型のものもある[21]．

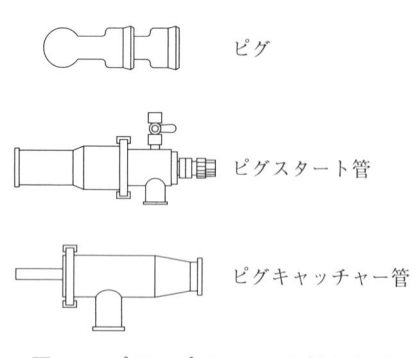

図5.1　ピグ，ピグスタート管およびキャッチャー管[21]

5.2.3　泡洗浄装置

　安全な食品を製造するためには，食品と直接接触する製造装置やその内部の洗浄のみでなく，製造装置の外部や製造環境の洗浄・殺菌が必要である．食品工場で最も高い衛生度が要求されるところは充填機やその周辺であるが，形状が複雑なために，スプレー洗浄などでは洗剤が複雑な機器全体に行き渡らないなどで，十分な洗浄が困難である．このことを解決するために考案されたのが泡洗浄である[22, 23]．

　泡洗浄は基本的には希釈された洗剤に圧縮空気（$3 \sim 5 \mathrm{kg/cm^2}$）を混入，発泡させたものを直接，製造装置（充填機外部やタンクの内壁など）や床，

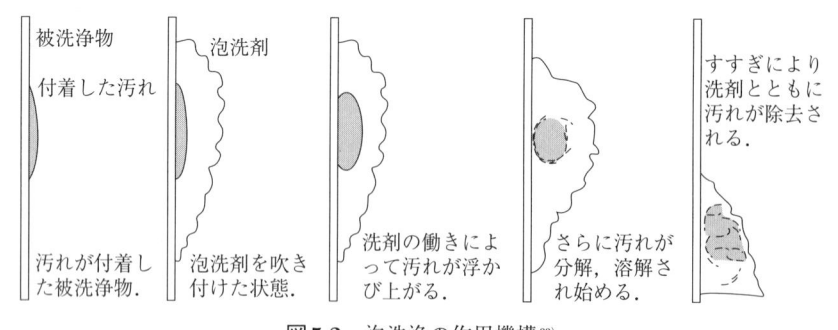

図5.2　泡洗浄の作用機構[22]

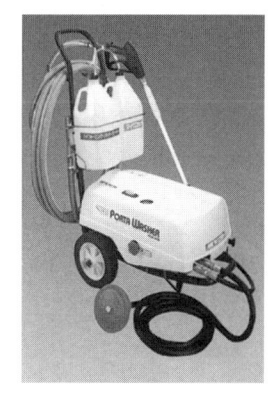

5.2 食品製造工程における洗浄装置

写真5.1 泡洗浄装置—移動式発泡装置（左）とマルチ対応型発泡装置（右）
（ｲｰｺﾗﾎﾞ社製）

壁，コンベアーなどに吹き付けて洗浄する方法である．洗剤を発泡させることにより，通常の洗剤では届かない隙間や部位に付着した汚れにまで，洗浄成分を供給することができる．

また，泡であるために，被洗浄体の表面に長く滞留し，汚れとの接触時間が長くなり，洗浄成分である界面活性剤の浸透力により汚れを浮き上がらせることができる（図5.2）．

洗浄工程は，前水洗工程，発泡工程，放置，後水洗工程となっている．前水洗工程は大きな汚れを排除し，洗剤が被洗浄面に接触しやすくするために行われる．放置は通常10～15分程度である．後水洗工程では，洗剤の泡と汚れを削ぎ取るように高圧水がかけられるが，飛沫が心配な場合は低圧水やブラシなどが使用される．

装置としては水を加圧（18～20kg/cm^2）する装置とタンクがセットになっており，洗剤原液（発泡基剤入り）をタンクに入れると自動的に使用濃度になるようになっている．噴射部はスプレーノズルやスプレーボール（タンク内壁などに使用）などが使用されている．装置には写真5.1に示すように移動式や固定式のものがあり，固定式のものには洗剤・殺菌剤・清水タンクが設けられ，CIP洗浄に利用されている．また，洗剤は，強アルカリ性，弱アルカリ性，酸性などがあり，汚れのタイプに対応できるように

なっている.

　泡洗浄に代わり，ジェルあるいは薄膜洗浄（thinfilm cleaning）が採用されるようになってきているが，この洗浄の特徴は，被洗浄面との接触時間が長くなること，泡切れが良くすすぎ時間が短くなり，使用水量が減ることである．

5.2.4　次亜塩素酸発生装置

　次亜塩素酸発生装置には強酸性次亜塩素酸水（以下，強酸性水と記載）製造装置と微酸性次亜塩素酸水（以下，微酸性水と記載）製造装置の2種類がある．さらに，後者には次亜塩素酸の原料として食塩，塩酸，次亜塩素酸ナトリウムの3種類を使用する方法がある．

1）　強酸性水製造装置

　強酸性水製造装置[24-27]の原理を図5.3に示した．本装置は陽極と陰極が隔膜（イオン交換膜）で仕切られた水槽中に，低濃度（0.05～0.1％）の食塩水を入れ，10～20Vの直流電流を流す方法がとられている．食塩が電気

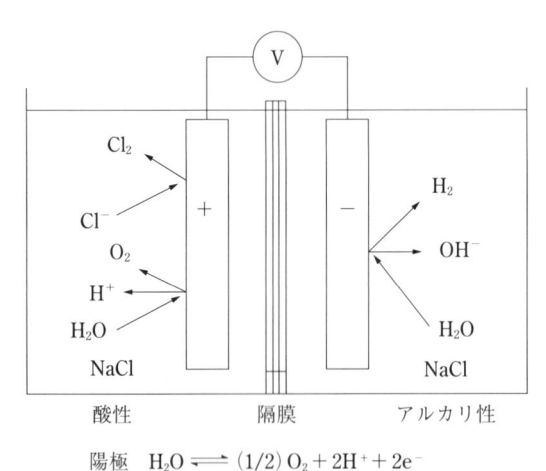

陽極　$H_2O \rightleftharpoons (1/2)O_2 + 2H^+ + 2e^-$
　　　$2Cl^- \longrightarrow Cl_2 + 2e^-$
　　　$Cl_2(aq) + H_2O \rightleftharpoons HOCl + HCl$
陰極　$H_2O + 2e^- \longrightarrow (1/2)H_2 + OH^-$

図5.3　食塩水の電気分解による強酸性水の生成原理[24]

表 5.11 食塩水の電気分解によって得られる各極側水の性質[24]

	原水	陽極	陰極	無隔膜*
pH	6.8	2.6	11.6	5〜6
酸化還元電位 (V)	0.3	1.15	−0.9	0.7
溶存酸素量 (ppm)	7.0	20.8	1.3	nt
次亜塩素酸濃度 (ppm)	0.5	〜40	0.1	50〜80

＊ 微酸性次亜塩素酸水，nt：試験せず．

分解（以下，電解と記載）されると，陽極では，水から酸素と水素イオンが生成し，塩素イオン（食塩）から塩素ガスが発生する．この塩素ガスは水と反応して次亜塩素酸と塩酸が生成する．その結果，陽極ではpHが低下し，溶存酸素と有効塩素濃度が上昇し，殺菌力の強い強酸性水が得られる（表5.11）．

一方，陰極では，水から水素と水酸イオンが生成（当然，水酸イオンとナトリウムイオンが反応し水酸化ナトリウムが生成する）し，pHの上昇と溶存酸素の低下が起こり，強アルカリ性溶液が得られる．この強アルカリ性溶液は微弱な殺菌力しか示さないが，タンパク質溶解力や油の洗浄力（乳化）が強いこと，抗酸化作用が強く，金属の錆を起こさないなどの機能を有していることから洗浄に利用できる．また，強酸性水の排水処理時の負荷を

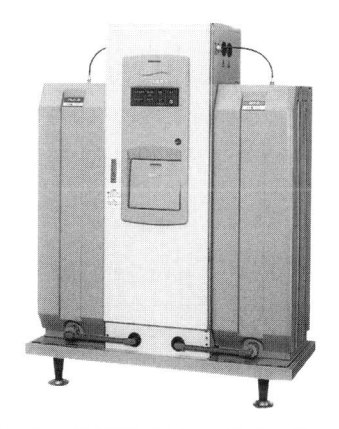

写真5.2 強酸性水製造装置―ダイレクト注出型（左）と貯水・分配型（右）（ホシザキ電機社製）

軽減するために中和剤としても利用できる．

装置としては，水道の蛇口に直結し，食塩水を混和して電解する流水式と，電解のたびに食塩を投入するバッチ式がある（写真5.2）が，毎分1～1.5Lの強酸性水が得られる流水型が一般的である．

食塩水の原水として水道水や地下水が用いられるが，水質により生成する強酸性水の性状が変動する可能性があるので注意を要する[24]．また，強酸性水は20～40ppmの有効塩素量を示すのが一般的である．

強酸性水は次亜塩素酸ナトリウム溶液を塩酸でpH調整することによっても得られ，殺菌力も同等である（溶存酸素濃度が低い点を除けば，他の性状は同等）が，このタイプのものは市販されていない．

2）微酸性水製造装置

以下に示す装置で生成される微酸性水のpHは5～6である．また，塩素の発生がほとんどないのが特徴である．

① 食塩を原料とするもの

食塩を次亜塩素酸の原料とするタイプのもので，原理は強酸性水製造と全く同じであるが，隔膜がない装置（無隔膜電解槽）である．したがって，陽極で生成した次亜塩素酸（HOCl）と陰極で生成した水酸化ナトリウム（NaOH）が反応して，次亜塩素酸ナトリウムが生成すると同時に，陽極で生成した塩素ガスの一部が逸散する．それゆえ，単純に食塩を電解すると，トータルな反応結果として電解水のpHがアルカリ性に傾き，HOClより

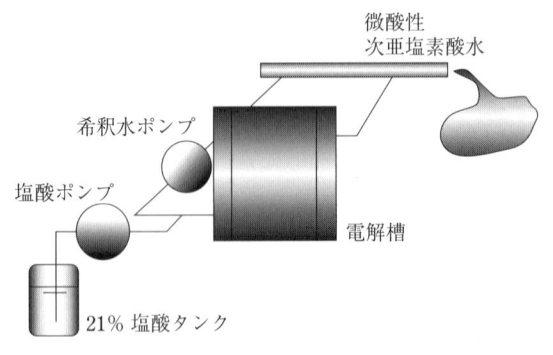

図5.4 電解装置フロー[30]

もOCl⁻の存在比率が高い次亜塩素酸ナトリウム水ができる．そこで，pHを弱酸性（pH 5〜6，有効塩素量50〜80ppm）にすることによって，ほとんどがHOClとして存在するように，食塩水に塩酸などのpH調整剤を加えて電解を行っている（表5.11）[24]．

② 塩酸を原料とするもの

希釈された塩酸を無隔膜電解槽で電解し，電解物を原水で希釈し，微酸性水を調製する装置である（図5.4）．電解槽に直流電流を流すと，陽極で塩素イオンが酸化され塩素（Cl_2）となる．生成した塩素は周りに存在する水に溶解して次亜塩素酸（HOCl）と塩素イオンおよび水素イオンが生成する（図5.5）．生成した塩素イオンは再び陽極で酸化され同じ反応が繰り返される．したがって，電解槽内での滞留時間によって塩素イオンの変換率がコントロールできる仕組みになっている．一方，陰極では水素イオンが還元され水素（H_2）が生成し気相に逸散する．したがって，水素イオン濃度も電解槽の滞留時間によって制御できる[28-30]．

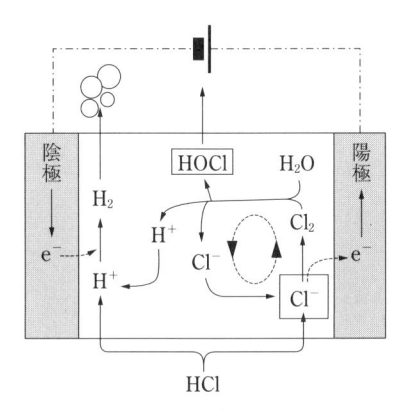

図5.5 電解反応の模式図[30]

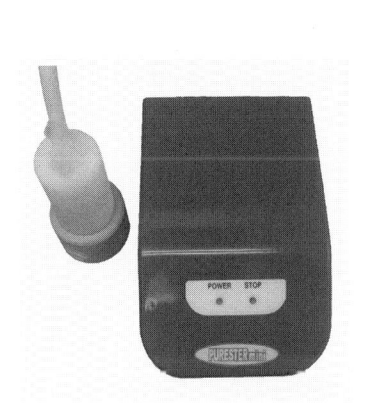

写真5.3 微酸性水製造装置—バッチ式（左）と流水式（右）（森永乳業社製）

微酸性水の性質を決める要因は有効塩素量とpHである．有効塩素量は電解電流と塩素イオン濃度によって決まるが，実際には電解電流によって制御している．電解電圧（2～2.5V）は一定に固定し，電流値が一定範囲に維持されるように塩酸の供給量を制御している．電流値を上げると，その分塩酸の供給量が増えるが，それに見合う分の希釈水の供給量を減少させると，電解槽内での滞留時間が長くなり，塩素イオンの変換率が上がり，水素イオンが減少するためpHを一定に保つことが可能である．一方，pHの制御は希釈水の増減で可能である．すなわち，希釈水を増やすと，電流を維持するために塩酸の供給量も増え，電解槽での滞留時間が短くなるためpHが下がり，逆に希釈水を減らすとpHが上がる．このように，これらの操作では電流値，塩素イオン濃度とも変化しないように制御しているので有効塩素量（10～30ppm）が一定に保てる仕組みになっている[30]．

電解に使用される塩酸濃度は3％で，装置としてはバッチ式と流水式がある（写真5.3）．

微酸性水は食塩を含んでいないため，噴霧しても残留物が蓄積しにくい．したがって，無菌充填室内の清浄化や殺菌氷などとしても利用できる．

③ 次亜塩素酸ナトリウムを原料とするもの

次亜塩素酸ナトリウムを塩酸でpH調整する装置（写真5.4）であり，調整pH域は4.5～7.5で，次亜塩素酸濃度は固定式であるが50～200ppmまで調整可能である．生成物は塩酸を電解して得られる微酸性水と同等で，同様に利用できる．

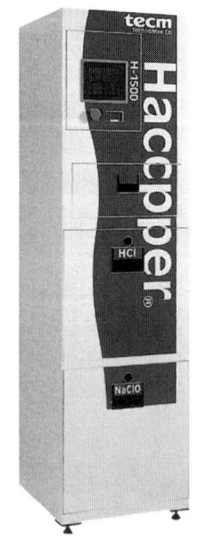

写真5.4 微酸性水製造装置
（ハセッパー技研社製）

5.2.5　オゾン発生装置

オゾン発生装置には，オゾンガス発生装

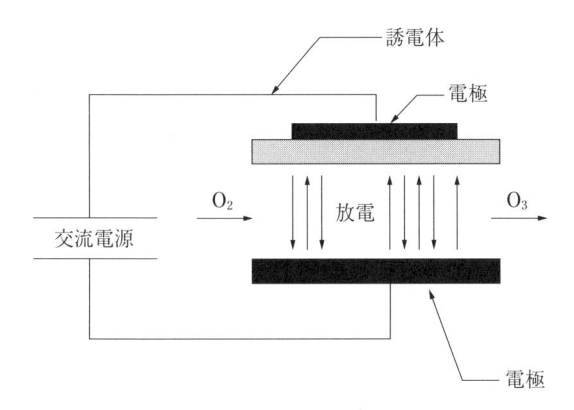

図5.6 無声放電によるオゾン発生原理[32]

置とオゾン水発生装置がある[31, 32].

1） オゾンガス発生装置

① 光反応式

紫外線の中で波長184.9nmの光を用いて空気中の酸素を原料としてオゾンを発生させる方法であるが，紫外線ランプ式では高濃度のオゾンは得られない（253.7nmの光はオゾンを分解する）．

② 放 電 式

無声放電式の発生装置で，誘電体としてセラミック，ガラス管，石英二重管などが用いられ，原料は酸素ガスを用いている．酸素ガスを用いることによりオゾン生成率が向上するとともに，空気を原料とした場合にできる硝酸などの発生も抑えられる．放電によるオゾンの発生は図5.6に示すような過程を経て起こる．放電柱で酸素分子が解離し（$e^- + O_2 \rightarrow 2O + e^-$），次に3体衝突反応（$O + O_2 + M \rightarrow O_3 + M$）でオゾンが発生すると説明されている[31].

③ 電 解 式

水を電解してオゾンガスを得る方法で，陽極での酸素の生成とその酸素からオゾンが生成する仕組みを利用している．この方法では陰極で生成する水素ガスの処理が問題となる．

2） オゾン水発生装置

オゾン水発生装置には，オゾンガスを水に吹き込む曝気式，エゼクター (ejector) と呼ばれる装置を利用して，加圧した水をエゼクターのノズルに送り，オゾンガスを水中に分散させ，溶解効率を高めるエゼクター式，耐オゾン製の中空糸膜を用いてオゾンガスを水に接触・溶解させる溶解膜式，水道水などを電気分解して直接オゾン水を製造する直接電解式などがある[31]．

参 考 文 献

1) 石関忠一：コンタミネーションコントロール便覧，日本空気清浄協会編，p.365，日本空気清浄協会 (1996)
2) 菅原文子：クリーンテクノロジー，**2** (2)，50 (1992)
3) NASA : Standard for clean room and work station for microbially controlled environment, NHB 4340-2 (1967)
4) Federation Standards 209E : Clean room and work station requirements controlled environment (1992)
5) 川村邦夫：医薬品開発・製造におけるバリデーションの実際，p.147，薬業時報社 (1997)
6) 山路幸郎：クリーンルームテクノロジー初級講座，日本空気清浄協会編，p.1，日本空気清浄協会 (1993)
7) 高橋和宏：空気清浄・衛生工学，**72**，477 (1998)
8) 早川一也：空気清浄，**31**，296 (1994)
9) 横山　浩：防菌防黴，**23**，381 (1995)
10) 栗田守敏：食品工場におけるバイオロジカルクリーンルームの必要性　洗浄殺菌，包装食品の安全戦略，p.68，日報 (2002)
11) 平原茂人：*Pharm. Tech. Japan*，**136**，1715 (1997)
12) 川又　亨：クリーンテクノロジー，**4** (5)，37 (1994)
13) 鈴木丈司：同誌，**5** (11)，51 (1995)
14) 高橋和宏：空気清浄の保守管理，食品の無菌化包装システムハンドブック，横山理雄，栗田守敏編，p.360，サイエンスフォーラム (1993)
15) 渡辺敦夫：精密ろ過の利用，食品膜技術，大矢晴彦，渡辺敦夫監修，p.443，光琳 (1999)
16) 渡辺敦夫：無菌化ろ過，有害微生物管理技術，第1巻，芝崎　勲監修，p.666，フジテクノシステム (2000)
17) 田辺忠裕：月刊フードケミカル，No.2，64 (1996)
18) 吉川清明：機器類の洗浄・殺菌システム，バイオフィルム，森崎久雄，大島

参考文献

広行, 磯部賢治編, p.210, サイエンスフォーラム (1998)
19) 生駒啓太郎：食品製造環境・設備の洗浄殺菌装置とそのシステム (2)：液状食品, 洗浄殺菌の科学と技術, p.184, サイエンスフォーラム (2000)
20) 尾崎久輝：食品機械装置, **38** (5), 67 (2001)
21) 安藤寿美男：同誌, **37** (7), 85 (2000)
22) 勝野仁智：ジャパンフードサイエンス, **36** (11), 48 (1997)
23) 渡辺光也：食品機械装置, **37** (7), 65 (2000)
24) 堀田国元：酸性電解水による殺菌効果と殺菌のメカニズム, 有害微生物管理技術, 第1巻, 芝崎 勲監修, p.751, フジテクノシステム (2001)
25) 西本右子：防菌防黴, **27**, 463 (1999)
26) 藤原 昇：食品工業, **45** (10), 25 (2002)
27) 渡邊益美, 鈴木鐵也：食品機械装置, **38** (3), 45 (2001)
28) 土井豊彦：防菌防黴, **29**, 379 (2001)
29) 土井豊彦：食品工業, **45** (10), 40 (2002)
30) 土井豊彦：防菌防黴, **30**, 813 (2002)
31) 内藤茂三：ジャパンフードサイエンス, **36** (7), 49 (1997)
32) 小林克実：食品機械装置, **37** (10), 66 (2000)

〈矢野俊博〉

第6章　食品製造工程における殺菌装置

　食品保存と食品衛生の上から，一般食品では，包装後加熱されたものが多い．また，ロングライフミルク（LL牛乳），清涼飲料水や調味料などは，精密ろ過膜でろ過されたり，UHTで高温短時間殺菌された後，無菌充填包装されている．固形食品の無菌化包装では，食品を加熱殺菌したり，食品表面の洗浄・殺菌の後，無菌状態にした包装材料で包装されている．

　近年，食品微生物による食中毒が多発するにつれ，食品の除菌・殺菌，いわゆる無菌化が見直されてきている．特に，食品産業では殺菌の重要性が増し，食品衛生管理に導入されたHACCP（危害分析・重要管理点）手法では，微生物殺菌が重要な役割を果たすようになった．

　この章では，食品製造工程における殺菌装置について説明しよう．

6.1　食品の殺菌[1]とは

　食品や医薬品業界では，食品や医薬品に生育する微生物の殺菌と無菌処理に力を入れているが，各業界で殺菌に対する定義も異なっている．

　医薬品，医療分野では，病原菌を含めた有害微生物を死滅させる度合いによって，滅菌（sterilization）[2]と消毒（disinfection）という用語を使い分けてきた．前者の滅菌は，物質中のすべての微生物を死滅または除去することを言い，後者の消毒は，病原微生物を死滅させ，感染症を防止することと定義されている．

　食品分野では，「乳及び乳製品の成分規格等に関する省令」や「食品，添加物の規格基準」で有害微生物を短時間で殺滅する働きを一括して殺菌といっている．缶詰食品やレトルト食品では，耐熱性芽胞形成細菌で食中毒菌でもあるボツリヌスA型菌芽胞の完全殺滅を目標にした加圧・加熱殺

表 6.1 微生物の殺菌方法[3]

殺菌方法		殺菌の種類
加熱殺菌		低温殺菌（蒸気，火炎，熱湯） 高温殺菌（過熱水蒸気，煮沸） 高周波，マイクロ波，赤外線，遠赤外線
冷殺菌	紫外線殺菌	紫外線
	放射線殺菌	ガンマ線，X線，電子線
	化学的殺菌	化学合成殺菌剤，静菌剤，天然抗菌剤， ガス殺菌，オゾン殺菌

菌を行っている．

表6.1に，微生物の殺菌方法[3]をまとめた．殺菌方法には，加熱殺菌法（heat sterilization）と冷殺菌法（cold sterilization）の二通りがある．加熱殺菌法には，蒸気，過熱水蒸気，火炎，電熱によるもの以外に，マイクロ波，赤外線，遠赤外線などによる加熱がある．特に，食品の無菌充填包装（aseptic packaging）では，過熱水蒸気を使用したHTST（高温短時間）殺菌装置，UHT（超高温短時間）殺菌装置が使われている．

一方，発熱を伴わない冷殺菌法として紫外線殺菌や放射線殺菌，化学合成殺菌剤，静菌剤や天然抗菌剤を用いる化学的殺菌，ガス殺菌などがある．

6.2 無菌処理方法と無菌化技術

食品の無菌包装が進むにつれて，食品原材料や食品製造工程，食品工場・環境の洗浄・殺菌が重大な仕事になっている．

表6.2に，食品業界で使われている無菌処理方法と無菌化技術[4]について示した．無菌処理には，大きく分けて加熱処理，非加熱処理，膜処理と化学薬剤処理がある．食品の無菌包装では，食品の殺菌にはUHT殺菌装置，通電加熱殺菌装置，マイクロ波加熱殺菌装置などがあり，包装材料の殺菌には，放射線殺菌装置（ガンマ線・電子線），紫外線殺菌装置，ガス化

表6.2 食品業界で使われている無菌処理方法と無菌化技術[4]

無菌処理名	装置と薬剤		無菌処理方法と無菌化技術	対象物
加熱処理	超高温短時間(UHT)殺菌装置		直接加熱と間接加熱方式があり、インジェクション方式では、食品に135〜150℃の蒸気を吹き込み殺菌	牛乳、果汁飲料、酒、豆腐、ケチャップ
	通電加熱殺菌装置		食品に通電加熱し、120〜140℃で微生物殺菌	カレールー、ビーフシチュー
	マイクロ波加熱殺菌装置		包装された食品をリテーナーに詰め、127℃で加熱	米飯とカレー、ビーフシチュー
	レトルト殺菌装置		包装された食品を加圧下110〜130℃で加熱（熱水、蒸気）	缶詰、瓶詰、レトルト食品
非加熱処理	紫外線殺菌装置		食品、空気、水の殺菌に60W〜1kW UV装置を使用	一般食品、飲料水
	放射線殺菌装置	ガンマ線照射装置	コバルト60のガンマ線を食品に照射して微生物殺菌	包材、香辛料、肉、野菜
		電子線照射装置	電子に高電圧をかけ、高エネルギーで微生物殺菌	包材、香辛料、果物
	高性能エアフィルター(HEPA)		バイオクリーンルーム内に設置、空気を無菌化する	無菌室、冷却装置
膜処理	精密ろ過(MF)膜		プレフィルターとメンブランフィルターで液状食品を無菌化	清酒、ワイン、ビール
化学薬剤処理	工場・環境殺菌剤		次亜塩素酸ナトリウムなどの薬液殺菌剤で無菌化	工場、容器、機械設備
	食品保存料		安息香酸、ソルビン酸など食品微生物の発育阻止	食肉加工品、一般食品
	ガス系殺菌剤		オゾン、メチルブロマイド、エチレンオキサイドなどは、食品や環境の無菌化に使用	包装材料、工場設備、一般食品

第6章 食品製造工程における殺菌装置

表 6.3 食品殺菌における従来技術と次世代技術[5]

	従 来 技 術	次世代技術
加熱殺菌法	過熱水蒸気殺菌,レトルト殺菌,高温短時間(HTST)殺菌,超高温短時間(UHT)殺菌,マイクロ波加熱殺菌,遠赤外加熱殺菌,通電加熱殺菌	
非加熱殺菌法	ガンマ線(放射線)殺菌,紫外線殺菌	振動磁場法*,閃光パルス殺菌*,高圧処理**,高電圧パルス殺菌*,電子線(放射線)殺菌**

＊ 試作段階(一部実用化), ＊＊ 研究開発段階.

過酸化水素殺菌装置などが使われている.

食品の殺菌装置は,時代とともに進歩してきている.表6.3に,食品殺菌における従来技術と次世代技術[5]を示した.表からも分かるように,次世代技術では,振動磁場法や閃光パルスなどの殺菌技術があり,それを利用した殺菌装置が生まれてきている.

6.3 食品の殺菌装置

6.3.1 UHT(超高温短時間)殺菌装置

超高温短時間殺菌装置[6]は,UHT (ultra high temperature)殺菌装置といわれており,135〜150℃,2〜6秒間の殺菌で牛乳や茶飲料などに生育している微生物を完全に死滅させることができる.

このUHT殺菌装置は,低粘性食品,高粘性食品,固液混合食品と粉末食品・香辛料の殺菌に使われている.

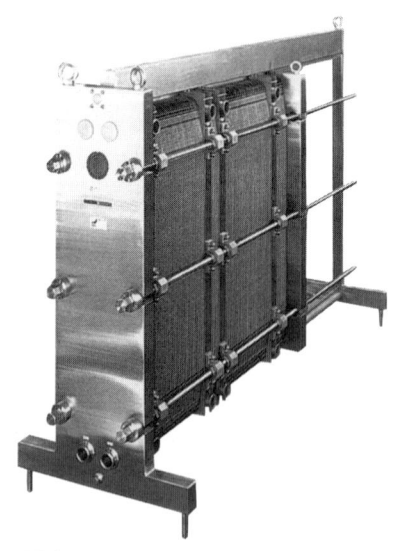

写真6.1 プレート式熱交換器HA 6[7]

写真6.2 シェル&チューブ式熱交換器STP type[8]

1) 低粘性食品のUHT殺菌装置

牛乳,果汁のような低粘性食品の殺菌にプレート式熱交換器とシェル&チューブ式熱交換器が使われている.写真6.1に,プレート式熱交換器HA6[7]を示した.この熱交換器は,プレートの間隙の交互に加熱媒体と牛乳を通して熱交換し,牛乳を殺菌することができる.この機械の仕様は,耐圧:1.9MPa,耐熱:150℃,流量:3～80m^3/hとなっている.

写真6.2に,シェル&チューブ式熱交換器STP type[8]を示した.この熱交換器は,太い缶胴内に細いステンレスチューブが19本入れられており,缶胴内の蒸気あるいは熱水とチューブ内の食品との熱交換を行い,乳飲料,コーヒー,茶飲料を殺菌することができる.

2) 高粘性食品のUHT殺菌装置[9]

高粘性食品のUHT殺菌装置には,間接加熱方式の表面かき取り式と直

接加熱方式のインジェクション式などが使われている．トマトペーストやホワイトソースなどの殺菌には，食品を焦げ付かせないよう表面かき取り装置のついたUHT殺菌装置が使われている．

図6.1に，表面かき取り式UHT殺菌装置の断面図[10]を示した．この装置は二重円筒（シリンダー）になっており，外側に蒸気または冷水を通し，内側の円筒に食品を通すようになっている．内側の円筒には，ステンレススチールかテフロン製のかき取り刃（スクレーパー）を備えた回転軸を内蔵して，食品を焦げ付かせないため円筒内壁をかき取るようになっている．

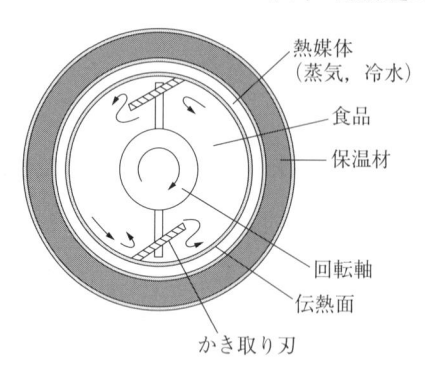

図6.1 表面かき取り式UHT殺菌装置の断面図[10]

わが国において，粘度3 000mPa・sから20 000mPa・sの高粘性食品を直接加熱するUHT殺菌装置[11]が開発，実用化されている．この殺菌装置（第10章，写真10.1参照）は，高粘性食品をスチームミキサー中でスチームと混合することにより，高温（100〜150℃）まで瞬時にかつ均一に加熱し，真空系で水分蒸発が行われ，瞬時冷却することができる．したがって，こ

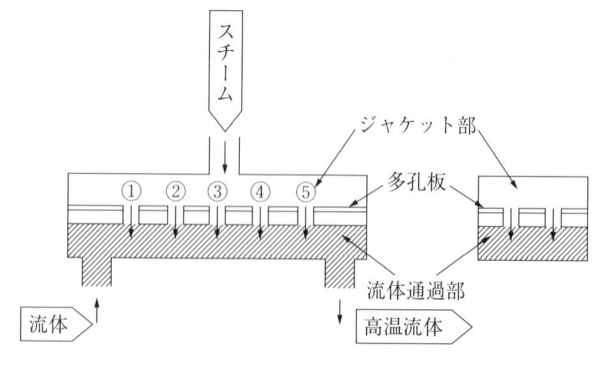

図6.2 高粘性食品用UHT殺菌装置の心臓部であるスチームミキサーの基本構造図[11]

の装置では，従来のUHT殺菌装置では食品が焦げ付いてしまったり，変色したり，風味の損失などによって無菌にできなかったものが，連続的に食品を変質させずに殺菌することができる．

図6.2に，この高粘性食品用UHT殺菌装置の心臓部であるスチームミキサーの基本構造図[11]を示した．高粘性食品が流体通過部を通るとき高温，高圧のスチームが多孔板を通して食品に吹き込まれ，短時間に食品中の微生物を完全に殺菌できる機構になっている．この殺菌装置と従来の表面かき取り式殺菌装置の熱履歴の比較[11]を図6.3に示した．この図では，140℃，3秒間殺菌する場合，表面かき取り方式では，40℃から140℃に昇温するのに4.5分かかるが，新しい方式では1秒ですむ．冷却工程も前者が5分に対し，後者は1秒で品温が40℃に下がる．

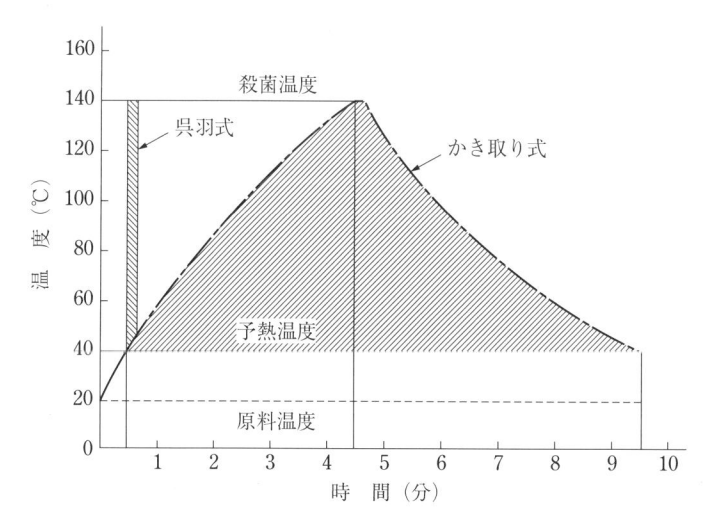

図6.3 高粘性食品用UHT殺菌装置（呉羽式）と従来の表面かき取り式殺菌装置の熱履歴の比較[11]

3） 固液混合食品のUHT殺菌装置

電子レンジ用に固液混合食品の無菌充填包装が試みられ，世界各国で多くの製品が商品化されている．固液混合食品は低粘性食品に比べてUHT殺菌が難しく，固形食品の大きさ，厚みなどが加熱殺菌に影響を与える．

表 6.4 固液混合食品用 UHT 殺菌装置と殺菌原理[12]

UHT 殺菌装置	メーカー名	殺 菌 原 理
表面かき取り方式	Alfa-Laval 他	二重円筒（シリンダー）外側に蒸気または冷水，内側に食品を入れ間接加熱．135℃，25 秒
ジュピターシステム	APV & Londreco	容器内で固形物を 132℃，5 分間殺菌して冷却後，無菌になったソースを加える．
オーミック通電加熱殺菌装置	CMB & APV	パイプの中を流れる固形食品と液状食品との混合食品に電圧をかけ，電流を流すことにより，瞬間的に発熱させ加熱する．
マイクロ波加熱方式	凸版印刷	パウチに固液混合食品を充填，シール後，マイクロ波によって高温短時間殺菌する．

表6.4に，固液混合食品用UHT殺菌装置と殺菌原理[9]について示した．表に見られるように，固液混合食品のUHT殺菌装置には，前述の表面かき取り方式と，ジュピターシステム，オーミック通電加熱殺菌装置，マイクロ波加熱方式がある．ここでは，次の機種について説明しよう．

(1) ジュピターシステム

UHT殺菌装置メーカーであるAPV社とLondreco社がジュピターシステムという固液混合食品の殺菌装置を開発した．図6.4に，APVジュピターシステム[13]を示した．この装置には，APV社のダブルコーンロータリー式無菌ベッセル（DCAPV）が使われており，ソースの殺菌装置，固形物の殺菌装置と無菌充填用サージタンクから成り立っている．このDCAPV内に1.9cm角に切断された牛肉を入れ，132℃，5分間殺菌・冷却し，無菌になったソースを入れてから，221～226℃の蒸気で45秒間殺菌して，無菌缶に無菌充填密封するようになっている．

(2) オーミック通電加熱殺菌装置

CMB社とAPV社では，パイプの中を流れる固形食品と液状食品の混合食品に電圧をかけ，電流を流すことにより瞬間的に発熱させ，微生物を完全に死滅させるオーミック（OHMIC）通電加熱殺菌装置を開発し，実用化

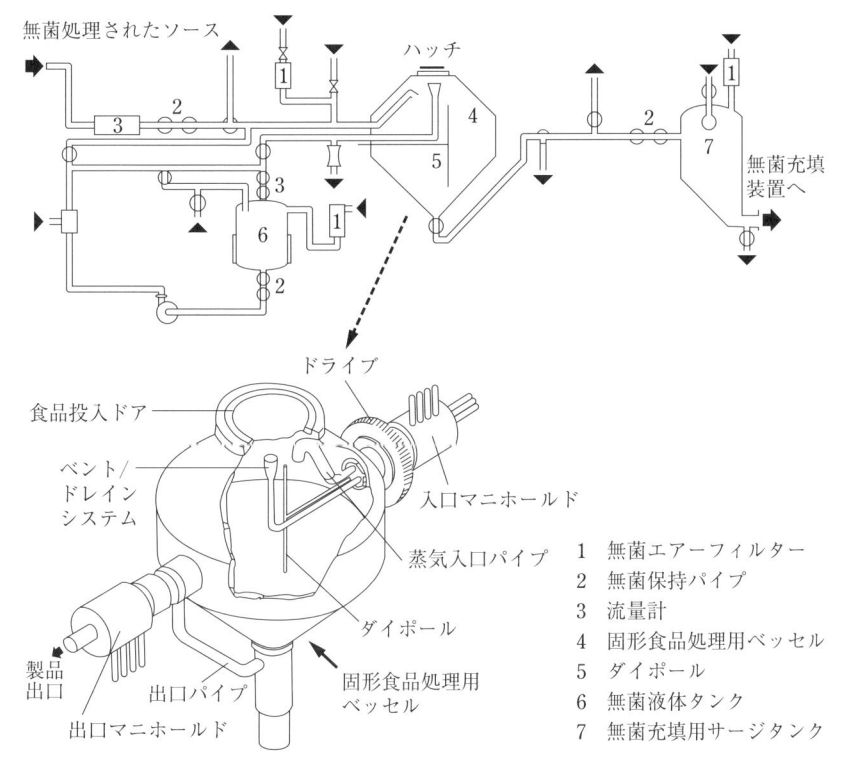

図6.4 APVジュピターシステム[13]

無菌処理されたソース
ハッチ
無菌充填装置へ

食品投入ドア
ベント/ドレインシステム
ドライブ
入口マニホールド
蒸気入口パイプ
ダイポール
固形食品処理用ベッセル
製品出口
出口パイプ
出口マニホールド

1　無菌エアーフィルター
2　無菌保持パイプ
3　流量計
4　固形食品処理用ベッセル
5　ダイポール
6　無菌液体タンク
7　無菌充填用サージタンク

している．

(3) マイクロ波加熱殺菌装置

マイクロ波による固液混合食品の高温加熱殺菌装置[14]が開発された．この装置は，固液混合食品や固形食品を厚みの薄い容器内に充填，シール後，マイクロ波加熱によって高温，短時間に連続的に殺菌処理を行うシステムである．

4）粉末食品・香辛料のUHT殺菌装置

コーンスターチ，バレイショデンプンや香辛料などの粉流体食品の殺菌に過熱水蒸気を用いるUHT殺菌方式がとられている．この殺菌方法には，次の3機種の装置が使われている．

写真6.3 気流式刻み原料・粒原料のUHT殺菌装置[16]

(1) 気流式殺菌装置

この装置は，大量の粉末食品の殺菌に適している．殺菌原理は，過熱水蒸気を約20m/sの高速でパイプ内に流し，この気流中に粉末食品などを浮遊させて殺菌する．この時の殺菌条件は，標準で圧力2kg/cm^2，160℃，5秒間である．なお，この方式を用いた場合，黒コショウの耐熱性菌が3.2×10^5/gコロニーあったものが，圧力3kg/cm^2，180℃，7秒間の殺菌で300以下になることが報告[15]されている．対象食品は，各種香辛料，小麦粉などのデンプン，かつお節などの魚粉である．

写真6.3に，気流式刻み原料・粒原料のUHT殺菌装置[16]を示した．この装置は，刻み原料などを，高圧サイクロンの中で過熱水蒸気と接触・殺菌してから，蒸気分離，乾燥・冷却して無菌状態にすることができる．この装置を使って，一般生菌数8.8×10^2/gの煎茶を蒸気圧力0.2MPa・Gで180℃，4秒間殺菌した場合，一般生菌数が300以下になる[16]．

(2) 高速撹拌式殺菌装置[15]

この装置は，多品種少量処理に適しており，生産能力は1時間当たり50～200kgで，加熱時間の設定が自由にでき，殺菌時間は5～20秒である．

この装置の殺菌原理は，過熱水蒸気の充満した密閉容器の中で羽根を高速で回転し，原料を撹拌，分散させながら加熱する．殺菌条件は0～2 kg/cm²の圧力で，100～250℃，10～20秒間である．

(3) タワー式殺菌装置[15]

この装置は，凍結乾燥野菜のように壊れやすいものを殺菌するのに適しており，1時間当たり100～300 kgの処理能力がある．この装置の殺菌原理は，直径50～100 cm，高さ5～8 mの円筒の下部から過熱水蒸気を旋回流で噴射し，上部から原料を落下させて殺菌する．殺菌条件は1 kg/cm²の圧力で，180℃，1～2秒間である．

6.3.2 加圧・蒸気加熱殺菌装置

無菌化包装米飯の製造には，台車に載せた浸漬米の入ったトレーを台車

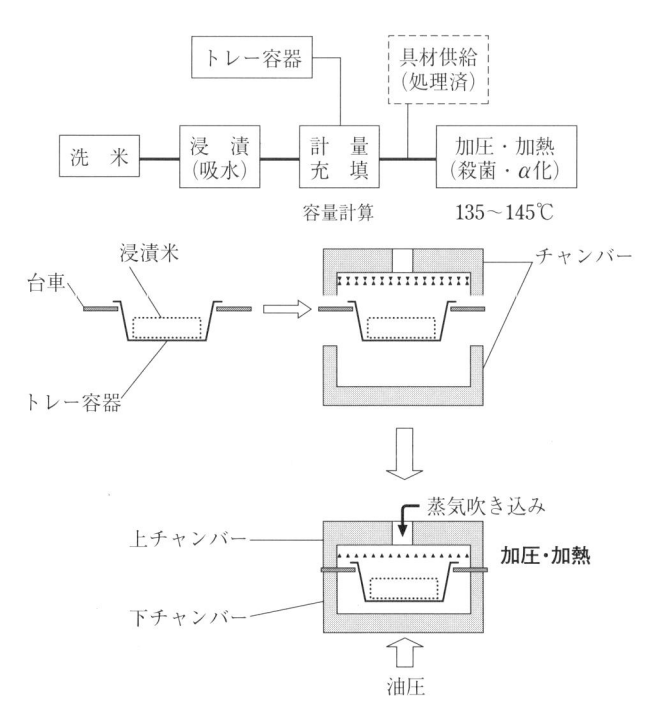

図6.5 無菌化包装米飯の加圧・蒸気加熱工程図[17]

ごとチャンバー内に搬送し，蒸気を一気に吹き込んで加圧・加熱する方式がとられている．図6.5に，無菌化包装米飯の加圧・蒸気加熱工程図[17]を示した．チャンバー内の米飯は蒸気が6～8回吹き込まれ，135～145℃で加圧・加熱殺菌される．無菌になった浸漬米に炊飯水が加えられた後，100～104℃，30分間，容器内蒸気炊飯が行われ，バイオクリーンルームでN_2ガス封入・無菌化包装される．

6.3.3 通電加熱殺菌装置[9]

海外では，調理食品，フルーツ製品などの無菌充填包装やホットフィル（熱間充填）の殺菌に通電加熱殺菌装置が使われている．わが国では，ヨーグルトや洋菓子に使われるフルーツ調製品，ジャム，味噌やかまぼこの殺菌に通電加熱殺菌装置が使われている．

1） 通電加熱とは

通電加熱は，食品に電流を流した時，食品が自己発熱することを利用した加熱方法である．その発熱機構は，ジュール熱の他に誘電損失による発熱もある．この通電加熱[18]には，直流加熱と交流加熱の2種類がある．

直流加熱は，食品材料に直流電圧を加えて加熱する方式であるが，電極表面では，電極と食品材料の間で電子の授受が盛んに行われ，電極の溶出または材料の電気泳動の原理で成分の分離が生ずる．この方式では，電極の腐食が激しいため繰り返しの使用ができないことと，電解した金属イオンが食品材料中に溶出する恐れがあるので，実際に食品の加熱にこの方式を採用することは難しい．

交流加熱は，食品材料の両端に交流電界を加えると，キャリヤーは電界の向きの変化に従って往復運動し，発熱して加熱されるものである．この方式が世界各国で採用されている．

2） オーミック通電加熱殺菌装置

オーミック通電加熱殺菌装置が世界各国で実用化されている．商業規模システム[19]としては，電力出力75kWと300kW，製品処理能力750kg/hおよび3000kg/hの2システムが実用化されている．

オーミックヒーティング（加熱）は，ポンプで搬送可能な固形物を含んだ食品に低周波交流電流（50/60Hz）を通し，直後，電気抵抗加熱するものである．この装置には，次の4つの利用法がある．

① 常温で保存および流通できる付加価値をもった調理食品のアセプティックプロセス（無菌処理）．
② 高酸度果実製品や野菜製品のような固形物を含んだ製品の殺菌．
③ 缶詰製品の缶内滅菌前の予備加熱．
④ チルド温度範囲での保存および流通ができる付加価値をもった調理食品の衛生加工．

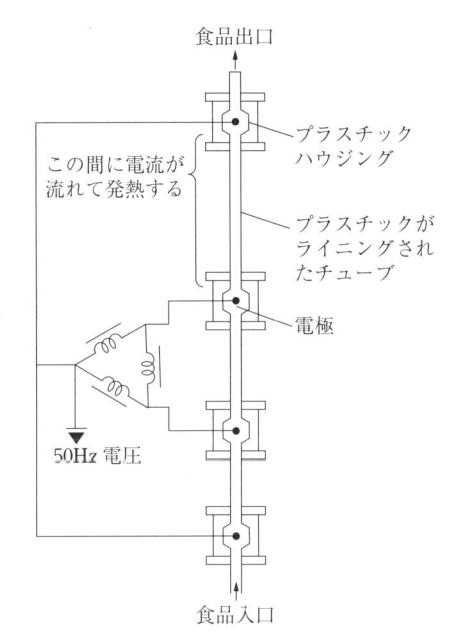

図6.6 オーミック通電加熱殺菌装置の機構図[19]

特に無菌充填包装する食品は，120～140℃の高温で通電加熱される．

図6.6に，オーミック通電加熱殺菌装置の機構図[19]を示した．この装置では，電極の間の固形物を含んだ液状食品に，電圧がかかると電流が流れて発熱し，微生物が殺菌される．殺菌された食品は，冷却してから無菌容器に無菌充填包装される．現在は，1時間当たり3～6トン生産可能なプラントが稼働しており，25mm角の固形食品まで完全に殺菌できる．

6.3.4 マイクロ波加熱殺菌装置[9]

高周波加熱（high frequency heating）は，その発熱方式，被加熱物の種類により誘導加熱（induction heating）と誘電加熱（dielectric heating）に分けられる．前者の電源は，電動発電機で1～12kHzの周波数であり，後者のそれは真空管発振器で，わが国では商業的に915および2 450MHzの周波数

が使われている．ここでは誘電加熱，いわゆるマイクロ波加熱（microwave heating）について説明しよう．

1） マイクロ波加熱とは

マイクロ波加熱の最も基本的な形態[20]は，キャビティ（オーブン）と呼ばれる密閉金属箱の中に食品を置き，これにマイクロ波を照射する方式であり，2 450MHz（波長12cm）のマイクロ波が用いられている．マイクロ波を包装食品に照射すると，内部の食品が発熱し加熱されるのは，次のような原理によるといわれている．マイクロ波は，物体に突き当たると反射・透過・吸収の現象を起こす．すなわち，金属の表面では反射し，損失係数の小さい物質（ガラス，陶器，プラスチック類）の中はエネルギーの損失が少ないので透過するが，食品のように損失係数の大きい物体に当たると，分子摩擦によって熱エネルギーに変わり，加熱される．そのため，プラスチック包装材料や紙で包装された食品は内容物の食品だけが加熱調理される．

マイクロ波加熱[21]は，従来の外部加熱に比べ次のような利点と欠点がある．利点としては，加熱時間が短く，加熱効率がよく，複雑な形状のものでも比較的均一に加熱でき，加熱電力の制御が容易で，自動化・省力化ができることなどがあげられる．欠点としては，金属缶，アルミ箔ラミネート容器詰食品は調理加熱ができず，包装食品の加熱では，ボイルに比べ加熱むらが生じ，食品の形状により温度差が生ずるなどがあげられる．

2） 各種マイクロ波殺菌装置

マイクロ波殺菌装置は，バッチ式と連続式の2タイプに分けることができる．バッチ式は，低温殺菌による食品保存期間の延長を目的としており，処理能力が劣るため，食品殺菌用途にはほとんど使用されていない．このため，ここでは連続式マイクロ波殺菌装置について説明する．

(1) パイプ式マイクロ波殺菌装置[22]

この装置では，加熱部を通るテフロン製のパイプ内にポンプで液体や粘稠体を送り込み，パイプを通過させながら，パイプの外からマイクロ波を照射して食品を殺菌温度まで加熱する．パイプ内で食品を撹拌しているの

で均一に加熱ができ，その上パイプ内を加圧することによって100℃以上の加熱もできる．

加熱後，食品は温度保持部，冷却部を通して充填機に送られ，無菌的に容器に充填される．現在，この装置は，ジャム，ゼリー，餅などの殺菌に実用化されている．

(2) コンベアー式マイクロ波殺菌装置[22]

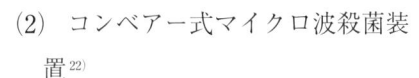

写真6.4 マイクロ波加熱殺菌されたカレーと無菌米飯[23]

この装置は，コンベアーの上にパウチ詰食品やトレー包装された食品をのせ，加熱室へ連続的に供給してマイクロ波加熱を行うもので，固形物も殺菌できる利点がある．装置には，あらかじめ包装された食品を供給するタイプと，インラインで充填包装するタイプの2機種がある．バッチ式による一般の包装食品のマイクロ波殺菌は低温殺菌であるため，加熱室を加圧していないが，レトルト殺菌に匹敵する高温加熱では，加熱室を加圧する必要がある．

最近，1つの耐熱性容器に区分けしてカレーと白飯を入れた無菌米飯が市販されている（写真6.4)[23]．その製品は，浸漬し水を加えられた米と半調理したカレーをHR容器と呼ばれるPP/EVOH/PP/PEの容器に詰め，N_2ガスで置換密封の後，加圧式マイクロ波殺菌装置で加熱殺菌されたものである．

加圧式マイクロ波殺菌装置は，設備が大がかりになるため，リテーナー式高温マイクロ波殺菌装置が開発された．この装置[22]は，マイクロ波透過性の耐熱・耐圧容器（リテーナー）に収納，密閉して加熱するため，包装体の内圧上昇による破袋が防止される．また，この装置は予備加熱部，本加熱部（マイクロ波殺菌），一次冷却部と取出し部より成っており，包装食品の中心部が120℃近くになるまで加熱殺菌することができる．

(3) 容器成形・充填密封・加圧式マイクロ波殺菌装置

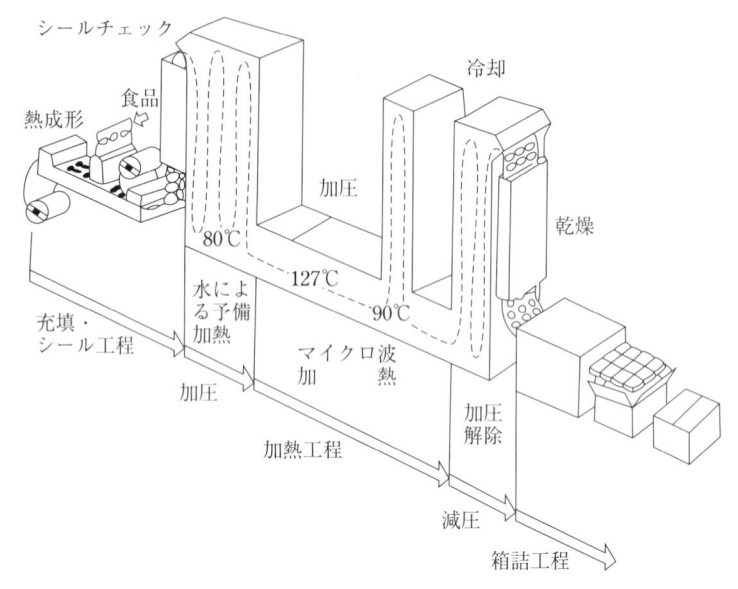

図6.7 容器成形・充填密封・加圧式マイクロ波殺菌装置[24]

　高温マイクロ波殺菌時の包装容器の破袋を防ぐため，ヨーロッパでは，図6.7のような容器成形・充填密封・加圧式マイクロ波殺菌装置[24]が開発・実用化されている．この装置は，従来の加熱とマイクロ波加熱の併用であり，食品を自動成形された容器に充填シールした後，水による加圧予備加熱（80℃）を行い，その後，加圧下で127℃でマイクロ波加熱を行って冷却・乾燥する一連のシステムである．

6.3.5　閃光パルス殺菌装置[25]

　閃光パルス殺菌装置は，閃光フラッシュ殺菌装置とも呼ばれている．アメリカのPure Pulse Technologies社が開発したPure Brightパルスライトプロセス（閃光フラッシュ殺菌装置）は，強烈なフラッシュによって食品の表面や包装材料の微生物を死滅させることができる．

1）Pure Brightパルスライトプロセスとは

　Pure Brightの照射光は，太陽光に類似している．図6.8に，Pure Bright

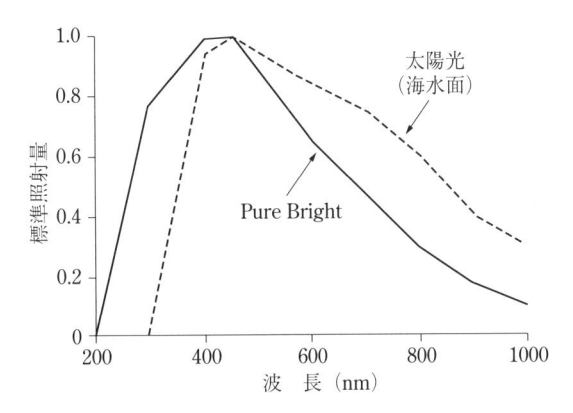

図6.8 Pure Brightパルス光と太陽光スペクトルの比較[26]

パルス光および太陽光のスペクトルの比較[26]を示した．Pure Brightが，波長300nm未満の紫外線を豊富に含むのに対し，太陽光は，これら紫外線が地球上の大気圏で吸収されるため，海水面に達する光には含まれない．閃光パルスは，太陽光の2万倍の照度を持ち，遠紫外線から可視光線，赤外線に及ぶ非電離性波長域を含み，全体の約25％が紫外線の波長域にある．

Pure Brightの殺菌効果は，広い波長域の紫外線を豊富に含み，照射時間が短く，そのパルス光の尖頭出力が高いことに起因している．各パルス光の尖頭出力が極めて高いにもかかわらず，総エネルギーは比較的低く，平均所用電力はさほど大きくならない．

2） Pure Brightの微生物に対する殺菌効果

閃光パルスは，細菌，カビ，酵母の栄養細胞や胞子，ウイルス，原生動物に対して殺菌，殺虫効果を持っている．カビの*Aspergillus niger*（黒コウジカビ）は，紫外線に強い耐性を持っており，UV光では，3〜10秒間の照射で2.5〜4.5 log cfu（colony forming unit）の滅菌効果が得られるが，閃光パルス法[27]では，1秒間に1〜数回のフラッシュで7 log cfuの滅菌が可能である．

表6.5に，パルス光による殺菌効果と紫外線量の関係[28]について示した．この試験試料は，ブロー（B）・フィリング（充填；F）・シール（密封；S）

表 6.5 パルス光による殺菌効果と紫外線量の関係[28]

微生物	菌接種量 (log cfu)	相対照射エネルギー (測定紫外線量)	フラッシュ回数	結果 変敗数	結果 log 生残菌数
カビ Aspergillus niger 胞子	5.94	0.86 (88%)	1	0/10	NA*
	5.94	0.72 (79%)	1	2/10	NA
	5.94	0.57 (65%)	1	10/10	2.3
	5.83	0.48 (56%)	1	10/10	1.7
細菌 Bacillus pumilus 胞子	6.12	0.86 (88%)	1	0/10	NA
	6.12	0.72 (79%)	1	0/10	NA
	6.12	0.57 (65%)	1	0/9	NA
	5.98	0.48 (56%)	1	0/9	NA
	8.22	0.57 (65%)	1	1/9	NA
	8.22	0.48 (56%)	1	1/10	NA

＊計測せず.

を同時に行う装置で，20mLポリエチレン製容器詰水に，*Aspergillus niger* と *Bacillus pumilus* の胞子を，注射器で 6 log cfu 接種した．閃光パルスを 1 回フラッシュした後，クリーンベンチ内で無菌注射器で試料を寒天培地に塗布し，32℃・14日間培養し，生残菌の有無を調べた．表から，カビの *A. niger* の胞子は，紫外線量88％のときは変敗数は0/10であり，生残菌は見られず，紫外線量79％では2/10変敗したが，生残菌は見られなかった．相対照射エネルギー0.57（紫外線量65％）では，変敗数は10/10であり，log 2.3 の生残菌が見られた．細菌の *B. pumilus* 胞子では，log 5.98 の接種菌数において，相対照射エネルギー0.48（紫外線量56％）のとき変敗数は0/9であり，生残菌は見られなかった．接種菌数が log 8.22 のときは，相対照射エネルギー0.48で，変敗数は1/10であったが，生残菌は見られなかった．

3) わが国での閃光パルス殺菌装置[29]

わが国ではキセノンランプを使用した閃光パルス殺菌装置が開発され，実用化試験を行っている．この装置を使って無菌化包装するロースハムの表面殺菌試験を行った．この試験では，乳酸菌を接種したロースハムの原

6.3 食品の殺菌装置

木(スライス前の製品)に,外側から光パルス(0.7J)を5フラッシュ×6方向から照射し,スライス後,真空包装して10℃で保存した.この試験の結果,初発菌数の低下と保存性の延長効果が認められた.また,この装置を使用して,かまぼこ,切り餅と水の殺菌試験も行われている.

6.3.6 高電圧パルス殺菌装置

ビール,果汁飲料の酵母殺菌に,加熱殺菌法以外に高電圧パルス殺菌が試みられている.まだ研究段階であるが,これから実用段階に入り,各種飲料の無菌充填包装に使われる可能性がある.

1) 高電圧パルス殺菌とは

一般に,導電率の大きい水あるいはイオンを含む水溶液中の電極に直流電圧を印加すると,イオンを運ぶために大きな電流が流れ,それに伴って電気分解や発熱が生ずる.しかし,直流電圧も短い時間だけ印加するとイオンを含む水であっても誘電液体のような性質を示すため,電界効果を利用することができる.

この短い時間の直流電圧を直流パルスあるいはパルス電圧[30]といっている.パルス幅が1マイクロ秒程度に短くなると,直流電圧の作用とは全く異なった現象が生じる.ビールや果汁飲料中に懸濁する微生物にパルス電圧を印加すると,微生物は瞬間的に高い電界にさらされ,細胞膜が物理的な破壊を受け死滅するものと思われる.

高電圧パルス殺菌[30]とは,水中または液状食品中に高電圧極短パルス放電を行うことによって,液中に存在する微生物が死滅することをさしている.パルス放電による殺菌法は,①パルス電界印加法と②パルス放電衝撃法の2つに分けることができる.①の方式では液状食品中にパルス状の電界のみを印加しており[31],液体では

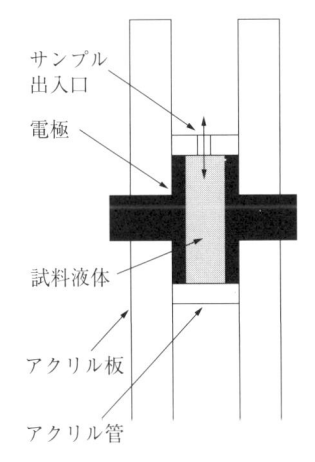

図6.9 パルス電界殺菌装置[33]

放電光は見られず、電解生成物も生じない. ②の方式では水中スパーク放電により生ずる衝撃波を利用しており、放電光と音が生じ、電極金属の溶出、ラジカル生成の可能性があるため、食品への応用よりは廃水、下水の処理に適していると考えられる[32].

2) パルス電界殺菌装置

高電圧パルス殺菌の中でも、パルス電界殺菌が液状食品（ビールなど）の殺菌に利用される可能性がある. 図6.9に、パルス電界殺菌装置[33]を示した. この装置は実験室用に組み込まれたものであり、アクリル管中に直径30mmの円板状ステンレス電極を6mm離して対向して配置してあり、一方はパルス電極に、他方はアースに接続されている. 試料液体は上部に設けてある穴より注入・排出される. この試験では、蒸留水、麦芽汁、ガス抜きしたビール中に所定の菌数のビール酵母（*Saccharomyces cerevisiae*）を懸濁して入れ、パルス発生器より得られたパルス電界によって殺菌を行っている.

種々の微生物に対する殺菌試験[34]では、電界強度が増加するにつれ、いずれの微生物の菌数も減少し、菌の直径に比例して死滅しやすくなっている. すなわち、菌の直径の大きい *S. cerevisiae* は死滅しやすく、菌の直径の小さい *Micrococcus lysodeikticus* は死滅しにくい.

6.4 包装材料の殺菌装置

無菌包装では、包装材料は紫外線・放射線など非加熱殺菌装置で殺菌される場合と、過酸化水素などの化学薬剤で殺菌する場合の2方法がある. ここでは、紫外線殺菌装置、放射線殺菌装置についてふれてみたい.

6.4.1 紫外線殺菌装置[35]

食品の無菌充填包装や食品の表面の殺菌に紫外線殺菌装置が使われている. また、紫外線殺菌装置は、包装材料に付着している微生物の殺菌や医薬品、食品工場などの空気、水の殺菌にも使われている.

1) 微生物殺菌のメカニズム

紫外線による殺菌機構[36]については，現在のところはっきり解明されていない．紫外線照射によって微生物細胞内の核タンパク質が変化するという説と，DNA鎖構造の変化，すなわちチミンダイマー（thimine dimer）の生成によって死滅するという説[37]がある（第3章3.5.1項参照）．紫外線は微生物の核酸に優先的に強く吸収されるものと思われる．

写真6.5 ブラウン・ボベリ社の高性能紫外線殺菌装置[36]

紫外線の殺菌力相対値が高い波長は250〜260nm付近であり，近紫外線（波長300〜400nm）の1 000〜10 000倍の効果があるといわれている．紫外線の殺菌作用には，紫外線の波長，照射照度および照射時間が関係している．細菌に紫外線を照射した場合の生存数は，有効照射照度と照射時間の積に対して指数関数的に減少する．

2) 紫外線殺菌装置[36]

紫外線殺菌装置は，空気殺菌，表面殺菌，水殺菌に使われており，出力は，通常タイプは30Wであり，水殺菌は60Wである．市販されている紫外線殺菌ランプSGL-1000（ランプ出力65W，殺菌線出力18W）では，殺菌力の強い波長253.7nmのエネルギー量は放射エネルギー量の89％を占めるといわれている．

また，乳製品の無菌充填包装では，容器の殺菌に高性能紫外線殺菌装置が使われている．写真6.5に，ブラウン・ボベリ（BBC）社の高性能紫外線殺菌装置[36]を示した．この装置は出力1 kW，紫外線強度200mW・s/cm^2であり，食品の無菌充填包装機に組み込まれている．

BBCが開発した高性能紫外線殺菌装置UV-C13-50の紫外線ランプX12-50は，防水処理したランプハウジングと電源装置から構成されている．ランプハウジングは水冷式になっていて，最適な紫外線照射ができる反射体を備えている．石英ガラス（大きさ90×500mm）から照射する紫外線強

表 6.6　高性能紫外線殺菌装置（254nm, 0.3W·s/cm²）による殺菌効果[38]

微生物の種類	照射 2.5 秒		照射 5 秒	
	殺菌率(%)	微生物の発育	殺菌率(%)	微生物の発育
E. coli（大腸菌）	99.9999	死　滅	—	—
B. subtilis（枯草菌）⎱胞子 B. stearothermophilus⎰	99.9999	発　育 不完全	—	死　滅
Penicillium chrysogenum（アオカビ）⎱ Aspergillus niger（黒コウジカビ）⎰	90〜99	発　育	99.99	発　育

度は 1 cm² 当たり 200mW·s であり，従来の装置の 1 cm² 当たり 5mW·s に比べ強い線量である．

表 6.6 に，高性能紫外線殺菌装置（254nm, 0.3W·s/cm²）による殺菌効果[35]を示した．この表によれば，*Escherichia coli*（大腸菌）は照射 2.5 秒で 99.9999％ と完全に死滅し，*Bacillus subtillis*（枯草菌）などは発育不全であり，アオカビなどは 90〜99％ の殺菌率であったが，それらカビ類を完全に死滅させることができなかった．また，照射 5 秒では，*B. subtilis* や熱に強い *B. stearothermophilus* は完全に死滅したが，カビ類は一部発育した．

3）　紫外線の各種微生物に対する殺菌効果

表 6.7 に，各種の微生物を 90％ および 100％ 死滅させるのに必要な紫外線照射量（μW·s/cm²）[39]を示した．胞子を作らない *Proteus vulgaris*（変形菌），*E. coli*（大腸菌）は比較的少ない線量で死滅するが，胞子を形成する *B. subtilis*（枯草菌）は 100％ 死滅させるのに栄養細胞で 11 000μW·s/cm²，胞子では 22 000μW·s/cm² の殺菌線量が必要である．

病原菌である *Shigella dysenteriae*（赤痢菌，志賀菌）は，4 200μW·s/cm² で完全に死滅し，*Staphylococcus aureus*（黄色ブドウ球菌）は 6 600μW·s/cm² で死滅する．

酵母については，*Saccharomyces ellipsoideus*（*S. cerevisiae* の変種．ワイン酵母）は 100％ 死滅させるのに 13 200μW·s/cm²，パン酵母では 8 800μW·s/cm² の線量を必要とする．

カビについては，食品全般に生育する *Aspergillus niger*（黒コウジカビ）を

表 6.7 各種の微生物を 90%および 100%死滅させるのに必要な紫外線照射量（$\mu W \cdot s/cm^2$）[39]

	90%	100%		90%	100%
（細　菌）			Staphyloccocus aureus（黄色ブドウ球菌）	2 600	6 600
Bacillus anthracis	4 520	8 700	Streptococcus lactis	6 150	8 800
B. megaterium（栄養細胞）	1 300	2 500	S. haemolyticus（溶血連鎖球菌・A 群）	2 160	5 500
B. megaterium（胞子）	2 730	5 200	Vibrio cholerae（コンマ状菌）	3 375	6 500
B. suotilis（枯草菌・栄養細胞）	5 800	11 000	（酵　母）		
B. suotilis（枯草菌・胞子）	11 600	22 000	Saccharomyces cerevisiae（パン酵母）	3 900	8 800
Clostridium tetani	13 000	22 000	S. ellipsoideus（ブドウ酒酵母）	6 600	13 200
Corynebacterium diphtheriae	3 370	6 500	S. carlsbergensis（ビール酵母）	3 300	6 600
Escherichia coli（大腸菌）	3 000	6 600	（カ　ビ）		
Mycoacterium tuberculosis（結核菌）	6 200	10 000	Penicillium roqueforti	13 000	26 400
Neisseria catarrhalis	4 400	8 500	P. expansum	13 000	22 000
Phytomonas tumefaciens	4 400	8 500	P. digitatum	44 000	88 000
Proteus vulgaris（変形菌）	3 000	6 600	Aspergillus glaucus	44 000	88 000
Pseudomonas aeruginosa（緑膿菌）	5 500	10 500	A. flavus	60 000	99 000
P. fluorescens	3 500	6 600	A. niger	132 000	330 000
Salmonella typhimurium（ネズミチフス菌）	8 000	15 200	Rhizopus nigricans	111 000	220 000
S. typhosa（チフス菌）	2 150	4 100	Mucor racemosus	17 000	35 200
S. paratyphi（パラチフス菌）	3 200	6 100	Oospora lactis	5 000	11 000
Sarcina lutea	19 700	26 400	（ウイルス）		
Serratia marcescens（霊菌）	2 420	6 160	バクテリオファージ（E. coli）	2 600	6 600
Shigella dysenteriae（赤痢菌、志賀菌）	2 200	4 200	インフルエンザウイルス	3 400	6 600
S. paradysenteriae（赤痢菌、駒込 BIII 菌）	1 680	3 400	ポリオウイルス	3 150	6 000
Spirillum rubrum	4 400	6 160	タバコモザイクウイルス	240 000	440 000
Staphylococcus albus（白色ブドウ球菌）	1 840	5 720			

100％死滅させるには，330 000 μW・s/cm^{2}と大量の殺菌線量を必要とする．紫外線照射のみでカビ胞子を死滅させることは難しく，アルコール噴霧などの併用を行う必要がある．

紫外線と各種殺菌法の併用効果[36)]では，70％エタノールに浸漬してから200mW・s/cm^{2}を照射したところ，包材に付着した B. subtilis の胞子は，照射1秒で10^{6}コロニーが10^{1}に，照射3秒で10^{6}コロニーが10^{0}近くになることが分かった[40)]．有機酸と紫外線併用試験[41)]では，B. subtilis の胞子に対する D 値は，20mW・s/cm^{2}の紫外線照射のみの場合2.2秒であったものが，0.01M酢酸存在下では0.2～0.3秒に減少した．一方，A. niger に対しては，各種有機酸の併用効果は見られなかった．B. subtilis 胞子懸濁液を90℃，1分間加熱後，紫外線を3.6mW・s/cm^{2}照射したときの D 値は2.1秒で，紫外線単独照射の D 値は33秒[41)]であった．

4）包装材料の紫外線殺菌

包装材料表面に付着している微生物[42)]は，カビでは Aspergillus niger, A. flavus の2種が，細菌では Bacillus subtilis, Pseudomonas aeruginosa などが報告されている．高性能紫外線殺菌装置による微生物殺菌[43)]について，36cm^{2}の包材表面にカビ，細菌胞子と酵母をそれぞれ10^{6}塗布し，出力1kWの紫外線殺菌装置を用い，10.5cmの距離から30mW・s/cm^{2}の照射効力で照射した場合，B. subtilis と B. stearothermophilus の胞子は，1秒間の照射で10^{6}コロニーが10^{1}に急速に低下する．

6.4.2　放射線殺菌装置[44)]

アメリカでは，臭化メチル（メチルブロマイド）代替対策として放射線処理が行われており，ミバエ類以外の6種の害虫について殺虫線量などの規格基準が作られる動きがある．包装された生肉[45)]について，アメリカ農務省（USDA）は，1999年12月23日，放射線処理を許可した．上限は食肉冷蔵品は4.5kGy（キログレイ），同冷凍品は7kGyである．

ヨーロッパでは，フランス，オランダ，ベルギーなどで，香辛料，乾燥野菜，乾燥果実，冷凍魚介類に放射線が照射され，表示されずにヨーロッ

パ諸国に流通している．

　食品や包装材料の照射に使用される放射線には，ガンマ線，X線，電子線がある．ここでは，ガンマ線と電子線について説明しよう．

1）　放射線殺菌のメカニズム

　ガンマ線は限定された波長の電磁波[46]であり，その波長は1種ないし2種で，放射性同位元素の核崩壊によって生じる．最も一般的に使用されるのは，コバルト60がニッケル60に変化するときに出てくるガンマ線である．

　電子線は電子に高電圧をかけて加速し，高いエネルギーを持たせたものであり，人工的に得ることのできる放射線の一種である．

　このガンマ線と電子線は性質が全く同じであり，微生物の殺菌メカニズムや殺菌作用も同じといえる．放射線の生物に対する作用は，主に遺伝子DNAの分子鎖切断，塩基の酸化分解などである．したがってDNA含量の高い高等生物ほど放射線に対する感受性が高く，ウイルスのようにDNAまたはRNA含量が低いと著しく耐性となる．

　微生物に対する放射線の殺菌作用は，電離作用により生成し，化学反応を起こしやすい電離基が，細胞の生成に必要な生体機能に変化を与え，細菌が死滅するものと思われる．

2）　放射線照射装置[47]

　放射線照射装置には，コバルト60ガンマ線照射装置と電子線照射装置がある．

（1）　ガンマ線照射装置

　コバルト60ガンマ線照射装置は，作業員の安全性を考え，コンクリート壁で仕切られている．なお，この装置でコバルト60を使用しないときは，水深5～6mの線源貯蔵プールで貯蔵される．

　ガンマ線照射装置は，全体で5億～10億円の投資が必要であるが，他法に比べ食品の栄養成分の損失が少なく，食品を梱包したまま大量に照射できるメリットがある．処理コストも，バレイショの発芽防止に0.06～0.15kGyの線量を照射した場合，バレイショ1kg当たり2円であるといわ

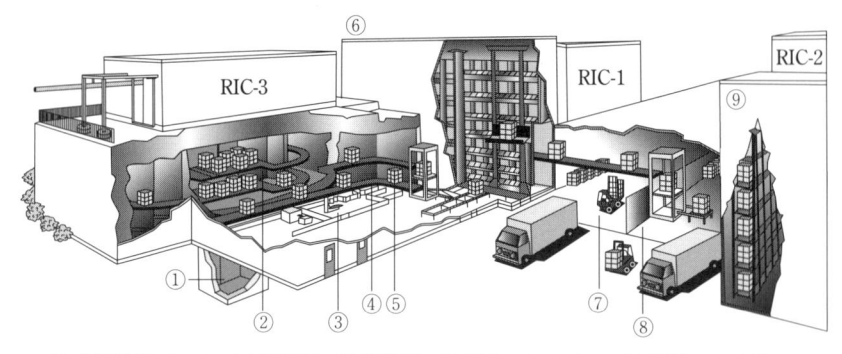

① 線源貯蔵プール，② 照射室，③ 制御室，④ 搬入コンベアー，⑤ 搬出コンベアー，⑥ 自動倉庫（未照射品），⑦ 製品受入れ作業場，⑧ 製品出荷作業場，⑨ 自動倉庫（照射済品）

図6.10 ガンマ線照射コンプレックスに組み込まれた照射装置（3号機）[48]

れている．

　世界各国において，医療用具，理化学器具，実験用無菌動物飼料や食品包装材料が，ガンマ線照射されている．図6.10に，ガンマ線照射コンプレックスに組み込まれたパレット照射装置[48]を示した．この照射施設は，7パレット（1.1m角/高さ1.65m，重量1トン以下）を同時にガンマ線照射殺菌することができる世界初の施設である．ガンマ線照射設備の3号機の線源は3 000kCi（キロキュリー）の能力をもっている．

　食品工場では，HACCPの導入やISOの認証取得が進むにつれ，食品の無菌包装に取り組む会社が増えてきている．食品包装材料のバッグ・イン・ボックス[49]は，積層ポリエチレン容器を段ボール箱に100～150袋折りたたんで収納したまま，15kGyのガンマ線を照射して殺菌される．その他，ロール状包装材料，パウチ，マーガリン容器やガラス瓶のキャップもガンマ線照射殺菌されている．

（2）電子線照射装置[36]

　電子線照射装置は，電子加速器とコンベアー装置から成り立っている．電子線はガンマ線に比べて1 000～10 000倍も放射線発生量が多く，短時間に大量に処理できる．処理コストもガンマ線の1/2～1/10といわれ，粉末食品や穀類のように無包装の状態で大量処理するのに適しており，

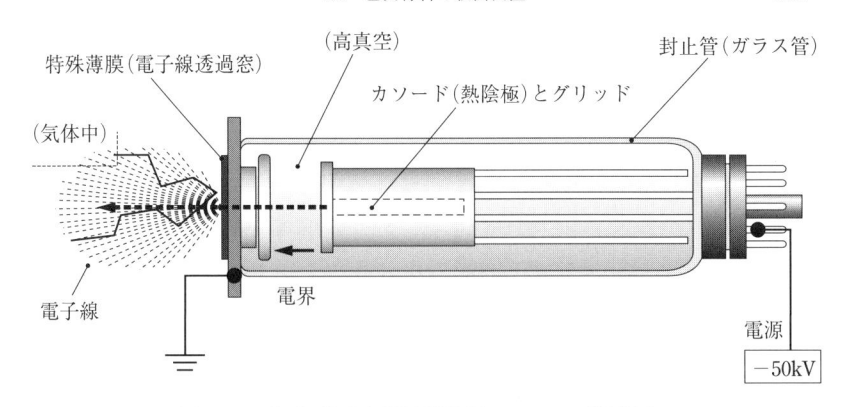

図6.11 超小型電子線照射装置Min-EBの構造図[51]

1台の加速器で年間50万～100万トンの処理が可能である．

　容器と包装材料の殺菌に大型の電子線殺菌装置[50]が稼働している．この装置は，X線シールド壁の中に，電子線照射装置，搬入部，搬出部と監視モニター，オゾン処理装置が組み込まれている．この装置は，ガンマ線殺菌装置に比べ，少量の包装材料の処理にも対応でき，処理時間は数秒～数分と短く，電源を切れば一切安全という利点があるが，放射線透過性に劣るという欠点がある．

　最近，樹脂の改質，包装材料の表面殺菌に超小型電子線照射装置が使われている．この装置[51]は，低加速電圧（25～60kV）であり，Min-EBと呼ばれている．図6.11に，Min-EBの構造図[51]を示した．この電子線発生装置は，特殊真空ガラス管内に電子発生部を配し，高真空で封じた構造である．熱カソードで発生した電子は，透過窓との間の電位差（加速電圧）によって加速され，光速近くにまで加速された電子は窓を透過し，大気中に放出される．

3） 放射線の微生物に対する殺菌効果

食品と包装材料への放射線照射の利点は，次のとおりである．

① 照射による熱の発生がなく，風味を変えることなく，殺虫・殺菌処理ができる．

② 包装後，包装材料を放射線が透過して殺菌することができる．

③ 大量,連続処理が可能である.

食品への照射効果の線量測定にグレイ (Gy) の単位が使われており,1 Gyは1ジュール (J) のエネルギーが被照射物質1 kg中に吸収される量とされている.また,kGy (10^3Gy),MGy (10^6Gy) も使われている.

各種の一般細菌および真菌類の0.067Mリン酸緩衝液中,好気的条件下でのガンマ線感受性について試験[47]が行われている.食品中の無胞子細菌は1～7kGy,食中毒細菌は2～5kGy,有胞子細菌は5～50kGyで殺菌できる.*Aspergillus oryzae*, *Penicillium islandicum* などのカビは1～5kGyで殺菌可能と報告されている.

4) 食品と包装材料の殺菌

香辛料,乾燥野菜と配合飼料の殺菌に,5～10kGyの放射線が照射されている.黒コショウに対する実験[47]では,1 g当たり10^8の細菌数が10kGyの放射線処理で10^2に減少し,10^4のカビが2kGyの処理で10^1に減少したと報告されている.

香辛料の全微生物に対するガンマ線と電子線の比較試験[52]において,5kGy,10kGy照射では,各種香辛料に対する殺菌効果はガンマ線の方が電子線よりわずかに大きいことが報告されている.

電子線によって包装材料を殺菌し,無菌包装材料を作る試みが世界各国で行われている.ICGFI (国際食品照射諮問グループ) は食品照射に関して世界各国 (46か国) の提言をまとめている.アメリカ,イギリスなどでは,殺菌線量は25kGyが適量と提言している.わが国では,厚生労働省が食品照射の対象食品と基準を定めており,製品の種類や,菌の汚染レベル,汚染菌の違いなどを重視して,そのつど算出決定すべきであると主張して

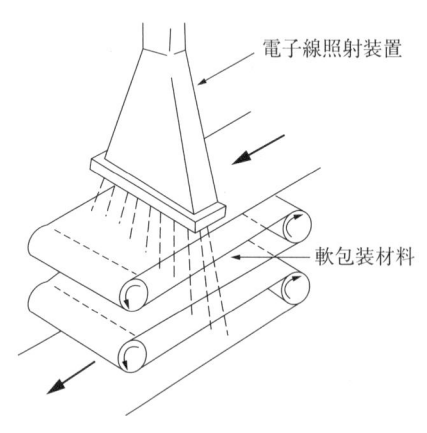

図6.12 電子線照射での多層掛けフィルム処理法[53]

表 6.8 電子線照射による軟包装材料の殺菌効果[55]

照射状態	包材 菌付シート							
目的	包材1枚通過後の殺菌状態		包材2枚通過後の殺菌状態		包材3枚通過後の殺菌状態		包材4枚通過後の殺菌状態	
シート付着菌数	加速エネルギー (keV)							
	400	300	400	300	400	300	400	300
10^1 spore/cm^2	○	○	○	○	○	○	○	×
10^2 spore/cm^2	○	○	○	○	○	○	○	×
10^3 spore/cm^2	○	○	○	○	○	△	○	×
10^4 spore/cm^2	○	○	○	○	○	△	○	×
10^5 spore/cm^2	○	○	○	○	○	△	○	×

○ 生残菌0, △ 一部生残菌あり, × 殺菌不可.

いる.

図6.12に,電子線照射での多層掛けフィルム処理方法[53]を示した.この方法では,一度に所定の殺菌線量を照射しないで,分割して照射し,処理速度を向上させるメリットがある.

電子線照射による軟包装材料の殺菌試験結果も報告[54]されている.徳岡ら[55]は,電子線による包装材料の殺菌試験を行った.この試験では,300～500keV(キロ電子ボルト)の電子線照射装置を用い,シート上に*Bacillus pumilus*と*B. subtilis*の胞子を1cm^{2}当たり10～10^{5}塗布し,ONy/Al/MDPEの積層フィルム1～4枚でカバーして,300keVおよび400keVで20kGyの電子線を照射した.

表6.8に,電子線照射による軟包装材料の殺菌効果[55]を示した.この結果から,400keVで照射すると包装材料4枚を透過して完全な殺菌ができること,300keVでは2枚までしか殺菌されないことが分かる.

参考文献

1) 横山理雄:生物工学, **77** (6), 235 (1999)
2) 芝崎 勲:微生物制御用語辞典, p.103, 文教出版 (1985)
3) 河端俊治:実務食品衛生, p.308, 中央法規出版 (1988)

4) 横山理雄：*SUT BULLETIN*, No.11, 17（1998）
5) 土井善明：従来技術と次世代技術の比較と評価，食品・医薬品包装ハンドブック，21世紀包装研究会編，p.462，幸書房（2000）
6) 横山理雄：醸造協会誌，**84**, 504（1989）
7) 岩井機械工業：プレート式熱交換器HA6技術資料（2003）
8) 岩井機械工業：シェル&チューブ式熱交換器STP type技術資料（2003）
9) 高野光男，横山理雄：加熱殺菌装置，食品の殺菌，2刷，p.112，幸書房（2001）
10) 藤原　忠：食品工業，**32**（2上），20（1989）
11) 沢　祐司，児玉健二：*Food Packaging*, **30**（11），40（1986）
12) 横山理雄：超高温短時間殺菌技術，新殺菌工学実用ハンドブック，高野光男，横山理雄編，p.275，サイエンスフォーラム（1991）
13) 薄田　互：UHT殺菌装置と無菌包装システム，同書，p.307．
14) 河野通紀：新しいマイクロ波加熱殺菌システム，殺菌・除菌応用ハンドブック，芝崎　勲監修，p.96，サイエンスフォーラム（1985）
15) 塚田　直：粉粒体原料の過熱水蒸気による瞬間殺菌，同書，p.307．
16) 大川原製作所：粉粒体殺菌装置KPU-TL技術資料（2003）
17) シンワ機械技術部：シンワ式加圧・加熱殺菌装置技術資料（2003）
18) 植村邦彦：通電加熱の実際と殺菌への応用，殺菌・除菌実用便覧，田中芳一，横山理雄編，p.145，サイエンスフォーラム（1996）
19) 松山良平：通電加熱殺菌システム，熱殺菌のテクノロジー，高野光男，土戸哲明編，p.225，サイエンスフォーラム（1997）
20) 露木英男：マイクロ波加熱と微生物制御，殺菌・除菌応用ハンドブック，芝崎　勲監修，p.80，サイエンスフォーラム（1985）
21) 伊藤正晃：マイクロ波照射装置の理論と技術，新殺菌工学実用ハンドブック，高野光男，横山理雄編，p.139，サイエンスフォーラム（1991）
22) 中川善博：マイクロ波殺菌システムとその効果，食品の微生物制御とその利用技術，p.98，缶詰技術研究会（1994）
23) 吉村化成：加圧・加熱殺菌用HR容器技術資料（2003）
24) 技術情報，*Food Engineering INT'L.*, **10**（10），46（1985）
25) 横山理雄：世界各国での光と電気エネルギーによる殺菌装置の動向，光と電気エネルギーによる新しい殺菌技術，日本食品技術アカデミー第7回講座，p.2-1，サイエンスフォーラム（1999）
26) J. Dunn, T. Ott and W. Clark：*Food Technology*, Sept., 95（1995）
27) J. Dunn *et al*：*PHARMTECH JAPAN*, **13**（8），7（1997）
28) J. Dunn：Pure Brightパルス光による殺菌と食品加工，石川島播磨重工レポート，p.15（1998）
29) 石川島播磨重工業，プリマハム：光パルス殺菌技術資料（2003）

参考文献

30) 佐藤正之：パルス殺菌とその効果，食品の微生物制御とその利用技術，p.180，缶詰技術研究会（1994）
31) M. Sato et al. : *Int. Chem. Eng.*, **30**, 695（1990）
32) S. E. Gilliland and M. L. Speck. : *Appl. Microbiol.*, **15**（5），103（1967）
33) 佐藤正之：高電圧水中パルス放電による殺菌，新殺菌工学実用ハンドブック，高野光男，横山理雄編，p.439，サイエンスフォーラム（1991）
34) A. J. H. Sale and W. A. Hamilton : *Biochim. Biophys. Acta*, **148**, 781（1967）
35) 横山理雄：物理的殺菌，食品微生物学ハンドブック，好井久夫他編，p.537，技報堂（1995）
36) 高野光男，横山理雄：非加熱殺菌装置と無機系・ガス系殺菌剤，食品の殺菌，2刷，p.144，幸書房（2001）
37) 芝崎 勲：新・殺菌工学，p.344，光琳（1983）
38) R. Bachmann : Ultraviolet Lamp, Brown Boveri Review, p.30（1979）
39) TANA technical report, Ultraviolet radiation, p.7, Netive Halamed-He ind.（1982）
40) 薄田 亙：最新食品微生物制御システムデータ集，河端俊治他編，p.428，サイエンスフォーラム（1983）
41) 広瀬和彦他：日食工，**36**（2），91（1989）
42) 横山理雄：防菌防黴，**10**，129（1982）
43) G. Cerny : *Verpackungs-Rundschau*, **27**（4），27（1976）
44) 横山理雄：次世代殺菌システムとその技術，食品・医薬品包装ハンドブック，21世紀包装研究会編，p.468，幸書房（2000）
45) 伊藤 均：*JAPPI*, **2**（2），8（1999）
46) 伊藤 均：ガンマ線の微生物に対する作用，殺菌・除菌応用ハンドブック，芝崎 勲監修，p.152，サイエンスフォーラム（1985）
47) 伊藤 均：食品と容器，**34**，668（1993）
48) ラジエ工業：*PACKPIA*, **43**（11），30（1999）
49) 日本照射サービス：同誌，**47**（1），（2003）
50) 伸晃化学：電子線照射センター技術資料（2003）
51) ウシオ電機：超小型電子線照射装置Min-EB資料（2003）
52) 林 徹，等々力節子：食総研報告，**57**，1（1993）
53) 坂本 勇：殺菌・除菌応用ハンドブック，芝崎 勲監修，p.184，サイエンスフォーラム（1985）
54) 古屋良介：電離放射線による包装材料の殺菌，新殺菌工学実用ハンドブック，高野光男，横山理雄編，p.378，サイエンスフォーラム（1991）
55) 徳岡敬子，石谷孝祐：日食工，**33**（1），70（1986）

（横山理雄）

第7章　食品の無菌包装機と包装システム

　ミルク，果汁飲料，豆腐などの無菌充填包装システムが確立し，紙容器，ガラス瓶，PETボトル，金属缶にこれらの飲料や食品が無菌充填包装されている．高粘性流動状食品や固液混合食品も無菌充填包装されている．また，スライスハム，ポーションチーズ，米飯などが無菌化包装されている．最近では，マイクロ波誘電加熱を利用した無菌米飯などの新しい無菌包装システムも生まれてきている．

　この章では，市販食品および業務用食品の無菌充填包装機と包装システム，食品の無菌化包装機と包装システムについて説明しよう．

7.1　食品の無菌充填包装機と包装システム

7.1.1　紙容器詰め無菌充填包装機と包装システム[1]

　ロングライフミルク，果汁飲料，清酒などの紙容器詰め無菌充填包装機には，大きく分けてロール紙を使用するものと紙カートンを使うものとがある．

　表7.1に，日本製紙・四国化工機の紙容器詰め無菌充填包装機[2]について示した．ロール紙供給方式には，UP-FUJI-MA 60など，紙カートン供給方式にはUPN-SL 50などがある．写真7.1に，紙容器詰め無菌充填包装機UP-FUJI-MA 80[3]を示した．この機械は，巻取り紙ロールを35％H_2O_2液に浸漬後，熱風にて乾燥し，125，200，250，300mLの容器を成形する．その容器に殺菌された牛乳，果汁飲料を1時間に8 000個，無菌充填包装することができる．図7.1に，UP-FUJI-MA 80の殺菌・充填包装工程[3]を示した．図のように，過酸化水素（H_2O_2）で殺菌されたロール紙は，エア

表 7.1 日本製紙・四国化工機の紙容器詰め無菌充填包装機[2]

機種	能力	包装容器	材質サイズ	内容量 (mL)	主な商品	CIP および清掃 充填液ライン	CIP および清掃	CIP および清掃 チャンバー	機器 滅菌 充填液ライン	機器 滅菌	機器 滅菌 チャンバー
UPN-SL50	5 000/h	ピュアパックゲーブルトップ	アルミ入り	1 000, 500, 250	クリーム, スープ, 飲料水, 牛乳, 清酒	マルチユース CIP	シングルユースまたはマルチユース CIP	チャンバー	過熱水蒸気	過酢酸系殺菌剤	
U-S80 A	8 100/h	ピュアパックゲーブルトップ	スタンダード	1 000, 750, 500, 250	牛乳, 飲料水	シングルユース CIP	シングルユース CIP		過酢酸系殺菌剤および過熱水蒸気	過酢酸系殺菌剤	
U-M100 A	10 800/h	ピュアパックゲーブルトップ	スタンダード	500, 330, 250, 200	牛乳, 飲料水	シングルユース CIP	シングルユース CIP		過酢酸系殺菌剤および過熱水蒸気	過酢酸系殺菌剤	
UP-FUJI-MA60	6 000/h	フジパックレンガ	ロール紙	250, 200	牛乳, 飲料水	マルチユース CIP	エアーブローおよび拭き取り		過熱水蒸気	過酸化水素ミスト	
UP-FUJI-SLIM-MA60	6 000/h	フジパックレンガ	ロール紙	200, 125	牛乳, 飲料水	マルチユース CIP	エアーブローおよび拭き取り		過熱水蒸気	過酸化水素ミスト	

7.1 食品の無菌充填包装機と包装システム

写真7.1 紙容器詰め無菌充填包装機UP-FUJI-MA 80[3]

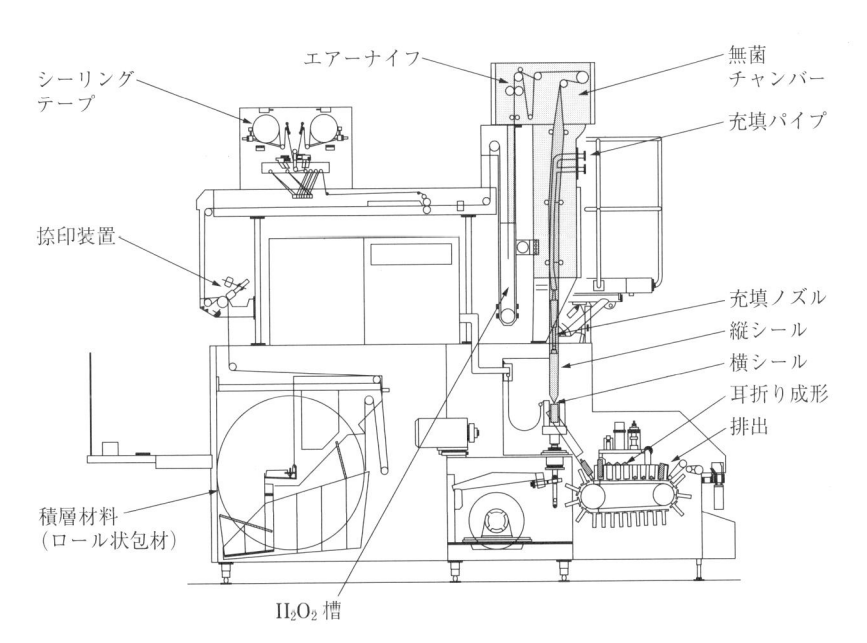

図7.1 紙容器詰め無菌充填包装機UP-FUJI-MA 80の殺菌・充填包装工程図[3]

ラベル:
- シーリングテープ
- エアーナイフ
- 無菌チャンバー
- 充填パイプ
- 捺印装置
- 充填ノズル
- 縦シール
- 横シール
- 耳折り成形
- 排出
- 積層材料（ロール状包材）
- H_2O_2槽

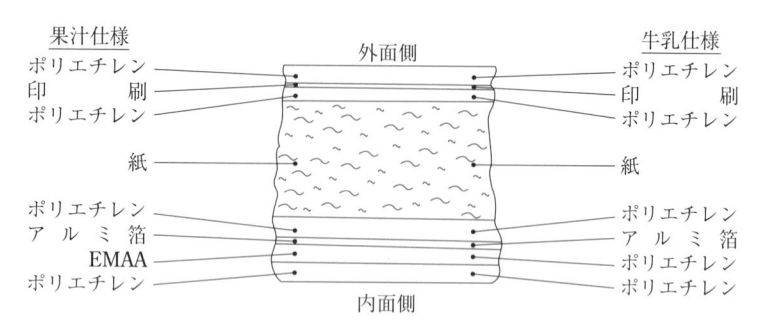

果汁仕様　　　　　　　外面側　　　　　　　牛乳仕様
ポリエチレン　　　　　　　　　　　　　　　ポリエチレン
印　　刷　　　　　　　　　　　　　　　　印　　刷
ポリエチレン　　　　　　　　　　　　　　　ポリエチレン
紙　　　　　　　　　　　　　　　　　　　紙
ポリエチレン　　　　　　　　　　　　　　　ポリエチレン
アルミ箔　　　　　　　　　　　　　　　　アルミ箔
EMAA　　　　　　　　　　　　　　　　　ポリエチレン
ポリエチレン　　　　　　内面側　　　　　　ポリエチレン

図7.2 UP-FUJI-MA 80に使用する紙包材の構成[3]

ーナイフで付着しているH_2O_2を除去し，成形した容器に牛乳などが無菌充填包装される．

この機械の仕様は，長さ5 210mm×幅2 184mm×高さ4 225mmであり，質量5 000kg，ピーク使用電力は47.4kWなどとなっている．

図7.2に，この機械に使用する紙包材の構成[3]を示した．牛乳仕様では内面側がPE/PEであるが，果汁仕様では内面側がPE/EMAA（エチレン-メタクリル酸共重合体）になっている．

図7.3に，ピュアパック・ゲーベルトップ紙容器詰め無菌充填包装機の全体図[4]を示した．この機械では，カートンバスケット①に入れられたカートンブランクが1枚ずつ広げられて，滅菌部②に送り込まれ，その工程でH_2O_2ガスにて滅菌される．乾燥部③でクリーンエアーにより乾燥

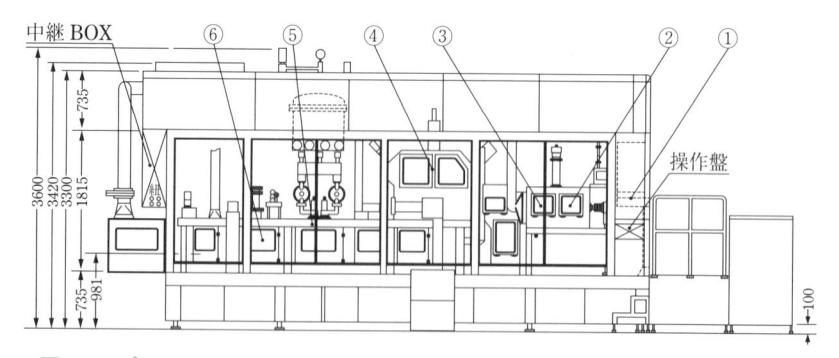

図7.3 ピュアパック・ゲーベルトップ紙容器詰め無菌充填包装機UPNS-L 50の全体図[4]

されて，成形部④に送られる．成形部でカートンの底部がヒーターで加熱され，折り込まれ圧着成形されて，カートンコンベアー⑤に移される．コンベアー上のカートンに内容物が正確に充填される．充填されたカートンは，頂部が加熱され圧着シールされて⑥，外に送り出される．成形・充填，シール工程はすべて無菌チャンバー内にて行われる．

この機械は，H_2O_2で殺菌された紙カートン250mL，500mL，1 000mLの容器に牛乳，果汁飲料，清酒，スープなどを，1時間に5 000パック無菌充填包装できる．

常温流通ミルク以外に，ESL（extended shelf life）ミルクが販売されている．北アメリカでは，写真7.2のようなTetra Rex/18 ESL準無菌充填包装機[5]が稼働している．この充填包装機は，ESL食品用の紙カートン内面を低濃度のミスト状H_2O_2と紫外線で殺菌し，H_2O_2を除去した後，500mL未満・毎時15 000パック，500mL以上・毎時14 000パック充填包装することができる．充填機の寸法は，長さ8 812mm，幅3 291mm，高さ3 861mmであり，充填機の殺菌は，熱湯・薬剤・蒸気の各方式でできるようになっている．

紙製飲料缶による無菌充填包装システムが，世界各国の食品会社で稼働している．わが国では，写真7.3のようなカートカンに無菌充填包装されたコーヒーが市販されている．

写真7.2　Tetra Rex/18 ESL準無菌充填包装機[5]

写真7.3 カートカンに無菌充填包装されたコーヒー[6]

このカートカンは，凸版印刷で開発された紙とプラスチックの複合缶であり，図7.4のような材質構成[6]になっている．この缶には，バリヤー性の高いGLフィルム（セラミック蒸着フィルム）が紙と貼り合わせられており，常温流通時の香気・品質保持に優れ，電子レンジでも温められる利点がある．図7.5に，3倍速カートカン無菌充填

200mL φ53mm
250mL φ60mm

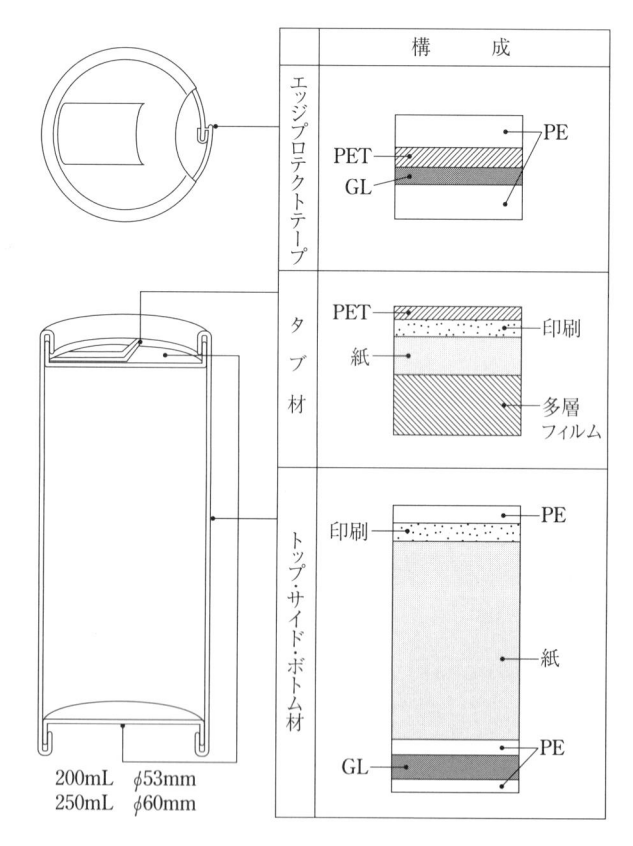

	構　　成
エッジプロテクトテープ	PET / GL / PE
タブ材	PET / 紙（印刷）/ 多層フィルム
トップ・サイド・ボトム材	PE / 印刷 / 紙 / GL / PE

図7.4 カートカンの材質構成[6]

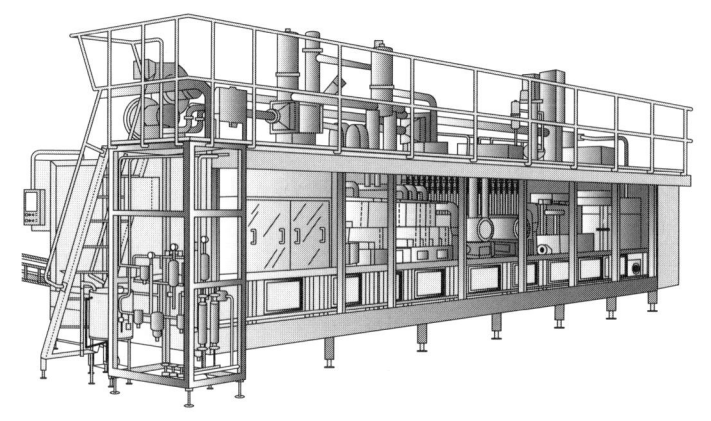

図7.5 3倍速カートカン無菌充填包装システム[6]

包装システム[6]を示した．このシステムでは，200mL，250mLのカートカンに，UHTで殺菌されたコーヒー，お茶などを1時間に21 600個無菌充填包装することができる．このシステムは，トップ・胴部成形機，ボトム成形機と無菌充填包装機より成り立っている．容器はH_2O_2噴霧で，チャンバー系は過酢酸系殺菌剤で殺菌される．

7.1.2 ガラス瓶詰め無菌充填包装機と包装システム

　ガラス瓶に対する無菌充填包装機[7]はアメリカのAvoset社で1942年に開発され，無菌クリームを殺菌されたガラス瓶に充填する方式が実用化された．一方，ヨーロッパにおいては，イギリスがこの方式のパイオニアであり，英国国立乳業研究所がNIRD無菌充填システムを開発し，実用化した．このシステムは，ガラス瓶に135℃の蒸気を1.5秒間吹き付け，殺菌した後，滅菌牛乳を充填，スクリューキャップを締める方式である．ワインなどの無菌充填包装では，希薄な液状SO_2でガラス瓶を殺菌する高速タイプの殺菌装置が開発された．その装置[8]は，1時間7 500本のワイン用ガラス瓶を殺菌，洗浄することができ，無菌充填包装機と連結されている．

　ガラス瓶での高粘性食品の無菌充填包装システム[9]は，Hama USA社によって開発された．このシステムは，2.5Lの大型ガラス瓶を熱湯槽中で予

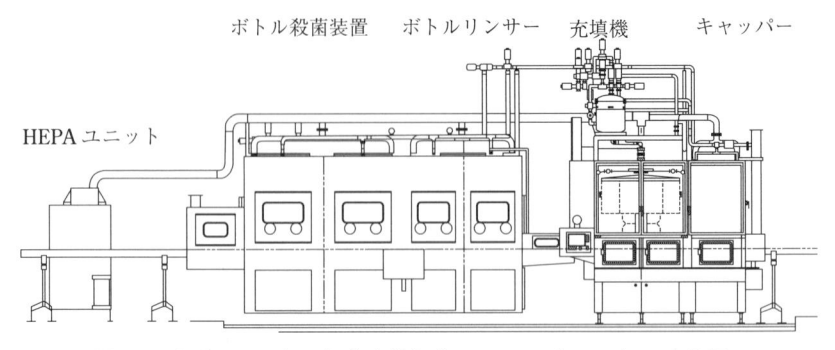

図7.6 小型ガラス瓶の無菌充填包装システム（GA 18）の全体図[10]

備加熱した後，スチーム殺菌してから，サラダドレッシング，ケチャップなどを1分間に25本のスピードで無菌充填包装することができる．

わが国でも，ガラス瓶詰め無菌充填包装機が四国化工機によって開発された．図7.6に，小型ガラス瓶無菌充填包装システムの全体図[10]を示した．このシステムは，HEPAユニット，ボトル殺菌装置，ボトルリンサー，充填機とキャッパーの5ユニットから成り立っている．整列されたガラス瓶がボトル殺菌装置へ運ばれ，ガラス瓶内外が過酢酸系殺菌剤および熱水によって殺菌され，殺菌されたガラス瓶はボトルリンサー内で無菌水により洗浄され，その中へ無菌化された高粘性食品が充填・打栓される．表7.2に，ガラス瓶無菌充填包装システム（GA 18）の概略仕様[10]について示し

表7.2 ガラス瓶無菌充填包装システム（GA 18）の概略仕様[10]

型　式	アセプティック小型ガラス瓶充填装置
型　番	GA 18
能　力	18 000 本/時
充填量	Max. 250mL
瓶使用可能範囲	口径 ϕ 26　胴径 Max. ϕ 60　高さ(H) 80～150mm
主要寸法および重量	2 520W × 3 048L × 3 255H（mm）約 9 000kg
充填部	非接触充填方式（電磁流量計方式）　36 ヘッド
充填タンク部	静電容量式レベル計検出，充填タンクはオートバルブ制御
チャンバー部	HEPA 陽圧（別置きユニット）
CIP	薬液洗浄，接液部およびチャンバーを同時洗浄
SIP	過酢酸殺菌，接液部およびチャンバーを同時洗浄

た．このシステムでは，無菌ミルクやベビーフードを250mLの無菌ガラス瓶に，1時間当たり18 000本無菌充填包装することができる．

7.1.3 金属缶詰め無菌充填包装機と包装システム

1917年，アメリカのDole社によって，世界で初めて無菌缶を使った無菌缶詰の試作が行われたが実用化されなかった[7]．その後，Dole社では，図7.7のような飲料缶詰の無菌充填包装システム[11]を開発し，実用化した．このシステムでは，缶胴の殺菌は220℃，45秒，缶蓋(かんぶた)は290℃，90秒となっている．

わが国でも，大和製罐[11]によって飲料缶無菌充填包装システムが開発され，実用化されている．このシステムでは，容器は過熱水蒸気で，缶胴240℃，缶蓋230℃の温度で殺菌され，充填と巻締めはHEPAフィルターを用いたバイオクリーンルーム内で行われる．香りを大事にする無糖ミルクコーヒーなどは，内容物を100～150℃で30秒間殺菌し，30～40℃に急冷，無菌充填包装するようになっている．

7.1.4 PETボトル詰め無菌充填包装機と包装システム

PETボトルでの無菌充填包装飲料では，タンニン含有量が高く，砂糖・異性化糖を含まないウーロン茶飲料や緑茶飲料[12]は，準無菌充填包

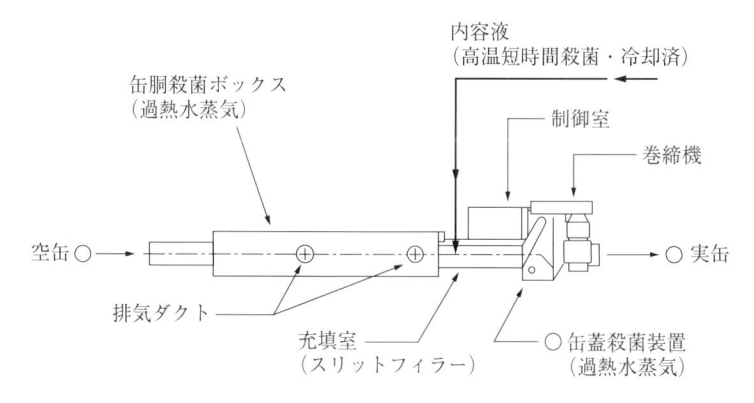

図7.7 Dole社の飲料缶詰の無菌充填包装システム[11]

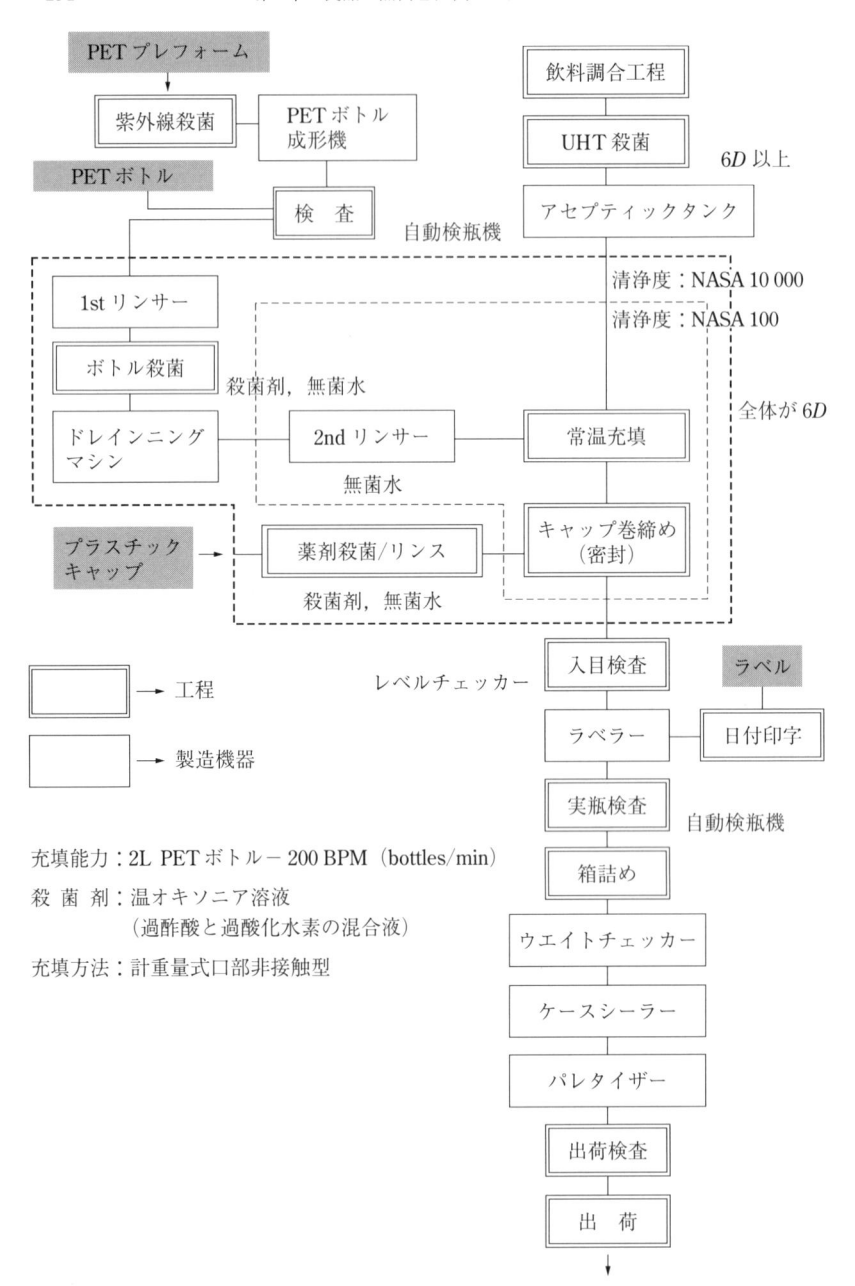

図7.8 Serac（セラック）システムでの飲料無菌充填包装工程[12]

装されている．従来レトルト殺菌されていたブレンド茶飲料，ミルク入り紅茶[12]は，UHT殺菌されて無菌充填包装されている．

　PETボトル容器は，当初成形したPETボトルが食品工場へ納入されていたが，最近では，プレフォーム（成形前）PETやレジンを購入し，自社でボトル化する食品工場が増えてきている[11]．図7.8に，Serac（セラック）システムでの飲料無菌充填包装工程[12]を示した．PETボトルとキャップの殺菌には，一般に混合薬剤オキソニア・アクティブ（H_2O_2 28％，過酢酸4％，酢酸10％，安定剤0.6％）が使われている．殺菌されたPETボトル内外面は無菌水で洗浄され，清浄度クラス100のバイオクリーンルームで，UHT殺菌された飲料がそのPETボトルに無菌充填包装される．

　東洋製罐のPETボトル無菌充填包装システム[13]では，過酢酸と過酸化水素の混合薬剤（過酢酸1 000〜2 000ppm，H_2O_2 1 500〜2 000ppm）を40℃で，ボトルに満注3分前後保持する方法と，その薬剤を65℃にしてスプレーし，無菌水で洗浄する方法がある．いずれのシステムでも，1.5〜2LのPETボトルに飲料を1分間に200本無菌充填包装することができる．

　イタリアのProcomac（プロコマック）社のシステムをベースにして，大和製罐では，PETボトルの飲料無菌充填包装システムを開発した．このシステム[14]は，ASIS（aseptic integrated system）と呼ばれ，ボトルの成形か

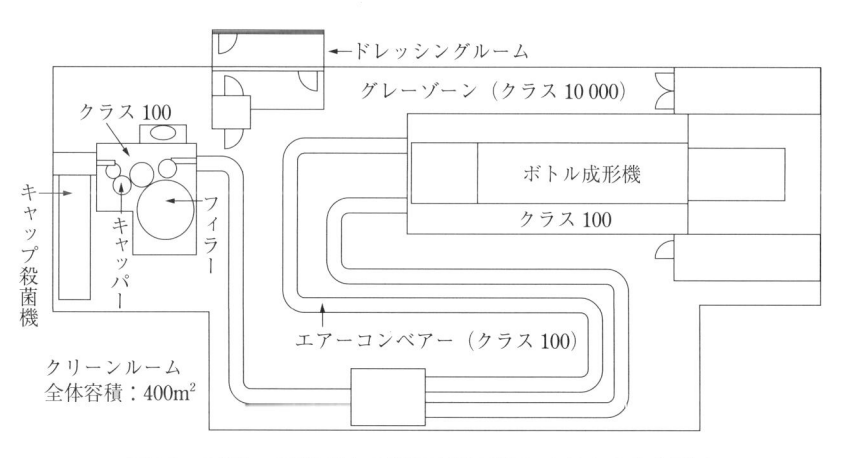

図7.9　ASIS・PETボトル無菌充填包装システムの全体図[14]

ら飲料の無菌充填包装まで一貫して行うことができる．図7.9に，ASIS・PETボトル無菌充填包装システムの全体図[14]を示した．このシステムは，① 無菌的にボトル成形を行うゾーン，② 無菌エアー下でボトル成形機から無菌飲料充填装置までボトルを搬送するゾーン，③ 飲料を充填しキャッピングするゾーンの3つから構成されている．ボトル成形機では，PET樹脂を280℃の温度で溶解・成形したプレフォームからボトルを成形中，強力なUVランプをボトル口部に照射して殺菌している．キャップは高温オキソニア噴霧と無菌水洗浄およびH_2O_2噴霧とホット無菌エアーによって殺菌されている．

大日本印刷では，高速PETボトルインライン成形無菌充填包装システムを完成，実用化している．このシステム[15]は，1分間に900本（1L）の高速でPETボトルに飲料を無菌充填包装することができ，無菌チャンバー内のグレーゾーンで成形された容器の殺菌を行い，無菌ゾーンで無菌充填包装されている．

三菱重工のPETボトル無菌充填包装システム[11]では，チャンバーでPETボトルを過酢酸（40～50℃，500ppm×30秒～1分）またはオゾン水（30～40ppm×2～3分）で殺菌してからリンスし，液状食品が無菌充填包装される．

7.1.5　プラスチック包装材料詰め無菌充填包装機と包装システム
1）　プラスチック軟包材詰め無菌充填包装機

プラスチック包装材料には，複合軟包装材料と複合カップがあり，それら包装材料を使用した無菌充填包装機と包装システムが開発され，実用化されている．表7.3に，プラスチック包装材料詰め無菌充填包装の種類を示した．プラスチック軟包材では，巻取りフィルムよりの製袋か，製袋したロールフィルムよりのスタンディングパウチ（自立袋）などに詰めるシステムと，包装材料工場で製袋されたパウチに詰めるシステムの3種類がある．プラスチック容器では，巻取りロールよりカップ成形するシステムと容器工場で成形されたカップを使用するシステムの2種類がある．

表 7.3　プラスチック包装材料詰め無菌充填包装の種類

包装材料	形　態	包材殺菌方法	内容食品	容　量
プラスチック軟包材巻取りフィルムよりの製袋かプレ製袋した巻取りロールフィルム	スティック，4方シール	H_2O_2，アルコール，UV殺菌	牛乳，スープ，タレ，ケチャップ	10～30g 300～1500mL
	スタンディングパウチ，4方シール	ガンマ線殺菌，H_2O_2殺菌	めんつゆ，タレ，高栄養流動食	100～1500mL
	バッグ	ガンマ線殺菌，蒸気殺菌，H_2O_2殺菌	果汁，ワイン，醤油，シェークミックス	5～20L
プラスチック軟包材（製袋されたバッグかパウチ）	バッグ（バッグ・イン・ボックス用）	ガンマ線殺菌，H_2O_2殺菌	タレ，果汁，醤油，ワイン	5～20L 200～1000L
プラスチック容器（巻取りロールより）	カップ	H_2O_2，蒸気殺菌	コーヒー用ミルク，ヨーグルト，果汁	10～200mL
プラスチック容器（プレ成形）	カップ	H_2O_2，UV殺菌	ヨーグルト，果汁，プディング	50～200mL

　従来，ホットパックされていた即席ラーメンなどのスープ類が，液体小袋無菌充填包装機で包装されるようになってきた．写真7.4に，液体小袋無菌充填包装機Dny Asept[16]を示した．この機種は，即席ラーメン用スープ，タレなどを3方シールまたは4方シール形状に無菌充填包装するタイプで，凝結ミストH_2O_2で殺菌された製品幅70～150mm，長さ70～220mmの包装材料を使用して，1分間に小袋詰食品を250袋無菌充填包装することができる．

　レトルト殺菌ができず，保存性が要求される液状食品は軟包装材料で無菌充填包装されている．写真7.5に，パウチ無菌充填包装機ザクロスFT-8C WAS型[17]（藤森工業・東洋自動機共同開発）を示した．この機械は，パウチ状の自立袋，平袋内をH_2O_2で殺菌，乾燥し，横80～140mm，縦130～

210mmの袋に,殺菌されためんつゆ,タレなどを,1分間に7パック無菌充填包装することができる.

図7.10に,FT-8C WASの工程図[17]を示した.無菌状態のプラスチックロールの内部を殺菌・乾燥し,1袋ずつに分けて液状食品を無菌充填包装することができる.

写真7.6に,ロールフィードタイプの無菌充填包装機DN-ABR型[18](大日本印刷)を示した.この機種は,ロールフィルムをインラインでH_2O_2により殺菌後,無菌チャンバー内で製袋,充填シール後排出する機種であり,2〜3Lの4方シールパウチに液状食品を,1分間に15袋無菌充填包装することができる.

写真7.7に,バッグ・イン・ボックス用無菌充填包装機TL-PAK・AS[19](凸版印刷)を示した.この機種は,予め殺菌され連続的につながったバッグに,UHTなどで殺菌されたコーヒー,果汁飲料,スープなどを,1分間

写真7.4 液体小袋無菌充填包装機 Dny Asept[16]

写真7.5 パウチ無菌充填包装機ザクロスFT-8C WAS型(藤森工業・東洋自動機共同開発)[17]

7.1 食品の無菌充填包装機と包装システム

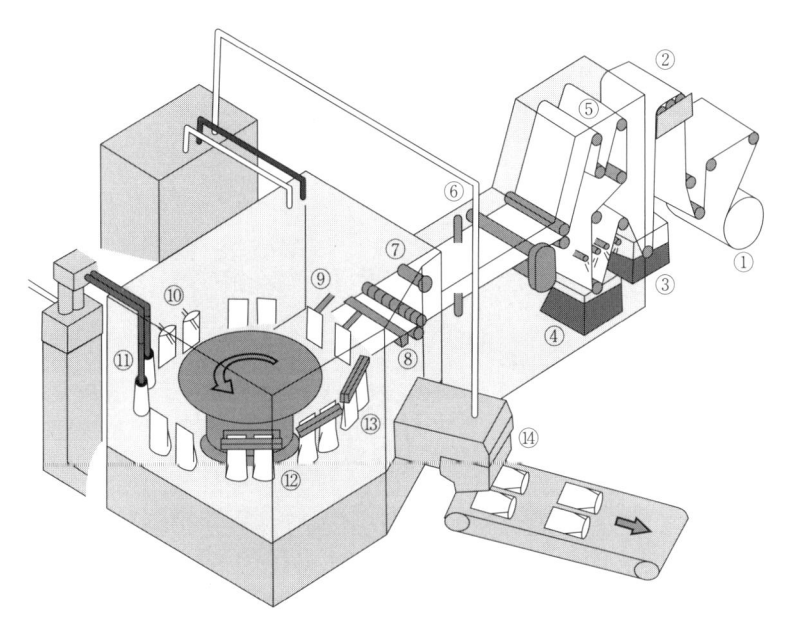

① ロール掛け，② 袋位置修正ガイドロール，③ H_2O_2水漕，④ H_2O_2水シャワー，⑤ 乾燥，⑥ カットセンサー，⑦ 繰出しロール，⑧ カッター，⑨ 給袋，⑩ 開口，⑪ 充填，⑫ ヒートシール，⑬ 冷却シール，⑭ 排出口

図7.10 パウチ無菌充填包装機ザクロスFT-8C WAS型の工程図[17]

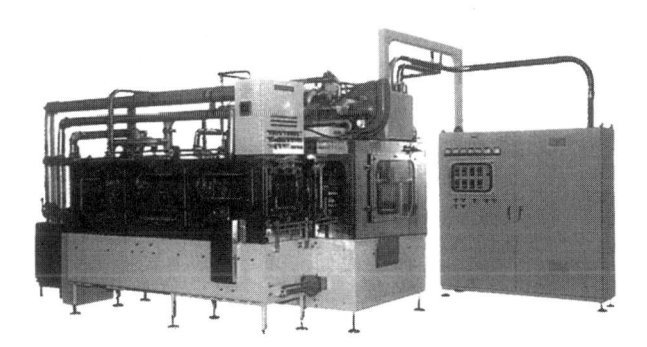

写真7.6 ロールフィードタイプ無菌充填包装機DN-ABR型（大日本印刷）[18]

に8〜10パック（10L）無菌充填包装することができる．

2）プラスチックカップ詰め無菌充填包装機

　プラスチックカップ詰め無菌充填包装機は，表7.3のように，巻取りロ

写真7.7 BIB用無菌充填包装機TL-PAK・AS
（凸版印刷）[19]

ールよりカップを成形するタイプとプレ成形されたカップを使うタイプの2種類がある．

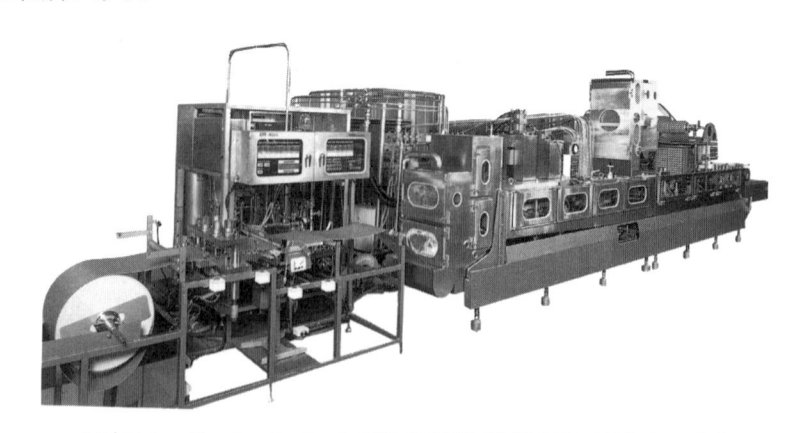

写真7.8 ポーションパック用無菌充填包装機CFF-400A（CKD）[20]

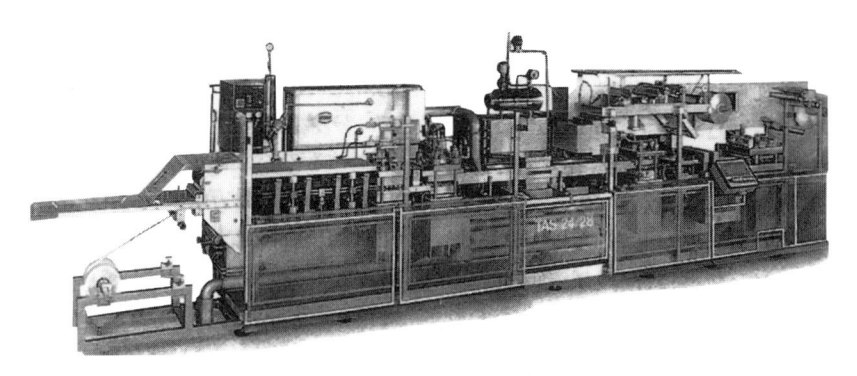

写真7.9 HASSIA無菌充填包装機TAS 24/28[21]

　コーヒー用ミルク，プディングなどは，プラスチックシートをH_2O_2 (35%，60℃) で殺菌し，乾燥させ，成形した容器に無菌充填包装[1]される．

　写真7.8に，ポーションパック用無菌充填包装機CFF-400A[20] (CKD) を示した．包装材料のH_2O_2 (35%，60℃) による殺菌から無菌室内での充填，シール，打ち抜き，取出しまで，全工程がすべて自動化されている．この機種は，巻取りプラスチックロールには，PS (ポリスチレン) かPS系複合シートが使われ，1分間に25ストローク (5列・125個) のスピードでコーヒーミルクなどを無菌充填包装することができる．

　ヨーロッパでは，プラスチックシートの殺菌にH_2O_2の代わりに，UV，アルコール，加圧飽和水蒸気を使う機種が食品会社で採用されている．写真7.9に，HASSIA社の無菌充填包装機TAS 24/28[21]を示した．この包装機は，飽和水蒸気によって殺菌された巻取りロールが，予熱工程でひずみがでないよう，成形する範囲のみ正確に加熱される．また，蓋材も飽和水蒸気によって殺菌され，高粘性食品や固液混合食品を，成形された容器 (最高6列) に無菌充填包装することができる．

　フランスのErca社とアメリカの包装会社であるContinental Can社によって開発されたErca Conoffastはユニークな機械である．この機械は，PE/PP/PE/PVDC/PEの多層共押出しシートのPE/PEの2層を剥がした後，残った無菌シートを成形し，充填，密封するものであり，包装材料の

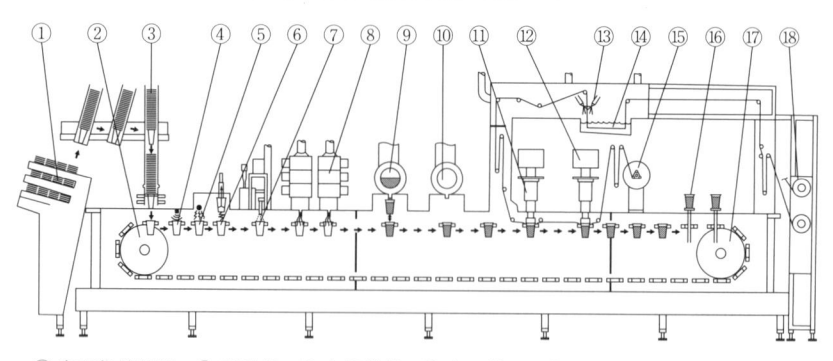

① 容器供給装置，② 駆動部，③ 容器供給，④ 容器検出，⑤ 静電気除去，⑥ 異物除去，⑦ 3S*容器殺菌，⑧ 容器乾燥，⑨ 一次充填，⑩ 二次充填，⑪ シール，⑫ トリミング，⑬ 乾燥ノズル，⑭ H_2O_2槽，⑮ リワインダー，⑯ 排出部，⑰ 駆動部，⑱ ロールフィルム．＊ the Shikoku Special active gas Sterilize system.

図7.11 四国化工機・凸版印刷のプラスチックカップ無菌充填包装機 ULA-200[24]

殺菌にH_2O_2を使わない特徴[22]を持っている．

　プラスチックカップを使用する無菌充填包装機は，アメリカでは，Metal Box社の機械があり，成形されたプラスチックカップに35％H_2O_2をスプレーして容器を殺菌，熱風乾燥し，プディング，果汁飲料を無菌充填包装するタイプである[22]．ドイツでは，予め成形された容器を高性能UVランプで殺菌するHamba社の無菌充填包装機がある．最近，ドイツのBosch社[23]では，オーミック通電加熱殺菌装置で無菌化されたアントレをH_2O_2で殺菌，乾燥した容器に無菌充填包装する機械を開発した．

　わが国でもプラスチックカップの無菌充填包装機が稼働している．図7.11に，四国化工機・凸版印刷のプラスチックカップ無菌充填包装機ULA-200[24]を示した．この機械は，供給されたカップは3S容器殺菌部で加熱によりガス化したH_2O_2で殺菌される．なお，この機械は，間欠直列型10列で250mLのカップに果汁飲料などを，1時間当たり10 000～20 000個無菌充填包装することができる．

7.2 業務用食品の無菌充填包装機と包装システム

外食産業や食品工場向けに，業務用食品が無菌充填包装されている．ホテル・レストランや旅館向けには，外箱に段ボールを使用したバッグ・イン・ボックスによる無菌充填包装食品が出回っている．食品工場向けには，濃縮トマトペーストや濃縮トロピカルジュースが，1000L容量のプラスチック多層バッグに無菌充填包装されている．

7.2.1 外食産業向け食品の無菌充填包装機と包装システム

外食産業向け食品の包装形態として，バッグ・イン・ボックスが定着しており，酒，ワイン，醤油，ミルク，果汁やピーナッツペースト，トマトペーストなどがある．特に果汁，トマトペーストとピーナッツペーストは無菌充填包装されているものが多い．

バッグ・イン・ボックス（BIB）[25]は，薄肉のプラスチック製内袋と段ボールケースを主体とした外装容器で構成される組合せ容器であり，この内

表7.4 BIBの代表的な商品名，メーカー[25]

タイプ	商 品 名	メーカー名
成形タイプ	エーステナー キューピテナー KNボックス バロンボックス ロンテナー	コダマ樹脂工業㈱ 藤森工業㈱ 大同ガラス鉱業㈱ 小泉製麻㈱ 積水成型工業㈱
フィルムタイプ	インターセプトバッグ エキタイト クリーンテナー TL-PAK ツェワテナー トーカンバッグ フジテナー ポリガール リキッテナー ロンテナーニュー	インチケープジャパン㈱ 大日本印刷㈱ レンゴー㈱ 凸版印刷㈱ 日本マタイ㈱ 東罐興業㈱ 藤森工業㈱ 沢井製缶㈱ 東都成型㈱ 積水成型工業㈱

写真7.10 BIB用無菌充填包装機 Star Asept HRI
（大日本印刷）[26]

袋は次の2種類に分類される．1つは，真空成形方式または圧空成形方式の容器であり，もう1つは，フィルムを重ね合わせ，ヒートシールされた内袋である．また，外装容器[25]は容器の容量により，段ボールケース，ファイバードラムや金属ドラムが使用される．

表7.4に，BIBの代表的な商品名，メーカー[25]を示した．フィルムタイプは，食品と接する内層にポリエチレン系フィルムが使われ，外層には，耐ピンホール性，ガスバリヤー性，耐衝撃性に優れたプラスチックラミネートフィルムが使われている．

写真7.10に，BIB用無菌充填包装機 Star Asept HRI[26]（大日本印刷）を示した．この機械は，予め殺菌された内袋（5〜20L）に，殺菌された醤油などを1時間に120袋（10L充填）無菌充填包装することができる．

7.2.2　食品工場向け食品の無菌充填包装機と包装システム

食品工場向け大型容器の無菌充填包装機[8]は，世界的に Sholle, Fran Rica の2社が先行している．アメリカの Fran Rica と Container Technologies 社が共同で，300ガロン（1 137L）の大型容器の無菌充填包装システムを開

発し，実用化させた．このシステムを使って Hunt Wesson 社[8]は，食品工場向けの業務用トマトケチャップを無菌充填包装している．この無菌充填包装に使われる包装材料としては，150μmの厚さの LDPE/PVDC/LDPE/PVDC/LDPE/EVA‐LDPE の共押出しフィルムかアルミ蒸着 PET バッグが使われている．

わが国でも大型容器の無菌充填包装システムが稼働している．写真7.11に，食品工場向け食品の無菌充填包装機 Star Asept IND[27]（大日本印刷）を示した．この機械は，ガンマ線で殺菌された 200～1 000L の包装材料に殺菌された食品を，1時間当たり30袋（200L）無菌充填包装することができる．

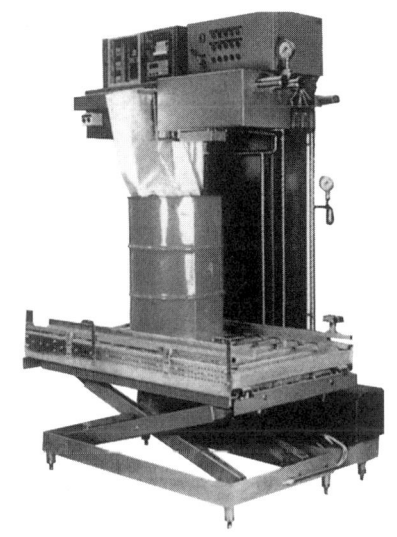

写真7.11 食品工場向け食品の無菌充填包装機 Star Asept IND（大日本印刷）[27]

また，Fran Rica 社ではフレキシブルバッグを使用する無菌充填包装機 ABF‐300[28]を開発した．この包装機は，トマトペースト，濃縮果実ペーストを30ガロン（113.7L）から300ガロンまで無菌充填包装することができる．なお，包材は外側が Ny/PE，芯層が PE/EVA/PE，内側が PE/LLDPE/PE の3層構成になっており，ガンマ線で殺菌されている．この無菌包材にトマトペーストが無菌充填包装された後，殺菌されたアルミ箔/PE のフィルムで口部接着され，木箱で外装されて製品となる．

7.3　食品の無菌化包装機と包装システム

スライスチーズ，スライスハムやカステラ，米飯・餅などの固形食品は，バイオクリーンルーム内で無菌化包装されている．消費者が食品の安全・衛生を求めているため，そうざい，水産ねり製品分野でも無菌化包装され

てきている．ここでは食肉加工品と米飯の無菌化包装機についてふれる．

7.3.1 食肉加工品の無菌化包装機とその包装システム

アメリカでは，インライン方式によるスライスハム・ソーセージの無菌化包装が行われている．インライン方式によるスライスハムの無菌化包装は，図7.12のようにコンシューマーパック製品を包装材料の製造からスライスハムの製造まで一貫して行うシステムである．この方式[22]では，包装材料は食肉加工メーカーで作るため，設備に金がかかりすぎることと，フィルム製造に高度の技術がいるため，わが国では，写真7.12のようなオフライン方式による無菌化包装機MS-2500[29]（大森機械）が開発され，使

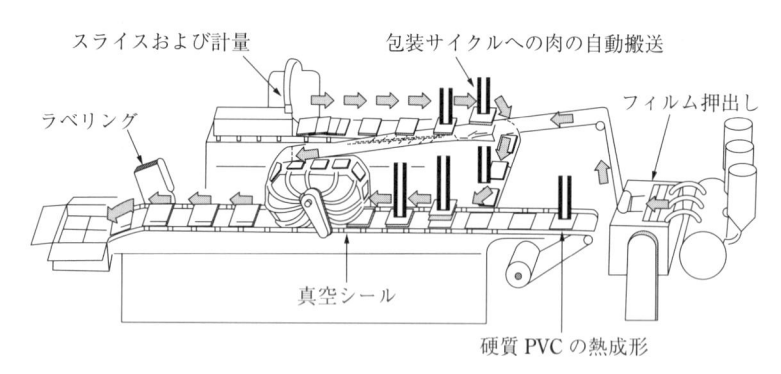

図7.12 コンシューマーパック製品を包装材料の製造からスライスハムの製造まで一貫して行うシステム（アメリカOscar Mayer社）[22]

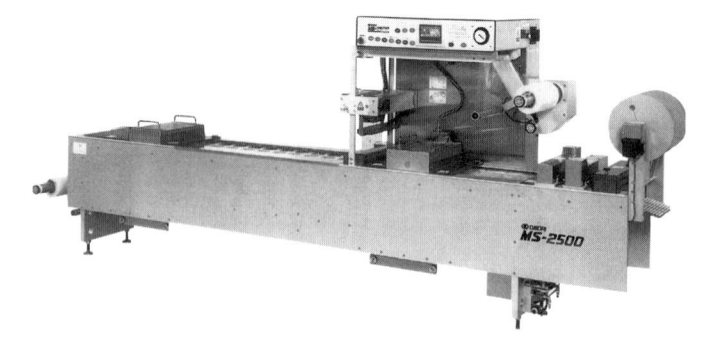

写真7.12 オフライン方式による無菌化包装機MS-2500（大森機械）[29]

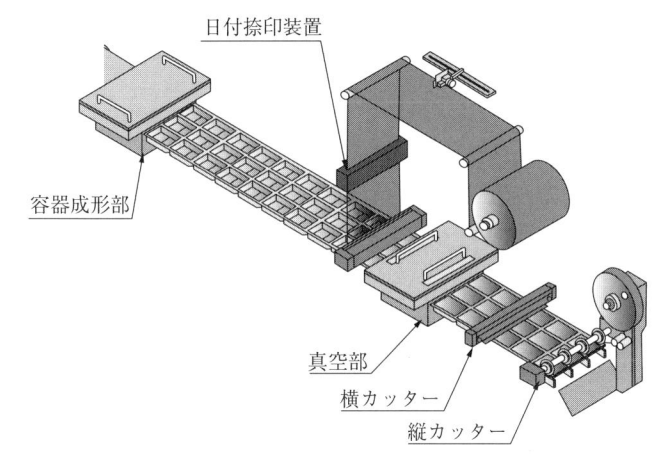

図7.13 無菌化包装機MS-2500の包装工程図[29]

われている．図7.13に，MS-2500の包装工程図[29] を示した．この包装機は，熱成形・ヒートシール可能なプラスチックシート（幅広420〜480mm）を真空成形し，その容器にスライスハムを1分間12ショット（48個・4列）無菌化包装することができる．

7.3.2 米飯の無菌化包装機と包装システム

米飯の無菌化包装は，大別して2種類に分けられる．1つは，個食釜でガス炊飯後，脱酸素機能付き容器に移し替えて密封するタイプであり，2つめは，ガス直火釜で炊飯後，容器に盛り付けて脱酸素剤を封入して密封するタイプである．最近，シンワ機械では，個食炊き無菌化包装米飯の製

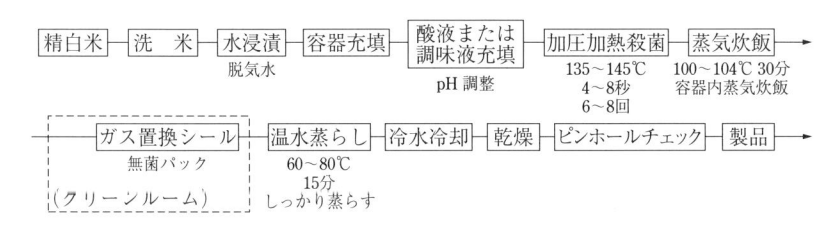

図7.14 シンワ式個食無菌化包装米飯の製造工程図[30]

写真 7.13 シンワ式システムの高温加圧蒸気殺菌装置[30]

造システムを開発した．図7.14に，シンワ式個食無菌化包装米飯の製造工程図[30]を示した．このシステムは，加圧加熱殺菌工程で連続パルス加圧蒸気殺菌し，そののち容器内蒸気炊飯を行い，バイオクリーンルーム内でガス置換・無菌化包装するのが特徴になっている．写真7.13に，このシステムの高温加圧蒸気殺菌装置[30]を示した．

参 考 文 献

1) 横山理雄：無菌包装システム，包装機械とメカニズム，3版，(社) 日本包装機械工業会編，p.427，日本包装機械工業会（2002）
2) 赤井忠雄：食品機械装置，**32** (7)，91 (1995)
3) 四国化工機技術部：UP-FUJI-MA 80 技術資料（2000）
4) 日本製紙：紙容器詰め無菌充填包装機 UP-SL 50 資料（2003）
5) Tetra Pak 社：テトラパック TR/18 ESL 資料（2002）
6) 凸版印刷：紙製飲料缶・カートカン技術資料（2003）
7) 芝崎　勲，横山理雄：食品包装とは，新版食品包装講座，3刷，p.1，日報（1999）
8) 横山理雄：*PACKS*，**26** (6)，1 (1982)
9) J. Rice：*Food Processing*，**52** (9)，34 (1991)
10) 四国化工機：小型ガラスびん無菌充填包装機 GA 18 資料（2003）
11) 伊福　靖：ジャパンフードサイエンス，**30** (8)，45 (2001)
12) 松野　拓：ペットボトル入り清涼飲料の無菌充填，無菌包装の最先端と無菌化技術，高野光男，横山理雄，近藤浩司編，p.311，サイエンスフォーラム（1999）

13) 野沢英二：飲料の包装，包装の事典，日本包装学会編，p.225，朝倉書店（2001）
14) 松浦茂樹，阿南秀人：ジャパンフードサイエンス，**28**（7），60（1999）
15) 林　亮：包装技術，**39**（12），14（2001）
16) 大日本印刷包装総合開発センター：日本食品包装研究協会・関東支部4月例会講演資料（2002）
17) 藤森工業，東洋自動機：無菌充填包装機FT-8C WAS資料（2003）
18) 大日本印刷包装総合開発センター：DN-ABR技術資料（2003）
19) 凸版印刷包装研究所：TL-PAK・AS技術資料（2003）
20) CKD：無菌充填包装機CFF-400A技術資料（2003）
21) 工藤和郎，平井陽介：ジャパンフードサイエンス，**38**（7），65（1999）
22) 芝崎　勲，横山理雄：食品の包装システムと包装機械，新版食品包装講座，3刷，p.107，日報（1999）
23) M. A. Febrant：*Food Engineering INT'L*, Dec., 42（1994）
24) 四国化工機，凸版印刷：カップ無菌充填包装機ULA-200技術資料（2003）
25) 田口晃宏：食品工場向けバッグインボックス無菌充填包装，無菌包装の最先端と無菌化技術，p.337，サイエンスフォーラム（1999）
26) 大日本印刷包装総合開発センター：無菌包装機Star Asept HRI技術資料（2003）
27) 大日本印刷包装総合開発センター：無菌包装機Star Asept IND技術資料（2003）
28) 高野光男，横山理雄：微生物殺菌を主体とした食品包装，食品の殺菌，2刷，p.226，幸書房（2001）
29) 大森機械：深絞り型自動真空包装機MS-2500技術資料（2003）
30) シンワ機械技術部：シンワ式個食トレー炊飯システム技術資料（2003）

（横山理雄）

第8章　食品製造環境の洗浄・殺菌

　食品製造環境には微生物が存在するだけではなく，異物混入の原因となる多種多様の物質が存在している．ここでは主に微生物に対する洗浄・殺菌について示すが，洗浄・殺菌を行うことにより，異物混入対策や製造環境の衛生管理を行うことができる．したがって，洗浄・殺菌は製造現場における最も重要な衛生管理手法である．

8.1　食品微生物とバイオフィルム

　食品の腐敗あるいは食中毒の原因となる微生物は単独で環境中に存在しているだけでなく，バイオフィルムの形態で存在している場合も少なくない．

　バイオフィルムとは，表面に付着した微生物が単独で存在しているのではなく，特徴ある構造の中で，他の微生物と微生物共同体を形成しているものと定義されている[1]．特徴ある構造とは，図8.1に示すように，微生物の集団が有機物や無機物に囲まれた状態のことである．この状態になることによって微生物は集団として薬剤耐性，熱抵抗性などが増大する．バイオフィルムについて以下に概説

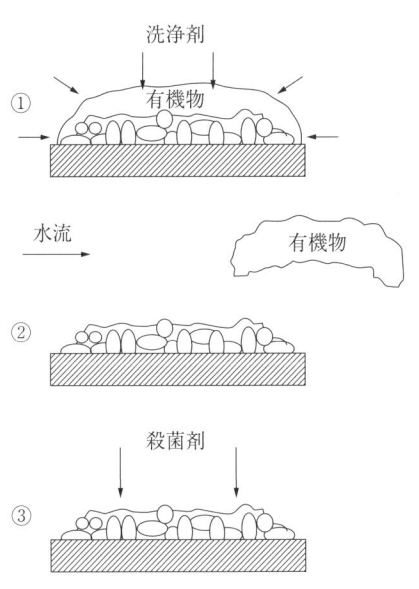

図8.1　洗浄剤・殺菌剤によるバイオフィルムの殺菌[1]

するが,森崎ら[1]がまとめた『バイオフィルム』や土戸[2]の総説に詳しく述べられているので参考にして頂きたい.

8.1.1 バイオフィルムの形成過程

バイオフィルムの形成は概略次のような過程を経るものと考えられている[3-5].まず,細菌細胞が対象となる表面(担体表面)に付着する必要があるが,これは担体表面と細胞との間で静電的相互作用やファンデルワールス力などが作用する可逆的な接触過程である.運動性細菌では,この付着後のバイオフィルム形成の初期過程において鞭毛が関係し,さらに線毛の働きによって担体表面上を細胞が移動する運動(twitching)を起こし,初期のバイオフィルムと言えるマイクロコロニーができ,さらに増殖することによって成熟したバイオフィルムが形成される[6-8].非運動性細菌では,付着過程において,細胞壁分解酵素や外膜成分のリポ多糖が関与している.この後期の過程で細菌が細胞密度を認知し,特異的なシグナル伝達物質を生成する.この物質によって,糖や多糖類を形成する遺伝子が発現し,その産物によって生成される細胞外多糖などを利用して不可逆的な相互作用により細胞が担体表面に固着する[2].例えば,*Pseudomonas aeruginosa* の場合,初期付着には,その外膜成分であるリポタンパク質が関与し,その後本菌の莢膜(細胞外に形成される膜.微生物に対して保護的に働く)多糖であるアルギン酸が関与することが知られている[9].この合成も特有の遺伝子発現によるものである.

一方,担体は栄養成分と接触することにより,表面がタンパク質などの成分によって覆われるようになり(コンディショニングフィルム),このフィルムの性状が細胞付着に大きく影響することが知られている[2].例えば,あらかじめ牛乳成分にさらされたステンレス鋼には,*Salmonella* Typhimurium や *Listeria monocytogenes* が付着しにくいことが知られている[10].

バイオフィルムを形成しやすい微生物としては,*Alcaligenes* 属,*Bacillus* 属,*Enterobacter* 属,*Flavobacterium* 属,*Pseudomonas* 属などが知られている.

8.1.2　薬剤耐性の増大

一般に付着細菌やバイオフィルムは浮遊細菌と比較して殺菌剤に対して抵抗性となることが知られている．例えば，ガラス表面に付着した $L.$ $monocytogenes$ は浮遊細菌よりも10倍以上も塩化ベンザルコニウムや酸性殺菌剤に対して耐性を示す[11]．また，その他にも種々の細菌が種々の薬剤に対して抵抗性を示すようになることが知られている．

付着やバイオフィルム形成によって細菌が薬剤抵抗性となる要因が検討[12, 13]されており，その主なものとして次のようなことが考えられている．① 上述のように，細菌細胞が付着したりバイオフィルムを形成することによって，その構造や生理学的特性が変化する，② バイオフィルムの構造的な特性から，薬剤が内部まで浸透しにくい，③ 薬剤によっては，細胞外分泌物と相互作用し，不活化される，④ バイオフィルム中の細菌は栄養枯渇状態にあり，そのことによって薬剤抵抗性が増強される，などである[2]．また，バイオフィルムが古くなれば薬剤抵抗性も増大する．

8.1.3　熱抵抗性の増大

付着細菌やバイオフィルムは薬剤だけでなく，熱に対しても抵抗性を示すようになる．例えば，$L.$ $monocytogenes$ の浮遊細菌（初発生存数；約105個/cm^2）は55℃，5分処理によって約5桁生存数が減少するが，スライドガラス上に付着させたマイクロコロニーは1桁しか減少せず，70℃，5分でも2桁台の生存数があることが報告されている[11]．

熱抵抗性増大の要因は，薬剤の場合と類似して，付着による細胞の構造・生理学的特性の変化，細胞外多糖の保護効果，栄養枯渇による抵抗性の増強，細胞密度効果などが考えられている[2]．

8.1.4　バイオフィルムの制御対策

バイオフィルムの性質として，その機械的な安定性，保水性，無機および有機分子の吸着・拡散特性，表面上のゲル層形成などがある．バイオフィルムが形成されると，その表面は一般に疎水性から親水性に変わる[14]．

付着細菌やバイオフィルムを制御するための実用的な方法としては，発生を防止するものと発生したものを殺滅・除去するものがある．大きく分けて前者には，① 環境因子の操作，② 表面被覆など，後者には，① 表面洗浄および剥離・脱離，② 不溶化抗菌剤の利用，③ ガス状薬剤または揮発性薬剤による処理，④ 紫外線照射などがある[2]．

環境因子の操作は，初期付着の要因となる細菌と付着担体との相互作用を低下させようとするもので，塩の添加によるイオン強度の上昇，pHの変化，加温操作などである．

表面被覆は担体表面を付着防止剤で処理することで付着を阻害するもので，ステンレス表面をプロタミンやオゾンで処理する例などがある[15]．

表面洗浄および剥離・脱離は，化学的方法あるいは酵素の利用，または物理的手段によって付着細菌やバイオフィルムを除く方法で，最も一般的な方法である．化学的な方法は，酸，アルカリや界面活性剤などの洗浄剤を利用して，バイオフィルムの表面構成物を取り除くことである．しかし一概に最適な洗浄剤はなく，バイオフィルム構成物や菌種によって使い分ける必要がある[16]．

不溶化抗菌剤の利用は表面被覆と類似する方法であるが，付着対象体に抗菌剤を含浸させたり，練り込んだり，結合させる不溶化・固定化によって付着菌を殺滅する方法であり，銀ゼオライトなどの固定化抗菌剤の利用がその例である[17]．

ガス状薬剤または揮発性薬剤による処理では，オゾン処理が代表的な例であり，密封系で利用される．また，紫外線照射は表面付着菌を殺滅する方法である．

8.1.5　バイオフィルムの除去手順

装置表面に付着したバイオフィルムは食品の汚れや有機物に囲まれているため，殺菌剤の浸透性が悪くなったり，汚れと反応して殺菌力のない化合物に変化し，殺菌力は低下する．したがって，バイオフィルム除去の第1段階は，バイオフィルムを取り囲んでいる有機物などを洗浄によって取

り除くことである．その後に殺菌剤で処理すると，殺菌剤は容易に微生物と接触できるようになり，その効果を十分に活かすことができる（図8.1）．

8.1.6 設備機器類におけるバイオフィルム対策規格

バイオフィルムのみでなく，食品を安全に製造するために，ヨーロッパ，アメリカ，日本では製造装置の規格が定められている．また，ISO (International Organization for Standardization；国際標準化機構) も規格を設けている[1]．

1) ヨーロッパ

EHEDG (European Hygienic Equipment Design Group) が出しているものは，ガイドラインと評価方法などが記載され，ドキュメントとして24 (2002年) まである (website:www.ehedg.org)．その一部を示すと，微生物学的に安全な液体食品の連続殺菌 (Doc.1)，食品加工設備における定置洗浄の評価方法 (Doc.2)，微生物学的に安全な食品の無菌充填 (Doc.3)，食品加工設備の微生物侵入防止評価法 (Doc.7)，衛生的な設備の設計基準 (Doc.8)，食品の衛生的な包装 (Doc.11) などである．

例えば，食品の衛生的な包装 (Doc.11) では，包装機のサニタリーデザイン，包装資材の取扱い方，包装機の環境などについて言及している．

2) アメリカ

アメリカではIAFIS (国際食品産業協会)，IAFP (国際食品保護協会)，USPHS (合衆国公衆衛生局)，DIC (乳製品産業委員会) などがまとめた乳製品業界のためのガイドラインとして 3-A Standard (3A規格) がある (website:www.3-a.org)．このガイドラインは，3-A Sanitary Standards, 3-A Accepted Practices, E-3-A Sanitary Standardsの3種で構成されている．3A規格は乳製品 (飲料水) を安全に生産するための，タンク，殺菌機，パイプ，バルブなどの詳細な基準を定めているが，EHEDGのように，洗浄性などの評価基準は設けられていない．

また，フードサービス設備を対象としてNSF (National Sanitation Foundation) 規格が設けられているが，食品の加工設備のサニタリー設計には適

さない.

3）日本

　日本ではJIS（日本工業規格）があり,「食料品加工機械の安全及び衛生に関する設計基準通則」(JIS B 9650) では総括的な機械の安全対策と衛生対策について記載され,製パン機械 (JIS B 9651),製菓機械 (JIS B 9652),水産加工機械 (JIS B 9654) などの各機械のJISでは,それらを製造する機械1つ1つについて,安全対策と衛生対策が記載されている.これらの中で衛生対策について書かれている内容は,① 容易に洗浄できる構造である,② 食料品屑や汚れが付着しないようにする,③ 凹凸をなくす,などの語句が並び,バイオフィルムの発生,微生物の増殖防止対策を重要視していることが理解できる.

8.2　食品工場の洗浄・殺菌

　食品企業は安全な食品を製造することが責務である.安全な食品を製造するためには,HACCP（総合衛生管理製造過程）で示されている生物的危害,物理的危害,化学的危害を排除する必要がある.これらの危害は,食品原材料からの危害と,加工・流通などの過程で発生する危害であることは既に述べた.後者の過程で持ち込まれる危害は,ほとんどが生産現場によるものである.

　食品の生産現場である食品工場では,工場施設,設備器具などを使用して製造しているが,これらが不衛生な状態で使用されると,微生物や異物が混入し食品事故の発生を招くことになる.この食品事故を未然に防ぐ最良の手段が洗浄・殺菌である.

8.2.1　HACCPと洗浄・殺菌

　HACCPの詳細については多くの成書[18-20]が出版されているので,それらを参考にして頂くこととし,ここでは簡単に説明する.

　HACCPは安全な食品を製造するために考案されたシステムで,製造物

責任法（PL法）対策として活用できるものである．HACCPは，製造・流通工程において，その管理から逸脱すると許容できない健康被害を招く恐れのある工程（CCP；重要管理点）に管理基準を設け，それを管理して安全な食品を製造しようとする考え方である．

図8.2　HACCPの位置づけ

（ピラミッド図：上から PL法／HACCP方式／一般的衛生管理プログラム GMP（適正製造基準）SSOP（衛生標準作業手順）／個人衛生教育）

しかし，HACCPシステム構築の前提条件として，一般的衛生管理プログラム（PP；Prerequisite Program，以後PPと記載）があり，この実施が重要である（図8.2）．

PPには，ハード（施設，設備，機器など）に関連するGMP（Good Manufacturing Practice；適正製造基準．主として製造環境の整備，衛生管理に重点を置いた基準）と，ソフト（食品の取扱い，洗浄手順，教育など）に関連するSSOP（Sanitation Standard Operating Procedure；衛生標準作業手順．GMPを満たすための作業手順などを具体的に示した文書）から成り，具体的には10項目があげられている（表8.1）．

食品事故で最も重篤性の高いものは食中毒である．食中毒には食中毒防止3原則があるが，それらとHACCPは表8.2に示す関係にある．すなわち，「微生物を付けない」はPPの「食品の衛生的な取扱い」や「施設・設備・機器の衛生管理」などで対処でき，「微生物を殺す」はCCP（殺菌工程）を管理することで対処できる．また，「微生物を増やさない」はPPの「食品の衛生的な取扱い」（冷却・冷蔵など）またはCCP（冷却・冷蔵工程）管理で対処するが，冷却・冷蔵工程は一般的にはPPで管理されている．このことからPPの重要性が理解できる．

製造・販売されている食品は消費期限を基に，その日の内に消費する食品（日配食品；刺身，サラダなど），消費期限の短い食品，賞味期限の長い食品の3つに分類できるが，それぞれの食品によってHACCPにおける対処方法が異なる（表8.3）．すなわち，微生物的危害に対しては，日配食品

表 8.1 一般的衛生管理プログラムとサニテーションの関係[22]

一般的衛生管理プログラム	サニテーション
1) 施設・設備・機械器具の衛生管理	ハードサニテーション 　施設・設備・機器のサニタリーデザイン 　衛生的作業区分 　衛生的作業動線
2) 施設・設備・機械器具の保守点検	
3) そ族(ネズミ)・昆虫の防除	
4) 使用水の衛生管理	ソフトサニテーション 　整理, 整頓, 清掃, 　　洗浄, 殺菌 　ペストコントロール, 　防菌管理, 　クリーンキーピングなど
5) 排水および廃棄物の衛生管理	
6) 従事者の衛生教育	
7) 従事者の衛生管理	パーソナルサニテーション 　作業者の衛生管理 　作業者の衛生慣行管理 　作業者の衛生教育
8) 食品などの衛生的な取扱い	
9) 食品の回収計画	
10) 試験検査用機器の保守点検	a

表 8.2 食中毒防止3原則と HACCP システムの関係

食中毒防止3原則	HACCP システム
微生物を付けない	一般的衛生管理プログラム(食品の衛生的な取扱いなど)での管理
微生物を殺す	CCP (殺菌工程) での管理
微生物を増やさない	一般的衛生管理プログラム(食品の衛生的な取扱いなど)での管理, および CCP (冷蔵または保温工程) での管理

(生鮮食品を含む)では殺菌工程が存在しないので, CCPで管理するよりも, PP (表8.1の1, 5, 7, 8などの項目) で管理することが重要になる. 消費期

表 8.3　各種食品の HACCP システムでの対応

	微生物的危害	化学的危害	物理的危害
生鮮食品	PP ≧ HACCP	PP ≧ HACCP	PP ≧ HACCP
消費期限の短い食品 (豆腐，生めんなど)	PP ＝ HACCP	PP ≧ HACCP	PP ≧ HACCP
賞味期限の長い食品 (レトルト食品など)	PP ≦ HACCP	PP ≧ HACCP	PP ≧ HACCP

PP；一般的衛生管理プログラム．

限の短い食品では，微生物を完全に死滅させる条件（CCP）を採用していないために，微生物が生残している可能性があるとともに，製造環境からの二次汚染もあることから，製造環境の衛生管理（PP）も重要である．賞味期限の長い食品，例えばレトルト食品では，ほとんどの微生物を殺滅する殺菌工程が採用され，そこがCCPになっていることからCCPでの管理が重要である．

物理的危害や化学的危害はほとんどの場合，PPでの制御が重要になる．なぜならば，物理的危害に関しては金属に対する金属探知機を除けば，製造工場内においてリアルタイムに監視できる簡単な方法がないためである．また，化学的危害である農薬，成長ホルモン，抗生物質なども，製造現場ではほとんど分析・管理ができないのが現状で，原材料の受入れ時に仕様書などによる確認に頼らざるをえないからである．したがって，ここでもPPの重要性が指摘できる．

一方，上田は食品工場におけるトータルサニテーションの必要性とシステム化を提唱し，その実践システムであるトータルサニテーション・マネージメントシステムを構築するとともに，PPとの相関関係（表8.1）を示した[21, 22]．PPの10項目の多くがソフトサニテーションと関連し，そこに洗浄・殺菌や5S（整理・整頓・清掃・清潔・躾）などが含まれていることが示されている．また，井上は食品工場の微生物管理として「場の管理」と「質の管理」を実施することの重要性を示している[23]．表現方法は異なるが，いずれも製造環境の衛生管理，特に洗浄・殺菌の実施が，安全な食品

の製造につながることを示している.

8.2.2　洗浄・殺菌の役割

　食品事故の多くはCCPの管理基準を逸脱したために起こるのではなく，PP，特に洗浄・殺菌が十分に行われていなかったことが原因となっている[24]．食品工場における洗浄・殺菌は，食品工場に持ち込まれる全ての物から発生する微生物などによる危害や異物混入などを防除するための作業であり，原材料をはじめ，原料の入庫から，下処理，加工，包装，製品の出庫までの全ての工程で利用される施設，設備機器など，あるいは作業者の手指などに付着している微生物や異物を除去する洗浄と，洗浄によって除去しきれなかった微生物などを殺滅する殺菌からなっている．したがって，洗浄・殺菌により原料，製造機械器具，包装容器，手指などから発生する微生物事故および異物混入事故を防除することができる．

　また，適正な製造環境を確保するためにも洗浄・殺菌は有効である．すなわち，洗浄・殺菌により製造環境を清潔に保つことは，異臭の発生や，異臭が原因となる昆虫の誘引・発生の防御，さらには製造環境・設備機器などの異常の早期発見や保守点検ができ，その維持向上に役立つ．また，清潔な環境維持は従業員の衛生管理に対する意識向上をもたらすことができる．

8.2.3　洗浄作用の要素

　洗浄は汚れの付着エネルギーを化学的エネルギーや物理的エネルギーにより除去する操作である．この洗浄エネルギーは洗浄時間，物理的作用，化学的作用，洗浄温度の影響を強く受ける[25]．

1）洗浄時間

　洗浄時間が長ければ長いほど汚れの成分が分解しやすく，被洗浄体から汚れの成分が遊離しやすくなる．しかし，実際には時間的制約を受ける場合が多い．

2） 物理的作用

一般的に洗浄作用の70～80％は物理的作用に頼っている．これは手洗いではブラシの摩擦力，高圧洗浄機では噴射による衝撃力などが相当する．

3） 化学的作用

洗浄剤により油脂系汚れを乳化し，洗浄剤中に溶解させるのが化学的作用の例である．洗浄剤の化学的作用は，物理的作用の補助的な作用を兼ねている．すなわち，汚れを被洗浄体の表面からはがれやすくすると同時に，洗い落とされた汚れを包含（分解）し，再付着を防止する作用がある．

4） 洗 浄 温 度

洗浄や殺菌を行う場合，化学反応によることが多く，この化学反応は温度が高くなればなるほど反応速度が上昇する（10℃で約2倍と考えられている）ので，洗浄温度も洗浄における要素となる．

8.2.4　洗浄・殺菌の手順

洗浄の手順は，予備洗浄としてのすすぎに始まり，汚れに適応した洗浄剤による洗浄，すすぎであり，最終的には乾燥または殺菌を行うことが必要である[26, 27]．

1） 予 備 洗 浄

施設設備，機械器具の使用後に装置やパイプに残留している原料や製品の残渣を排除するために行われるものである．残渣を長時間放置すると乾燥し，汚れが落ちにくくなるばかりでなく，微生物の増殖の原因となる．また，洗浄剤の選択によっては汚れが化学変性を起こし，洗浄が困難になる場合が多く，このことを避けるためにも予備洗浄が必要である．通常40～60℃の温湯が使用されるが，これも汚れの可溶化の向上と熱変性を防止するためである．

2） 洗浄剤による洗浄

洗浄剤は設備機器の表面に付着している残渣や汚れを効率的に除去するために使用するもので，残渣や汚れの物性・性状などを考慮し，最適な洗

表 8.4 食品工場における代表的な汚れとその対応洗浄剤[28]

汚れの種類	汚れの状態	洗剤および洗浄方法
有機質系の汚れ		
炭水化物系	一般糖類	水溶性であるので,水,温湯で容易に洗浄可能
	カラメル化した糖類	中性洗剤または弱アルカリ性洗剤でブラシ洗浄
	糊化していないデンプン	水溶性であるので,水,温湯で容易に洗浄可能
	糊化,老化したデンプン	老化したものは熱で再糊化するか,弱アルカリ性洗剤またはアミラーゼ配合の中性~弱アルカリ性洗剤で洗浄
脂肪系	一般油脂類	熱で溶解,アルカリによるけん化を基本とする洗浄
	乳化状態のもの(O/W型,牛乳)	温湯または中性~アルカリ性洗剤で洗浄
	軽度の油脂膜状	乳化力の強い界面活性剤系洗剤またはアルカリ性洗剤で洗浄
	強度の油脂膜状	メタケイ酸ナトリウム主剤の強アルカリ性洗剤または苛性ソーダで洗浄
タンパク質系	一般タンパク質類	熱または酸で変性し不溶性となるので温湯(40℃)で予洗後,アルカリ洗浄
	変性,付着量が軽度	弱アルカリ性洗剤による洗浄
	変性,付着量が強度	強アルカリ性洗剤または塩素化アルカリ洗剤で洗浄
機械油系		油脂の種類(動・植物油,鉱物油)および油脂の性質(疎水性,親水性)により活性剤を選択し,中性または弱アルカリ性洗剤で洗浄
有機質無機質混合汚れ		
ミルクストーン,ビールストーン(酒石)		無機塩の割合が多いほど,洗浄は困難となる 酸,アルカリ,キレート剤などで洗浄
軽度の場合		予洗後,弱酸(pH 5以下)またはキレート剤配合弱アルカリ性洗剤で洗浄
強度の場合		予洗後,強酸(pH 3以下)または強アルカリ性洗剤で交互洗浄,ビールストーンの場合,EDTAナトリウム塩の単品洗浄も可能
無機質系汚れ		
一般スケール		鉄スケール,炭酸塩スケールは酸洗浄
軽度の場合		弱酸性(pH 5以下)有機酸や鉱酸(塩酸など)の希薄液で洗浄
強度の場合		強酸性(pH 3以下)硝酸やリン酸を主成分とする酸性洗剤洗浄

浄剤を選択・使用することが重要である（表8.4)[28]．また，洗浄剤が浸透するような被洗浄体では，安全性の高い洗浄剤を使用し，洗浄後は十分にすすぎを行う必要がある．

3) す す ぎ

　洗浄剤の化学的エネルギー，洗浄方法の物理的エネルギーによって分離・溶解された残渣・汚れおよび洗浄剤を系外に排除する操作である．そのままにすると，汚れの再付着，洗浄剤の付着が起こる．

4) 乾燥・殺菌

　洗浄のみでは微生物を完全に排除することはできない．そこで必要になるのが乾燥あるいは殺菌である．水分が残った状態では再び微生物が増殖する可能性があり，乾燥する必要がある．

　一方，無菌化包装食品などを製造する場合には，使用する設備機器を殺菌する必要がある．殺菌を行う場合，食品に接する機器と食品に接しない機器では，使用できる殺菌剤が異なる．食品に接する機器の殺菌には，食品添加物として承認されている殺菌剤を使用し，殺菌剤を系外に排除する必要がある．その方法として，殺菌された飲用適の水（温湯）で流し出す方法と，除菌（殺菌）空気をブローイングする方法がある．

8.2.5 洗浄の要素

洗浄に当たっては表8.5に示す種々の要素について考慮する必要があり，

表 8.5　洗浄システムの要素[29]

1) 対象となる汚物についての要素（種類，組成，特性，量）
2) 被洗浄体についての要素（種類，大きさ，損傷）
3) 汚物と被洗浄体との状態（5状態）
4) 洗浄装置についての要素（洗浄機構，洗浄装置他）
5) 要求される清浄度（清浄度の許容限界）
6) 洗浄に使用する水（水質，供給可能量）
7) 安全性についての要素（労働安全・公衆衛生・食品衛生）
8) 排水負荷についての要素（処理方法，能力他）
9) 経済性についての要素（洗浄効果，作業効率，排水負荷性，機材，価格（単価×使用頻度））

なかでも汚染物質，被洗浄体の種類，汚染状態および洗浄方法が重要になる[29]．

洗浄では主に薬剤洗浄が行われるが，薬剤洗浄では汚染物質の種類，組成により使用する薬剤が異なる．また，近年広く利用されるようになった酵素洗浄においても，薬剤と同様に酵素の基質特異性を考慮する必要がある．汚れが単一成分で構成されている場合は表8.4に示したように，洗浄剤の選択は容易である．例えば，タンパク質の汚れにはアルカリ性洗剤やタンパク質分解酵素を含む洗浄剤が利用できる．一方，汚れが多成分で構成されている場合は，その主成分や状態を把握し，洗浄剤の種類や洗浄方法・手順などを決定する必要がある．

被洗浄体では，洗浄剤の浸透性や種類を考慮する必要がある．例えば，食品工場ではステンレス製設備機器が多く使用されているが，強い酸性洗浄剤（特に塩酸系）を使用していると徐々に腐食が進むことがある．洗浄剤の被洗浄体に対する影響について表8.6に示した[30]．

表8.6 設備機器などの材質に及ぼす各種洗浄剤成分の影響[30]

薬剤＼材質	ステンレス鋼	軟鉄	アルミニウム	塩化ビニル	ゴム
水酸化ナトリウム	○	○	×	○	○
炭酸ナトリウム	○	○	▲	○	○
メタケイ酸ナトリウム	○	○	○	○	○
ポリリン酸ナトリウム	○	○	△	○	○
リン酸	▲	▲	▲	○	○
硝酸	△	×	×	▲	▲
塩酸	×	×	×	▲	○
スルファミン酸	▲	▲	×	▲	○
溶剤	○	○	○	×	×
次亜塩素酸塩	▲	▲	▲	○	×

○ 使用してもよい，× 不適当，△ ある濃度内で使用可，▲ ある濃度と温度内で使用可．

汚染状態は，①分子間の吸引力（ファンデルワールス力）による付着，②静電的な付着，③化学的結合による付着，④被洗浄体の表面組織の中に汚れが浸透拡散している場合，⑤表面組織の中に汚れがクサビ状に及ん

表 8.7 食品工場で使用される洗浄方法の特徴[27]

洗浄方法	長所	短所
ブラッシング洗浄（手洗浄）	すべての汚れが除去可能．洗浄方法を状況に合わせて適応できる．	時間と労力がかかる．洗浄結果は，作業者の注意力に左右される．
撹拌・循環洗浄	自動化しやすい．装置を分解することなく洗浄でき，一定した洗浄性が得られる．	重質な汚れに対しては，洗浄剤による作用に依存し，多量の用水を必要とする．
超音波洗浄	細かな間隙汚れを容易に除去することができる．	超音波から影になる部分の清浄性が低く，イニシャルコストが高い．
高圧洗浄	短時間にブラッシング洗浄に近い洗浄効果が得られる．	静電気的に付着したスマット状の汚れは除去しにくい．液の飛散．
水蒸気洗浄	温度によって溶解しやすい脂肪などの汚れに対しては，効果が高い．	ミストが発生しやすく，作業環境が低下する．エネルギー消費大．
泡・ゲル洗浄	複雑な構造の装置の洗浄あるいは垂直面や天井面の洗浄に適する．	汚れに対して，液の衝撃力などの物理的作用を与えにくい．

でいる場合に分けられる．これらは洗浄剤の選択，洗浄方法，洗浄剤の作用時間の決定などに影響を及ぼす．

　洗浄方法には，ブラッシングのような物理的方法と，洗浄剤で汚れを乳化分散あるいは溶解させる化学的方法がある．例えば，タンク表面の汚れを除去する場合は泡洗浄が使用されているが，この場合，表面と泡（汚れに対応した成分）との接触時間が重要になる．製造現場では種々の洗浄方法が採用されているが，それらには長所と短所があるので，短所については考慮が必要である（表8.7）．

8.2.6　殺　　菌

　食品企業で使用されている殺菌剤の特徴については，第3章（表3.11）に示したが，通常使用される濃度について表8.8に示した．

　殺菌においても洗浄と同様に，表8.9に示す種々の要素について考慮する必要があり，特に安全性が重要になる[29]．

　殺菌剤の中には食品衛生法で食品添加物として認められているもの（エ

表 8.8 殺菌剤の常用濃度

分類	殺菌剤	常用濃度
アルデヒド系	ホルムアルデヒド	3〜8%
	グルタルアルデヒド	1〜2%
アルコール系	エタノール	60〜90%
	イソプロパノール	50〜70%
過酸化物	過酸化水素	3〜5%
	過酢酸	0.1〜3%
フェノール系	フェノール	1〜5%
	クレゾール	2〜5%
ヨウ素系	ヨードホール	100〜500ppm（有効ヨウ素）
塩素系	次亜塩素酸ナトリウム	100〜500ppm（有効塩素）
四級アンモニウム系	塩化ベンザルコニウム	0.02〜0.5%
	塩化ベンゼトニウム	0.02〜0.5%
両性界面活性剤	アルキルポリアミノエチルグリシン	0.05〜0.2%
ビグアニジン系		0.02〜0.5%

表 8.9 殺菌システムの要素[29]

1) 対象となる微生物についての要素（種類，性質，菌量，汚染状況）
2) 被殺菌体についての要素（大きさ，構造，材質，材質への影響の許容度，残留，腐食，着色，着臭）
3) 要求される微生物清浄度（許容限界）
4) 使用環境における要素（効力影響要因，作業環境に関わる要因）
5) 安全性についての要素
6) 排水負荷についての要素（生分解性，魚毒性他）
7) 経済性についての要素（単価，使用濃度，効力強度）

タノール，次亜塩素酸，次亜塩素酸ナトリウム，過酸化水素）と，認められていないものがある．また，認められているものでも最終製品中に残存が認められているものはエタノールのみであり，その他が残存した場合には異物混入と同様に管理する必要がある．

8.2.7 洗浄・殺菌における教育の重要性

洗浄・殺菌には前述した項目以外に，技術，徹底度，頻度などの重要なファクターが関与している．横関[31]は消毒（洗浄または殺菌に置き換えるこ

とができる）の基本大原則を提唱している．図8.3にも示されているとおり，消毒薬の効力の最低を1，最大を10とし，消毒方法やその他の要因も同様に格付けし，それらの重要性を指摘している．すなわち，最も強力な消毒薬を用い，作業方法（作業員の技術），作業の丁寧さも頻度も，最も優れていれば，その効果は10 000となる．しかし，同じ薬剤を用いても，技術が劣る作業者が，いい加減に行い，頻度も少なければ，その効果は10と最高の場合の1/1 000にしかならない．言い換えると，どんな

> 消毒の効果＝消毒薬の効力
> 　　　　　×消毒技術・機械の性能
> 　　　　　×徹底度・丁寧さ
> 　　　　　×頻度

それぞれの要因を1～10とすると
A：全部が満点で最も効果がある場合は

> 消毒の効果＝10×10×10×10＝10 000

B：消毒薬の効果は10でも，技術力が低く，機械の性能が悪く，作業がいい加減で，めったにしないという場合には，

> 消毒の効果＝10×1×1×1＝10

BはAの1 000分の1の効果しかない．
消毒薬のウエイトは10
実施の仕方に関する要因のウエイトは1 000
実施の仕方は消毒薬の100倍も重要

> 消毒の効果を決めるのは人間だ．
> あなたが主役

図8.3　消毒の基本大原則[31]

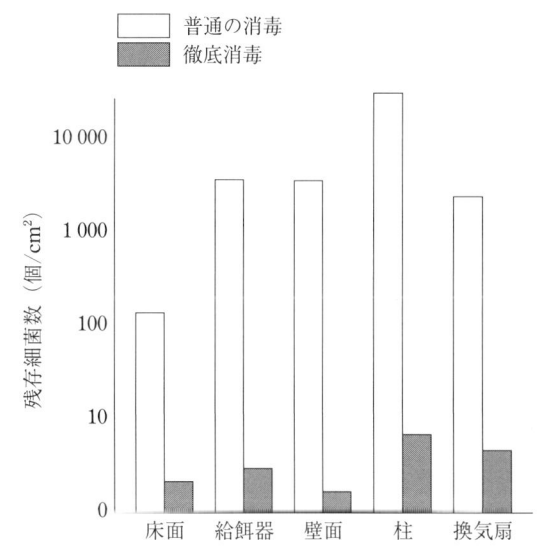

図8.4　鶏舎における消毒の徹底度と効果[31]

に消毒薬の効果が優れていても，作業者の技術と熱意がなければ効果は最低になることを示している．実例結果（図8.4）からもこれらの重要性が理解できるであろう．

　食品工場での衛生レベルは，平均で表わすことはできない．すなわち，1人でも衛生観念の低い人がいる場合，その人により汚染が起こる．したがって，PPの項目に入っている従業員の衛生教育が重要となる．

8.3　食品製造設備の洗浄・殺菌

　食品製造現場では種々の機器が使用されているが，その形状，材質，大きさなどが異なり，一概にこの洗浄方法や殺菌方法が最適であるとは言えない．しかし，洗浄・殺菌の機械化が進み，機械の種類ごとに使用される洗浄方法，殺菌方法が画一化されてきている[32]．

8.3.1　洗　浄　方　法
1) ブラッシング洗浄

　この方法は製造機械から器具まで工場内の全ての機器に対応できることから，食品工場では広く普及している方法であり，細部にわたって，状況に応じて，汚れを確実に除去することができる．ただし，時間，労力がかかり，コスト高の問題や作業担当者の注意力に左右され，洗浄の質の差が生じるなどの欠点を有している．この洗浄は作業者に配慮して，低毒性，低刺激性の安全性の高い中性あるいは弱アルカリ性の洗浄剤を使用しなければならない．

2) 撹拌・循環洗浄

　洗浄剤を撹拌・循環させる方法であるが，撹拌の物理的作用が低く，洗浄剤の化学的作用に頼るところが大きい．ただし，手作業で行うブラッシングとは異なり，高温条件下で強アルカリ性洗浄剤や強酸性洗浄剤も利用できる．

3）超音波洗浄

強い超音波を水中に発生させることにより，気泡の膨張と破裂で水に衝撃波が生じ，微細な間隙や精密な部分の汚れが除去できるが，大型機器の洗浄には利用できず，超音波が届かない部分の清浄性が低いなどの欠点を有している．微生物も超音波の作用で死滅する（ただし，超音波出力，処理時間などが関与）．

4）高圧洗浄

洗浄剤を高圧で噴射してその圧力で汚れを取る方法である．ブラッシング洗浄と同様の洗浄効果があり，時間も短縮できる．手洗いで洗浄しにくい場所や大型機械，工場の床面・壁面などの洗浄に利用されている．圧力が高いので洗浄液の飛散により汚物が設備機器の表面や壁面に付着する危険性があるので注意が必要である．

5）水蒸気洗浄

高温で溶解しやすい脂肪の汚れなどの洗浄に使用される方法である．また，洗浄後の二次汚染防止対策における高温殺菌手法としても使用されている．しかし，水蒸気から結露が生じ，そこでの微生物の増殖が起こる可能性があるので注意を要する．

6）泡洗浄・ジェル洗浄

泡（ジェル）洗浄は，洗浄剤（殺菌剤）が付きにくい複雑な構造の装置（充填機，ネットコンベアーなど），タンクの天井面や壁面などの垂直面，衝撃を与えたくない部分，洗浄剤を大量に消費しては困る場所などに対して，洗浄剤や殺菌剤をできるだけ長く接触させるために使用される方法である（詳細は第5章5.2.3項を参照）．

7）CIP洗浄

被洗浄（殺菌）体を分解しブラッシング洗浄などが行われていた洗浄に対して，設備機器を分解・移動せずに設置したまま洗浄（殺菌）する方法として採用されているのが，CIP（cleaning in place；定置洗浄）である．CIP洗浄の対象はパイプライン，タンク，加工設備，充填設備と幅広い．パイプラインの洗浄（殺菌）では，洗浄剤（通常，アルカリ性洗浄剤，酸性洗浄剤

が使用される)の化学的作用と水流(乱流)の物理的作用が利用されている．一方，タンク，加工設備，充填設備の洗浄(殺菌)には先に示した泡洗浄・ジェル洗浄が利用されている(詳細は第5章5.2.1項を参照)．

8.3.2 殺菌方法
1) スプレー殺菌
所定の殺菌剤を噴霧器で散布する方法であるが，食品工場では食品および従業員に対する安全性を考慮しなければならない．部分的にはアルコールが使われる場合が多いが，工場全体に対して微酸性次亜塩素酸水を噴霧することも最近では行われている．

2) 撹拌・循環殺菌
所定の殺菌剤を調製し，その中に被殺菌体を浸漬・撹拌して殺菌する場合(撹拌殺菌)と，被殺菌体の内部を循環させる場合(循環殺菌)がある．後者はCIP洗浄(殺菌)として，パイプラインの殺菌に利用されている．

3) 泡殺菌
泡洗浄と同様な方法で行うもので，洗浄と殺菌を兼ねている場合が多く，使用される洗浄剤には殺菌作用を有しているものが多い．

4) 熱殺菌
温水，熱水，水蒸気を用いる方法があり，主にCIP洗浄の後処理として利用される場合が多い．

温水(85〜90℃)を10〜20分間循環して殺菌する方法は，設備や機器に与えるストレスが少ないが，殺菌効果は他に比べ小さい．主に，チルド製品の製造装置の薬剤殺菌の後に使用され，薬剤の混入を防止する目的も兼ねている．

熱水(130℃以上)を30分程度循環させる方法は，アセプティック設備で採用される場合が多い．

水蒸気あるいは加圧水蒸気をラインに流す方法は，熱水と同様の効果を有する．

8.4 洗浄・殺菌の評価

　HACCPの重要項目である7原則12手順に，モニタリングの設定，検証方法の設定が含まれているが，PPにおいても，当然，これらの設定が必要である．

　モニタリングは，管理基準が正しくコントロールされているか否かを判断するために必要な項目である．洗浄・殺菌においてもモニタリングを行い，管理基準に適合していることを判断しなければならない（評価）．また，検証（verification）は，評価結果（記録）をもとに，方法，手順，行動などの有効性を評価する行為である．したがって，洗浄・殺菌では評価が重要である．

8.4.1　洗浄・殺菌の評価試験方法

　評価は，構築した洗浄・殺菌方法により洗浄・殺菌の対象物が目的どおりに洗浄・殺菌されているかを検討することであるので，サンプリング，分析方法，許容残存レベル，評価方法を的確に設定しなければならない．また，その結果に再現性があることを実証する必要がある．

　試験方法には，表8.10に示した種々の方法がある[33]．

　官能的方法は，ヒトの視覚を利用する方法であり，比較的小さな設備，器具類には利用できるが，小さな汚れや少量の汚れに対しては判断しにくい欠点を有している．

　物理的方法は，装置が大型であり，製造現場での利用は困難である場合が多い．

　化学的方法は呈色反応[34, 35]を利用しているため，設備などの材質などにより呈色反応物質が吸着し，除去することが困難な場合が多く，オフライン方法による検証に利用されている．また，後述するタンパク質呈色反応法はこの方法を応用している．

　微生物的方法は，食品現場で最も多用されている方法である．その理由は，① 食品に微生物が存在すると腐敗などの危害（変質）を及ぼすだけで

表 8.10 洗浄評価方法の例とその概要[33]

分類	評価方法	汚れ 多量	汚れ 微量	定性	半定量	定量	評価方法の概要
官能的方法	水切り法	○		○			清潔な水を散布し、撥水状況により判定
	表面拭き取り法	○		○			洗浄面を清潔な布、紙で拭き取り判定
	着色法	○		○			染料を噴霧し、洗浄面の着色状況より判定
	顕微鏡法	○		○			検体表面の顕微鏡観察により判定
物理的方法	重量法		○		○	○	検体の洗浄前後の汚れを抽出し、その重量より判定
	接触角測定法		○		○	○	検体表面の水滴の接触角を測定、接触角が小さいほど良好
	アイソトープ法	○	○		○	○	放射性同位元素を混合した汚れを付着させ、洗浄後トレースして判定
	光学的方法		○		○	○	検体の洗浄前後の赤外分光、紫外分光、レーザー光、蛍光、反射率測定などにより判定
	その他	○	○	○		○	X線マイクロアナライザー、オージェ電子分光、二次イオン質量分析法、光電子分光法、イオン散乱法などにより付着方向の汚れの分布、表面上の分布を測定する
化学的方法	呈色反応	○		○			検体表面汚れの抽出液もしくは洗浄液を以下の方法で測定 デンプン性汚れ；ヨード呈色 脂肪性汚れ；バターイエロー呈色 タンパク性汚れ；ビウレット呈色 糖質汚れ；アンスロン呈色、フクシン呈色
	クロマト法		○			○	検体表面汚れの抽出液もしくは洗浄液を対象汚れに応じたクロマトで分析し、判定
	その他	○	○		○	○	検体表面汚れの抽出液もしくは洗浄液のpH、電気伝導度、TOCを測定
微生物的方法	生菌数測定法	○	○		○	○	検体表面汚れの抽出液を拭き取り、ルシフェラーゼ、ルシフェリンを含んだ発光試薬を作用させ、バイオルミネッセンス反応による光強度よりATP量を測定
	特定菌測定法	○	○		○	○	上記と同様に特定菌をその培養条件で測定
生化学的方法	ATP測定法	○				○	検体表面汚れを拭き取り、ルシフェラーゼ、ルシフェリンを含んだ発光試薬を作用させ、バイオルミネッセンス反応による光強度よりATP量を測定

なく，食中毒の原因になるが，直接原因物質である微生物が定量できることと，②厚生労働省や都道府県などで食品の細菌学的成分規格が定められているためである．

最近，拭き取り法と呈色反応を組み合わせたタンパク質測定法やATP測定法が開発され汎用されている．その理由は，HACCPシステム，特に洗浄・殺菌では迅速性と科学的根拠を持ったモニタリング方法が要求され，目視法では科学的根拠が乏しく，微生物学的方法では結果判定が早くても翌日になるために迅速性に欠けるからである．しかしながら，洗浄・殺菌の効果を客観的に評価するには，あるいは大腸菌のような特定の微生物を評価するには，その対象である微生物を直接定量することも必要である．

8.4.2 表面付着細菌測定法

床，壁，作業台，機器類の表面に付着している細菌量を調べる方法である．

1） スタンプ（stamp）法

定められた面積の固形培地を直接測定場所に一定の圧力で押し当てた後，培養する方法で，コンタクトプレート法とも呼ばれている．また，逆に培地に手のひらを押し当てる方法もある．本法は一般生菌数以外に，種々の細菌を検出できる培地（選択培地）も販売されているので，特定菌種（例えば，大腸菌群，大腸菌など）のみの測定も可能である．本法は平面には利用できるが，曲面には不向きである．

2） 拭き取り（スワッブ；swab）法

生理食塩水（各種緩衝液，液体培地など）で湿らせた綿（脱脂綿，ガーゼなど）で測定場所の一定面積（通常は100cm^2）を拭き取り，固形培地に塗抹するか，付着した細菌を弱い超音波処理などで生理食塩水に懸濁し，この懸濁液を試料として公定法[36]の手順で培養測定する方法である．前者は定性的であるが，後者は定量的に細菌数が検出でき，選択培地を用いることにより特定菌種の検出測定に応用できる．本法はスタンプ法とは異なり，

平面および曲面にも利用できる．本法は操作が煩雑であり，特に拭き取り時の角度や圧力が測定結果に影響を及ぼすために，操作は強く丹念に行う必要がある[37]．拭き取る力が圧力表示でわかるトルクピンセットが登場している[38]．

ISO/TC 209/WG 2では，表面付着細菌測定法として，スタンプ法を推奨している．すなわち，20cm^{2}の接触表面積を有するコンタクトプレートを用い，測定場所に25g/cm^{2}程度の圧力で10秒間接触させた後，適切な培養条件で培養する[39]．

3）酵素基質法

選択培地は目的とする細菌を選択的に発育させるための培地組成で作られているが，目的とする細菌以外の細菌も発育し，目的とする細菌と酷似した集落を形成する場合が多い．それゆえ，これらを判別する技術が必要である．これに対して特定菌種が有する酵素に着目し，その基質に発色または発光物質を結合させた無色の基質を利用したのが酵素基質法である．酵素基質法では酵素の作用により発色・発光するので，判別が容易である[40]．

例えば，従来の大腸菌群と大腸菌の検査法（選択培地の使用）では，推定試験，確定試験，完全試験の3つの試験が必要とされ，検査には3～6日間が必要であり，検査法も大変煩雑であった．これに比べ酵素基質法では，1日の培養で大腸菌群と大腸菌の定性または定量が可能なものもある．本法では，大腸菌群は乳糖分解によるガスと酸の産生に代えてβ-ガラクトシダーゼ活性を指標とし，大腸菌のIMViCテスト（大腸菌の確認試験）の代わりにβ-グルクロニダーゼ活性を指標としている．両酵素に反応する合成基質を配合した培地では，大腸菌と大腸菌群およびその他の腸内細菌とが呈色反応により容易に区別でき[41]，菌数の確認も可能である．大腸菌の95％がβ-グルクロニダーゼ活性を示すが，残念ながら腸管出血性大腸菌O 157は活性を示さないので，別の培地を使用する必要がある[41]．また，貝類など一部の食品にはβ-グルクロニダーゼを含むものがあり，擬陽性となるので注意を要する．

8.4.3 ATPバイオルミネッセンス法

ATP（adenosine triphosphate；アデノシン三リン酸）は生体中の酵素反応のエネルギー源として利用される化学物質である．したがって生命活動が行われているところにはATPが存在し，逆にATPの存在は生物の存在の可能性を示している[42]．このことは微生物が存在すればATPが存在し，そのATPを測定すれば，微生物数が測定できることを示している．また，食品にもATPが含まれていることから，ATPを測定することにより，食品残渣などの有無の判定にも利用できる[43-46]．それゆえ，現在では主に環境の清浄度の迅速測定に用いられている．

ATPの測定はホタルの発光原理を応用したもので，ATP-ルシフェリン（酵素反応基質）-ルシフェラーゼ（酵素）系を利用している．すなわち，ルシフェリンがATPの存在下でルシフェラーゼで酸化されるときに発光することを利用して，その発光量を発光測定機を用いて測定する方法である．

本法の特徴は高感度であることに加えて，測定時間が非常に短い（約10秒）こと，測定濃度範囲が5桁と広く10^{-13}M ATP（細菌数にして10^3cfu/mL以上）まで測定できることである．しかし，ATP含量が細菌と酵母（細菌の10～100倍）では異なること，また発光が食塩などによって阻害されるので留意が必要である[43]．

また，ルシフェリン，ルシフェラーゼも高感度であることから，大腸菌群や黄色ブドウ球菌検査にも応用されている[46]．

1）拭き取り検査への応用

毎日稼働している現場では，洗浄・殺菌の結果は速やかに判定し，現場に反映する必要がある．ATPバイオルミネッセンス法は先に示した表面付着細菌測定法より，① 微生物以外に食品による汚染の測定が可能であること（図8.5），② 判定に時間がかからないことで優れている．

各種食品に含まれているATP量と検出限界を表8.11に示したが，各種食品にATPが存在し，ATPを指標とすることで，食品の汚染が高感度に測定できることが理解できるであろう．

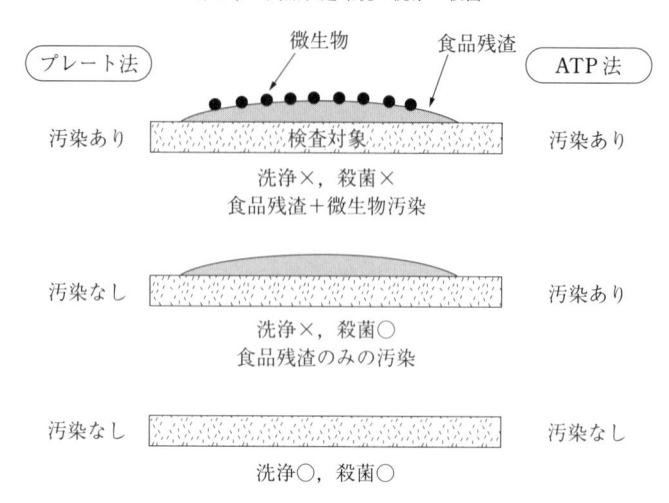

図8.5 清浄度検査：従来法（プレート法）とATP法[46]

表8.11 ATP法による各種食品残渣の検出限界[46]

食　　品	含有ATP (mol/g)	残渣の検出限界
焼きサケ	10^{-7}	10 ng
生ホタテ，もやし，焼き豚，オレンジジュース	10^{-8}	100 ng
かまぼこ，豆腐	10^{-9}	1 μg
レタス，マグロ刺身，豚肉，生クリーム	10^{-10}	10 μg
牛乳，たくあん，ノリ佃煮，食パン	10^{-11}	100 μg
ゼリー，米飯	10^{-12}	1 mg

2）一般生菌数の測定

　先に示したように，ATP量を測定することにより微生物中のATPと食品中のATP（遊離ATP）が測定できる．したがって，遊離ATPを除去することにより微生物中のATPのみが測定可能である．この方法を可能にしたのがATP消去剤であり，消去処理を行うことにより，30分程度で細菌数10^3個/mL以上の測定が可能となっている（図8.6）．また，最確数（MPN）法を利用することにより5時間程度で10^3個/mL以下の細菌数も測定可能である．

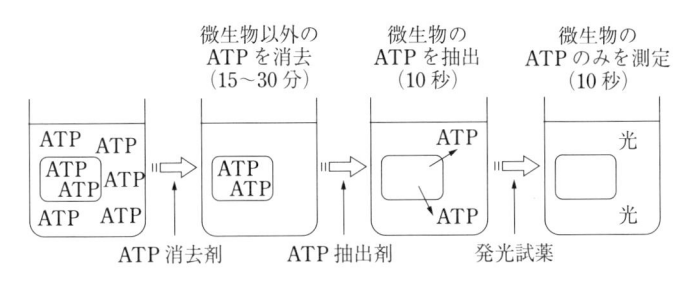

図 8.6 ATP法における菌数測定[44]

8.4.4 タンパク質呈色反応法

ATPバイオルミネッセンス法が生物(食品)に含まれているATPを検出の対象としているのに対して,タンパク質呈色反応法は生物(食品)に含まれているタンパク質を対象としている.呈色はビュレット反応[48, 49],ブラッドホード反応[50]などを応用している.ビュレット反応を利用したものではタンパク質の他に麦芽糖,ブドウ糖,果糖,ビタミンC,タンニンなどの還元物質にも反応する性質があり,これらいずれかの物質が食品に含まれていれば(タンパク質はほとんどの食品に含まれている),タンパク質を含まない汚染も検出できる.界面活性剤,アルコール,漂白剤などの発色妨害物質の影響も少ない.

本法の特徴は反応時間が短い(10分程度)ことと,カラースケールが利用できることである(分光光度計でも測定できるが,実際にはいらない).カラースケールは発色度を視覚判定できるように4段階に設定(表8.12)して

表 8.12 洗浄度判定と汚れ(タンパク質)の目安[48]

色 調	黄 緑	青 灰	紫	濃 紫
レベル	1	2	3	4
洗浄度	高い	>	>	低い
汚 れ	少ない	<	<	多い
反応条件 温 度 時 間 15〜25℃ 5分	0 μg	100 μg	300 μg	1 000 μg
	(タンパク質として)			

ある．したがって，洗浄度を定性的ではあるが，ある程度の定量的判断（食品によってはタンパク質含量が異なる）ができることなどを考慮すると，洗浄のモニタリングには適した方法である．タンパク質汚染が残存した場合，洗浄・殺菌が不十分であることを示し，微生物が存在する可能性とそこで微生物が増殖する可能性を示している[50]．

8.4.5 洗浄および殺菌の評価

食品工場における微生物管理（洗浄・殺菌）対象は，原材料，製品，機械装置，器具，手指，床面，水，空気と幅広い．また，洗浄・殺菌の対象となる微生物も多種多様であり，その測定法も様々である．したがって，洗浄・殺菌の評価方法も複雑になるが，基本は「数」と「種」である．「数」は微生物の数を指標として，品質を評価するためのものである．一方，「種」は微生物の種類（例えば，大腸菌群など）を指標とし，安全性を評価するためのものである．

1）評価対象微生物

微生物は大きく分けて細菌，酵母，カビに分類されるが，これら全てが品質に影響する．さらに，細菌には食中毒原因菌，汚染指標菌などがあり，これらは安全性を評価する対象となる．汚染指標菌には，細菌数（一般生菌数），大腸菌群・糞便系大腸菌群・大腸菌，腸球菌（*Enterococcus*属），緑膿菌（*Pseudomonas aeruginosa*），好気性芽胞形成菌（*Bacillus*属細菌）および芽胞形成亜硫酸還元嫌気性菌（*Clostridium*属細菌）が指定されている[51]．

2）評価の方法

付着汚れ（清浄度管理）に関する基準はない．しかし，汚れが残存すれば，微生物が残存したり，そこで二次汚染微生物が増殖し，微生物的危害が起こる可能性がある．したがって，ゾーニング（清浄区域，汚染区域など）にもよるが，

表 8.13 Ten Cate の評価[52]

集落数	判定	結果の解釈
発育なし	−	非常に清潔
10個以下	±	ごく軽度の汚染
10〜30個	+	軽度の汚染
30〜100個	++	中度の汚染
100個以上	+++	やや激しい汚染
無数	++++	激しい汚染

表 8.14　拭き取り検査における指導基準（新潟県）

	ランク	一般生菌数 ($100cm^2$ 当たり)	大腸菌群 (10 倍希釈)	黄色ブドウ球菌 (10 倍希釈)
調理器具	A B C	1 000 以下 10 000 以下 10 000 以上	陰　性 陰　性 陽　性	陰　性 陰　性 陽　性
手　指	A B C	500 以下 50 000 以下 50 000 以上	陰　性 陰　性 陽　性	陰　性 陰　性 陽　性

A：食品衛生上望ましい衛生度の範囲．
B：食品衛生上の許容できる衛生度であり，Aランクを目標とし衛生度の向上を
　　さらに進めるよう指導を行う必要がある範囲．
C：食品衛生上好ましくない衛生度のため，汚染源の究明および排除に関して指
　　導を行う必要のある範囲（1項目でも不適である場合）．

汚れは完全除去が重要である．

　清浄度管理には，先にも示したが表面付着細菌測定法，ATPバイオルミネッセンス法やタンパク質測定法が利用できる．

　表面付着細菌測定法に関しては，機械・器具の拭き取り検査の評価にはTen Cate[52]の評価法（表8.13）が，手指，調理器具の拭き取り検査の評価には，一部の自治体で指導基準（表8.14）が設けられているので，これら

表 8.15　ATP法による清浄度検査の運用例（食肉加工施設）[46]

検査対象箇所	管理基準値（RLU）*		1回目測定値		改善策	2回目測定値	
	合格(<)	不合格(>)					
手　指	1 500	3 000	1 829	B（注意）	指　導	876	A
冷蔵庫取っ手	500	1 000	1 574	C（不合格）	再洗浄	769	B
はさみ	500	1 000	320	A（合格）			
パッド	100	200	44	A（合格）			
スライサー刃	500	1 000	365	A（合格）			
まな板	500	1 000	1 236	C（不合格）	再洗浄	300	A
包　丁	500	1 000	246	A（合格）			
ボール	100	200	237	C（不合格）	再洗浄	80	A
ざ　る	100	200	80	A（合格）			

＊　合格と不合格の間の場合，基本は「再洗浄」だが，指導員の裁量で「注意」に留める場合も
　　ある．RLU：relative luminescence unit（相対的発光量）．

表 8.16　施設内厨房の判定例[49]

拭き取り箇所	目視判定	フキトリマスター Instant (タンパク質検査)	一般生菌数	判定
包丁の柄（野菜用）	−	＋	4 900	C
包丁の柄（肉用）	−	＋	650	C
まな板（野菜用）	−	＋	12 000	C
まな板（肉用）	−	＋	63 000	C
ざる（野菜用）	−	−	＜10	A
ざる（海草用）	＋	−	＜10	B
生野菜保管用バット	−	−	＜10	A
煮野菜保管用バット	＋	−	＜10	A
揚げ物用バット	＋	＋	50	B
作業台 1	−	−	＜10	A
作業台 2	＋	＋	230	D
スライサー	−	＋	70	B
ドアノブ	−	−	＜10	A
ドレッシング用ボール	−	＋	30	B
かき混ぜ用ボール	−	＋	340	C
肉用冷蔵庫棚	＋	＋	2 100	D
野菜用冷蔵庫棚	−	−	840	Q
お椀（割卵用）	−	−	＜10	A
冷蔵庫取っ手	−	＋	330	C

A：タンパク質検査，生菌数検査，目視検査のいずれも合格．
B：タンパク質検査，目視検査の一方もしくは両方が不合格，生菌数検査は合格．
C：タンパク質検査，生菌数検査が不合格，目視検査は合格．
D：タンパク質検査結果は問わない．生菌数検査，目視検査は不合格．
Q：タンパク質検査，目視検査が合格，生菌数検査は不合格．

が参考になるであろう．

　タンパク質測定法やATPバイオルミネッセンス法では，食品中のタンパク質やATP含量が異なることや，製品の種類（微生物基準など），工程，機器の種類などによっても基準は異なる（表8.15，表8.16）．

　洗浄・殺菌のモニタリング方法は日進月歩の感がある．ここに示したものはその一部である．これらのモニタリング機器の市販リスト[53]が紹介されているので利用していただきたい．

　ただし，総合衛生管理製造過程の5原則の中に，検証，改善措置が含まれているように，汚れ・微生物の検査結果が一時的な評価（合否）であっ

てはならない．検査結果を場所的・経時的・個別的に評価し，効率的・効果的に安全な食品を製造するための手段として活用していただきたい．

参考文献

1) 森崎久雄，大島広行，磯部賢治編：バイオフィルム，サイエンスフォーラム（1998）
2) 土戸哲明：防菌防黴，**28**，623（2000）
3) 森崎久雄：バイオフィルムのサイエンス，バイオフィルム，森崎久雄，大島広行，磯部賢治編，p.49，サイエンスフォーラム（1998）
4) 松山東平：*Microbes Environ.*，**14**，193（1999）
5) E. A. Zottola and K. C. Sasahara：*Int. J. Food Microbiol.*，**23**，125（1994）
6) K. Kogure, E. Ikemoto and H. Mirisaki：*J. Bacteriol.*，**180**，932（1998）
7) L. A. Pratt and R. Kolter：*Mol. Microbiol.*，**30**，285（1998）
8) G. A. O'Toole and R. Kolter：*ibid.*，**30**，295（1998）
9) T. J. Beveridge et al.：*FEMS Microbiol. Rev.*，**20**，291（1998）
10) C. Prigent-Combaret, O. Vidal and P. Lejeune：*J. Bacteriol.*，**181**，5993（1999）
11) J. F. Frank and R. A. Koffi：*J. Food Prot.*，**53**，550（1990）
12) P. Gilbert and M. R. W. Brown：Mechanisms of the protection of bacterial biofilms from antimicrobial agents, Microbial Biofilms, H. M. Lappin-Scott and J. W. Costerton eds., p.118, Cambridge Univ. Press（1995）
13) K. D. Xu, G. A. McFeters and P. S. Stewart：*Microbiology*，**146**，547（2000）
14) C. Mayer et al.：*Int. J. Biol. Macromolec.*，**26**，3（1999）
15) A. Takehara and S. Fukuzaki：*Biocontrol Sci.*，**7**，9（2002）
16) C. Arizcun, C. Vasseur and J. Labadie：*J. Food Prot.*，**61**，731（1998）
17) 大谷朝男編：多様化する無機系抗菌剤と高度利用技術，アイピーシー（1997）
18) 河端俊治，春田三佐夫編：HACCP—これからの食品工場の自主衛生管理—，中央法規出版（1992）
19) 日本食品保全研究会編：HACCPの基礎と実際，中央法規出版（1997）
20) 横山理雄他編：HACCPシステム導入の手引き，第Ⅰ巻，第Ⅱ巻，サイエンスフォーラム（2000）
21) 上田　修：食品工業，**27**（10），1（1984）
22) 上田　修：同誌，**38**（12），23（1995）
23) 井上富士男：防菌防黴，**22**，439（1994）
24) 加藤光夫：食品と開発，**36**（5），14（2000）
25) （社）日本厨房工業会編：食品洗浄・消毒機器，厨房設備工学入門，p.203（1992）

26) 三浦健司, 田口　弘：食品機械装置, **33**（2）, 57（1996）
27) 井上哲秀：同誌, **36**（1）, 81（1999）
28) 日佐和夫：第3講座HACCP実施の前提となる衛生管理要件（Prerequisite Program；PP）の考え方, HACCPシステム実践講座, p.2, サイエンスフォーラム（1997）
29) 上田　修：*HACCP*, **3**（12）, 50（1997）
30) 高本一夫, 上田　修：製造現場における洗浄殺菌, 包装食品の安全戦略, p.68, 日報（2002）
31) 横関正直：*HACCP*, **2**（1）, 31（1996）
32) 西野　甫：洗浄殺菌の実態と問題点, 洗浄殺菌の科学と技術, 高野光男, 横山理雄, 西野　甫編, p.111, サイエンスフォーラム（2000）
33) 渡辺恵市郎：クリーンテクノロジー, **5**（8）, 40（1995）
34) 金子精一他：図解食品衛生学実験, 講談社サイエンティフィク（1994）
35) 春田三佐夫, 細貝祐太郎, 宇田川俊一：目で見る食品衛生検査法, p.196, 中央法規出版（1989）
36) 厚生省生活衛生局監修：食品衛生検査指針, 日本食品衛生協会（1990）
37) 日本薬学会編：衛生検査法・注釈, 金原書店（1990）
38) 小高秀正, 水落慎吾, 小沼博隆：日食微誌, **16**, 131（1999）
39) 山崎省二：バイオコンタミネーションコントロールシンポジウム, ISO/TC209, クリーンルーム国際規格制定の現状と将来, p.44, 日本空気清浄協会（1997）
40) 中川　弘, 伊藤　武：*HACCP*, **7**（2）, 26（2001）
41) 小暮　実：同誌, **7**（2）, 18（2001）
42) 本間　茂：食品と開発, **31**（1）, 22（1996）
43) 山本茂貴：同誌, **32**（11）, 4（1997）
44) 本間　茂：同誌, **32**（11）, 7（1997）
45) 竹内秀行：同誌, **32**（11）, 11（1997）
46) 本間　茂：ジャパンフードサイエンス, **40**（4）, 67（2001）
47) 本間　茂：食品と開発, **37**（8）, 16（2002）
48) 井上富士男：食品機械装置, **34**（1）, 52（1997）
49) 高橋哲茂：ジャパンフードサイエンス, **40**（4）, 77（2001）
50) 青柴孝宏他：同誌, **39**（4）, 49（2000）
51) 厚生省生活衛生局監修：食品衛生検査指針, p.67, 日本食品衛生協会（1990）
52) L. T. Cate：*J. Appl. Bacteriol.*, **28**, 221（1965）
53) 月刊フードケミカル, No.6, 69（2001）

〔矢野俊博〕

第9章　食品工場における検証

総合衛生管理製造過程（HACCP）の7原則12手順（表9.1）には，原則6手順11として「検証方法の設定」が設けられている．食品工場の自主衛生管理方式であるHACCPにこの項目が設けられていることは，検証が安全な食品を製造するための重要な位置を占めていることを示すものである．

表9.1　HACCPシステムの7原則12手順

HACCP専門家チームの編成	手順1
製品についての記述	手順2
意図する用途/対象消費者の確認	手順3
フローダイヤグラム（製造工程一覧図），施設図面の作成	手順4
フローダイヤグラム（製造工程一覧図），施設図面の現場確認	手順5
危害分析，危害リストの作成	原則1 手順6
CCPの設定	原則2 手順7
管理基準の設定	原則3 手順8
モニタリング方法の設定	原則4 手順9
改善措置の設定	原則5 手順10
検証方法の設定	原則6 手順11
記録保存および文書作成規定の設定	原則7 手順12

9.1　ベリフィケーションとバリデーション

バリデーション（validation）は，従来から医薬品製造分野で行われている検証のことであり，「製造所の構造設備並びに手順，工程，その他の製造管理及び品質管理の方法が期待される結果を与えることを検証し，これを文書化することをいう」と定義されている（「医薬品の製造管理及び品質管理規則」平成6年厚生省令第3号）．期待される結果とは，定量的に表現でき

る国際的,科学的な基準値またはそれから類推される基準である.また,医薬品の安全管理の重要性を鑑(かんが)み,「バリデーション基準について」(平成7年医薬発第158号)が厚生労働省から通知され,次々見直しがなされている(平成12年医薬発第660号).バリデーションは,製造所の設計段階から始まり,設備機器の据付け時の適格性,稼働性能適格性,最悪条件下適格性,チャレンジテスト(負荷試験),コンピューターなど幅広い範囲を対象としている[1, 2].

ベリフィケーション(verification)は,HACCP方式が構築された時に採用された用語で,食品分野で行われている検証のことであり,HACCP方式による管理(監視)が,その計画書どおりに正しく実施されていたかどうかを確認し,または証明するための方法,方式および検査のことと解説されている[3].「総合衛生管理製造過程承認制度実施要領の改定について」(平成12年生衛発第1634号)では,検証は表9.2に示すような内容になっている.

最近では食品分野においてもバリデーションが用語として使用されるようになり,ベリフィケーションと使い分けられるようになってきている.

表9.2 検　　証

ア	施行規則第4条第5号*または乳等省令**別表三の(五)に規定する検証するための方法には,食品衛生上の危害の発生が適切に防止されていることを検証するための方法として次の事項について定めていること.
	(ア) 製品などの試験の方法および当該試験に用いる機械器具の保守点検(計器の校正を含む)
	(イ) モニタリングの実施状況,改善措置および施設設備などの衛生管理についての記録の点検
	(ウ) 重要管理点におけるモニタリングに用いる計測機器の校正
	(エ) 苦情または回収の原因の解析
	(オ) 実施計画の定期的見直し
イ	これらの内容には,実施頻度,実施担当者など検証の具体的実施に係る内容が含まれていること.
ウ	製品などの試験成績書により,食品製造または加工の方法およびその衛生管理の方法が適切に実施されていることが確認されていること.

　＊　施行規則;食品衛生法施行規則(昭和23年厚生省令第23号)
　＊＊　乳等省令;乳及び乳製品の成分規格等に関する省令(昭和26年厚生省令第52号)

そこでは，ベリフィケーションはHACCPがプランどおりに実施されているかを検証することであり，バリデーションはHACCPそのものが，その製品の衛生管理を行う上で適正であるか否かを検証することと区別されている．したがって，その対象は，前者では① 記録の点検，② 各工程における製品などの試験結果，③ モニタリング機器の校正など，後者では① 最終製品の試験検査，② 苦情または回収の原因解析，③ プランの定期的な見直し，などとなっている．

以後，ここでは両者を併せて「検証」として取り扱う．

9.2 検証とモニタリング

検証とモニタリングは混同される場合が多く見られる．検証は先にも示したとおり，HACCPプラン全体あるいは部分をチェックするものであり，その中にモニタリングも含まれる．一方，モニタリングは，重要管理点（CCP）においては稼働時に，洗浄・殺菌など一般的衛生管理プログラム（PP）においては作業開始前や終了後などに，管理基準が守られているか否かをチェックすることである．

9.3 検証の重要性

検証の目的は，① HACCPプランの有効性を評価し，HACCPシステムが適切に機能していることを確認する，② 定期的な検証の結果から，自身の衛生管理システムの弱点を認識することにより，HACCPプランを修正し，より優れたものにする，ことにある[4]．

9.3.1 HACCPプランの有効性評価

上記の① は，HACCPプランの構築時（変更時）や日常業務を対象に行われるものである．

HACCPプランの構築時の場合について示すと，HACCPにおいては規

制緩和(製造方法,衛生管理方法など)が念頭にあり,製品の製造方法などは企業に任されている.したがって,採用した新しい製造方法が的確であるか否かを検証する必要がある.プラン変更時も同様である.

日常業務においては,中間製品・製品を検査することによって,そのプランが適切に機能しているか否かを検証するためのものであり,食品衛生法の規格基準,都道府県や企業団体の規格あるいは指導基準,社内基準などに適合している否かについて検討することが必要となる.

プランの構築時(変更時)や日常業務の検証方法はほぼ同じである.例えば,牛乳の場合,最終製品をランダムサンプリングし,それについて,風味,微生物試験(一般細菌,大腸菌群,低温細菌など)の検査が日常業務として行われている.

また,記録を検証することも重要である.

9.3.2　HACCPプランの修正

上記の②は,定期的に行う検証である.

例えば,記録を定期的に検証することにより,一定の傾向が見られる場合がある.それはプランが良好であることを示す場合と,プランが計画どおりに進行していないことを示す場合がある.良好であることを示す場合にあっては,その部分のモニタリングなどの機会を少なくすることや,CCPで管理していた部分をPPで管理するように変更することなどが可能となる.計画どおりに進行していない場合にあっては,その部分のプランを見直す必要が出てくる.例えば,洗浄後において汚れの残存がしばしば見られる場合,その原因(洗浄方法や洗浄剤の選択)を修正する必要がある.

また,新しい情報(食品事故,クレーム,社内トラブル,法令の改正など)を基に,プランを修正することもここに含まれる.例えば,同じようなクレーム,社内トラブルが続出した場合,当然その部分を修正する必要がある.また,初期の「総合衛生管理製造過程に係る承認について」(平成8年衛乳第223号)では記載されていなかった停電などの突発的事故対策が,「総合衛生管理製造過程承認制度実施要領の改正について」では設けられ

ているので，当然，プランを修正加筆しなければならない．食品添加物への承認（平成14年食発第0610003号）に伴う強（微）酸性次亜塩素酸水の利用なども修正要件に該当する．

　その他，HACCPシステムの修正・変更が必要になる場合としては，①原材料および製品の変更，②加工条件（工場の配置および周辺環境，加工設備機器，洗浄および殺菌方法など）の変更，③包装方法，保管方法あるいは使用方法の変更，④CCP逸脱の原因がシステムにあった場合，⑤製品検査結果からシステムの変更が必要とされた場合，⑥消費者に関連する新たな危害の情報などを入手した場合，⑦7原則12手順やPPなどの条件・方法などが変更された場合など多岐にわたる．また，修正・変更を行った場合には，関連する関係書類などの改正を行う必要があると同時に，従業員に対し周知徹底を図る必要がある．この場合，承認工場では変更申請などの必要な手続きを行わなければならない．

9.4　検証の内容

　検証の内容は表9.2に示したとおりであり，これらはHACCPのみではなく，その前提条件であるPPや5S（整理・整頓・清掃・清潔・躾）までが対象になる．また，それぞれの検証では目的を持って行う必要がある．

　検証作業に規定すべき事項として，①頻度，②担当者，③検証結果に基づく措置，④検証結果の記録方法が掲げられている[4]．これらは対象により異なるが，検証することにより変更する場合もでてくる．以下に一例を示す．

　頻度は，CCPのモニタリングではほぼ毎日，衛生管理者による現場検証などは毎月，大がかりな内部検証などは年2回などになる．

　担当者は，検証の頻度との関わりが多く，毎日行うような場合では現場担当の責任者，毎月行うような場合では衛生管理の責任者，内部検証などでは工場長や社長（承認工場ではHACCPチーム）などになる．

　検証結果に基づく措置は，簡単なモニタリング担当者に対する記載方法

の教育から，管理基準の逸脱が多い場所ではCCPそのものの内容変更（管理基準，モニタリング頻度など），手順書の変更，機器の変更など重要なものまである．

検証結果の記録方法は検証の内容によって当然異なる．

9.5 行政による検証

検証は社内で行う内部検証と，総合衛生管理製造過程承認工場にあっては，食品監視専門員による年2回の外部検証がある．また，外部検証は第三者による検証（9.6節参照）も行われることがあり，視点が変わるために有効である．

内部検証は上述した要件に従って，自社で文書を作成，検証を行うのが通例である（9.7節参照）．

ここでは，食品監視専門員による外部検証について示すので内部検証の参考にして頂きたい．ここに示す内容は総合衛生管理製造過程承認に係る現地調査のポイントであるが，承認後も同様な検証が行われ，検証結果により提言，指導などの処置がとられる[5]．

外部検証の目的は，① 危害要因を検証し，それに対する防止措置の妥当性の評価，② 内部検証を検証し，総合衛生管理製造過程承認工場ではHACCPが，それ以外では衛生管理業務が，適切に機能していることの確認，③ 衛生意識レベルの再生，向上，および製品の安全性レベルの維持，向上などである．

9.5.1 検証の基本

① Yes/Noで終わる質問はしない．When, Who, Where, What, Howを尋ねる．
② 工場から多くの情報を得られるような質問の仕方をする．
③ 理解に自信が持てるまで説明してもらう．
④ 可能な場合は説明されたことを実際に実施してもらって確認する．

9.5.2 現場での主なチェック項目

1）入　　場
① 従事者の着衣の洗濯頻度および交換頻度はどの程度か．
② 手指の洗浄方法は適切か．
③ エアーシャワー室内は清潔か．
④ ローラー式のホコリ取りが設置されている場合，使用された形跡があるか．ゴミ箱が設置されているか．

2）工 場 全 体
① 外壁の破損，網戸の破損などがないか．
② 鼠族（ネズミ），昆虫などを見かけるか．
③ カビの発生，ホコリのたまりなどはないか．
④ 手洗い設備は適切な場所に配置されているか．
⑤ 洗浄剤，殺菌剤などは保管場所が特定されているか．また，調製，補充はどのようにされているか．
⑥ 手袋を使用している場合，交換頻度などが定められているか．
⑦ ホースはフックに掛けて保管し，その先端が汚染されないような対策が講じられているか．
⑧ 不必要なものが工場内に持ち込まれていないか．
⑨ 工具類はその保管場所が特定されているか．また，その旨の表示がなされているか．
⑩ 掃除用具は保管場所が特定されているか．
⑪ 冷蔵庫，冷凍庫の温度センサーの位置は適切か．
⑫ 中心温度計の保管場所と使用前の消毒方法は適切か．
⑬ 機械器具の洗浄場所，設備，方法は適切か．
⑭ 照明装置にはガラス飛散防止が施されているか．

3）製造ライン
① 原材料，包装材料の保管場所，搬入経路は適切か．
② フローチャートは実際の製造の工程を正しく反映しているか，見逃している工程はないか．

③ 施設の図面（施設の構造，機械器具の配置，製品などの移動経路，従業員の配置および動線など）は実際を正しく反映しているか．変更場所はないか，あれば適切か．

4）従　事　者
① 規定された方法で作業を行っているか（手袋の着用など）．
② 規定された時，場所で作業を行っているか（ライン稼働中の器具・床の洗浄，床での器具の洗浄，汚染・清潔区域での作業の混同など）．
③ 教育訓練は十分に行われているか．

5）モニタリング場所（当日の記録を確認しながら）
① CCP整理表に規定されたとおりにモニタリングを実施しているか（実際に実施させる，あるいはヒアリングを行う）．
② モニタリングに用いる装置，計測器具が設置されているか（名称の確認）．
③ 装置，計測器具が適切に作動するか（使用可能な状態にあるか）．
④ モニタリングデータのばらつきなどから考えて，モニタリングの頻度が危害の発生防止に十分なものかどうか（頻度設定の根拠）．
⑤ 連続的にモニタリングができているか（ある1点のみでなく，継続的に管理基準を満たしていることをモニタリングできるか）．
⑥ 管理基準から逸脱したときにそれを即時に判断できるモニタリング方法を採用し，逸脱した場合，規定された措置を行っているか．

6）現場での記録の仕方
① 担当者は記録の仕方を理解しているか．
② あらかじめデータを記録していないか．
③ 確認結果を即時に記録しているか．
④ 指定された用紙に直接記録しているか．転記の禁止（ただし，オリジナルデータを整理して保管していればよい）．
⑤ 記録と管理の実施状況との間にズレはないか（正しい測定値を記録しているか）．
⑥ 数値記録が必要な場合，数値を記録しているか（この場合「OK」「合

致」などは不可）．

7）現場担当者の動き
① 決められた担当者がモニタリングを実施しているか．
② 工程の担当者はこの工程がCCPであることを理解しているか．
③ 担当者はモニタリング方法，頻度を理解しているか．
④ 担当者は管理基準を理解しているか．

8）改善措置
① 管理基準から逸脱したと仮定して，デモンストレーションを行ってもらうか，説明してもらう．
② 改善措置は食品の安全を確保するための適切な措置か．
③ CCP整理表に規定されたとおりか（手順は具体的に記載されているか．「別途処理」はダメ）．

これらはCCP工程のみならず，PPにあたる作業内容も作業手順書に照らして観察，質問，チェックなどを行う必要がある．

9.5.3 書類検証

（1）危害リストやHACCPプラン総括表などを見ながら，工場の①危害分析，②CCPの設定，③管理基準の設定，④モニタリング，⑤改善措置，⑥検証方法が適切かどうか，を判断する．

① 危害分析は適切か（最も重要な部分である）．
・当該施設の製造の過程において，省令で規定されている危害原因物質が全て検討されていると考えられるか．検討されていない場合，書類上に検討されていない理由が明記されているか（Yes, No）．
　　Yesの場合：その理由は妥当なものか．
　　Noの場合：当該危害について検討しなかった理由を尋ねる．
・HACCPプランの中に特定されていないが，現場で確認した結果，発生する可能性があると判断した危害を挙げる．
・各工程で考えられる危害原因物質についてどのように管理しているか．その防止措置をヒアリングしてHACCPプランとの整合性を確

認する．
・特定された危害が本当に食品衛生上の危害なのかを検討する．
② CCPの設定
・特定された危害をコントロールするための適切なCCPが設定されているか．
③ 管理基準の設定
・管理基準（CL；control limit）は適確か．管理基準を設定するに至った分析データがあるか．
・CLと運用基準（OL；operational limit）の区別は明確か．その違いを理解しているか．
・危害発生を防止するうえでのパラメーターは適切か．
④ モニタリング
・指定された用紙が使用されているか．
・モニタリングすべき項目は全て記入できる様式か．また，全て記載されているか．
・CCP以外の項目を同一用紙に記載している場合，CCPと他の項目が区別できるようになっているか．
・○×ではなく，数値で記載されているか（数値で記載できない場合（金属探知機など）は○×でも可）．
・モニタリング頻度は規定どおりか．
・モニタリングの日時が記載されているか．
・製品が特定できるように，製品名が記載されているか．
・規定どおり改ざんできない方法で記入しているか（ボールペンは可，鉛筆は不可）．
・訂正方法は適正か．
・CLを逸脱していないか．
・CLを逸脱した場合，改善措置がとられているか．
・しばしばOLを逸脱していないか．
・OLを逸脱した場合，改善措置がとられているか．

⑤ 改善措置
- Who，When，Where，What，Howなどが記載できる様式になっているか．
- 逸脱発生原因が調査され，記録されているか．また，再発防止措置がとられたか．とられた場合はそれが記録されているか．
- CCP整理表の改善措置は具体的に記載されているか（別途処理は不可）．
- CCP整理表の改善措置は食品衛生上問題のある食品の出荷，流通を防ぐ上で効果的なものか．
- 工程に対する改善措置と，影響を受けた食品に対する改善措置の両方が規定されているか．
- いくつかの逸脱の状況に分けて改善措置を規定している場合，全ての考えられる逸脱に対し改善措置が規定されているか．

⑥ 検証方法

★製品などの試験検査（試験室において確認）
- 試験項目（指標菌など）は何か．また，それは管理効果を評価するうえで適切か．
- 試験検査の方法は適切か．また，サンプリング方法は明確になっているか．
- 試験検査に用いるすべての装置，計測器具が配置されているか．
- 製品などの検査結果は，管理のための目標値を満たしているか．
- 検査で不合格が発見された場合の措置は明確に規定されているか．
- 使用しているすべての計測機器について点検・校正方法が規定され，規定どおりに実施され，記録されているか．

★モニタリング機器の校正
- 校正の方法は適切か（説明または可能ならデモンストレーションしてもらう）．
- 校正は規定された頻度，方法，担当者によって行われているか．

・異常の有無が記載されているか．
  ・異常が判明した場合，危害の恐れのある食品（原材料，中間製品）が製造されなかったか．
 ★HACCPチームによる現場確認
  ・従業員の作業内容が規定されたとおりに行われているかどうかの現場確認をどのように行おうとしているか．また，その方法などは十分に効果的か．
(2) 一般的衛生管理プログラムに関する書類について

　承認申請時に添付書類としてどこまで付けなければならないかは，今後検討されていくであろう．基本的には10項目（第8章，表8.1）について，その実施内容，実施頻度，実施担当者，実施状況の確認方法，記録の方法が規定され，記載された書類があれば良いが，それらはすべて検証の対象になる．

　特に「施設設備の衛生管理」および「食品などの衛生的取扱い」に関わる書類で，「洗浄・殺菌」に関する記述がこれまでの申請書上でも必ずしも十分でなかったことが指摘されており，申請書の位置づけとともに，その内容は従前より厳しくなることが予想されている．

(3) 製造工程フロー，製造設備配置図について

　実際には「保管」や「混合」などの工程があるにもかかわらず，フロー中からは読み取れないような事例がある．製造工程フローを実際の製造に忠実に作成することは，危害分析の作業上で非常に重要な意味を持つ．概略を示すのではなく，製造現場（工程）を書類上に再現することが重要である．

　製造設備配置図も実際の現場にはあるものが，図面上は記載されていない場合がある．製造に欠かせない設備や，製品の衛生上一定の管理が求められる設備については，小さいものでも記載する必要がある．したがって，これらも検証の対象になる．

9.5.4 記　　録

記録を検証するにあたっての主な留意点
- トレーサビリティー：ある日のある製品について，その製品の製造に使用した原材料の受入日，受入先，ロット番号などが特定できるか．また，その製品の工場内でのすべての管理状況が把握できるか．その製品の出荷先，出荷量などが確認できるか．
- 異常が発生したとき，それが分かるようになっているか．規定したとおりの改善措置がとられているか．また，その原因追及に関して記録されているか．
- 必要な項目すべてが記載できるように記録用紙がなっているか．
- 記録事項のうち記録の必要のない場所は斜線で消すなど記入もれでないことを明らかにしているか．
- 自記記録チャートは確認したことが分かるようになっているか．
- 記録は規定された頻度で行われているか．
- モニタリング記録の場合，記録時刻，担当者名，製造時間が記録されているか．
- 記録の確認者の署名と日付が記載されているか．その日付は適切か．
- 記録の改ざん防止措置がとられているか（未使用用紙に連番をつけるなど）．
- 記録もれはどのようなときに発生しやすいか．
- 記録は規定された保管期間保管されているか．
- コンピューターにより記録管理を行う場合，記録の改ざんなどが容易に行えないような対策を講じているか．また，不慮の事故による記録の消滅を防止するためのバックアップ体制が取られているか．

このほかにも検証しなければならない項目は多くあるが省略する．

9.5.5　消費者からの苦情，回収

- 苦情内容，回収理由は記載されているか．
- 苦情原因が調査され，記録されているか．また，その原因について工

場由来，流通由来，消費者由来などの区別がされているか．
・再発防止措置がとられているか．とられている場合はその内容が記載されているか．また，その措置は妥当なものか．とられなかった場合，その理由に妥当性があるか．
・同様の苦情などが続出していないか．

9.5.6 製品検査

・製品が規格基準を満たしているか．
・規格基準を満たしていない場合，同様の結果が続出しているか．また，満たしていても，大きな変動が見られるか．同様の結果が続出している場合，衛生管理システムの再検討を行ったか．
・規格基準逸脱製品に対する措置（再生，廃棄など）は適切か．
・逸脱原因が調査され，記録されているか．
・再発防止措置がとられているか．とられている場合はその内容が記載されているか．また，その措置は妥当なものか．とられなかった場合，その理由に妥当性があるか．

9.6　流通業界による検証

　流通業界では，そのプライベート商品（食品）や納入商品（食品）を製造している業者に対して立入検査を行っているが，これは流通業界による検証になる．

　行われる対象は，工場内の設備などの配置，検査結果，製品製造工程，記録などである．これらは行政機関によるものとほとんど差異はない．具体的な内容を表9.3に例示（業種によっても異なる）するが，すべてを網羅していない．また，拭き取り検査なども行われる．

　流通業界の検証では，採点制が採用されている場合が多く，その結果により取引停止などの処置がとられる．採点制の例を示すと，95点以上；現状維持，80点以上；向上が望まれる，65点以上；現状では問題がある，

表9.3 流通業界による検証例

	検査項目	検査内容
品質管理	自主検査体制	細菌検査, 簡易細菌検査, 理化学検査（ロットごと）
	自主管理体制	製品の試食, パネル（従業員）による官能検査
	製品検査依頼	頻度（毎月○回）, 依頼検査内容, 依頼検査機関
	従業員の衛生教育	頻度, 内容, 作業マニュアル, 訓示, 回覧
	防虫防鼠対策	専門家への依頼（頻度, 業者名）, 記録（対策, モニタリング）, 殺虫剤・殺鼠剤の種類, 防虫防鼠設備（具体名）
	使用水の品質	水道水, 水道水以外の水質検査, その他の場合（検査結果）
	排水処理	排水処理設備, 放流水の基準の確認
	廃棄物処理	工場内外の廃棄物庫などの設置, 密封性
	トイレの衛生	消毒液（洗浄剤）, ドア, ペーパータオル・ロールタオル・乾燥器, 爪ブラシ
	更衣室の衛生	作業場との区別, スペース, 鏡の設置, 清潔さ
設備環境	出入口の管理	消毒槽, 薬品（品名, 濃度）, 二重ドア, エアーシャワー, ローラー
	手洗い設備	設備数（人数との関係）, 設置場所, 洗剤・消毒剤（品名, 濃度, 量）, 爪ブラシ, ペーパータオル・ロールタオル・乾燥器, その他の設備
	作業区分	レイアウト, 汚染区域と非汚染区域の分離（交差汚染の可能性）, 他の区域との遮断性（ドアなど）, 冷却設備（放冷, 冷蔵, 冷凍）
	空調（作業室内）	室温, 湿度, 換気設備, 照明設備（照度）
	床	平滑性, 傾斜, 材質（材料名）, 壁とのアール, ドフイ性
	壁面	耐水性, 材質（材料名）, 結露
	天井	材質（材料名）, 結露, 異物混入の可能性
	窓	網戸（メッシュ）, 材質（材料名）
	排水溝	傾斜, アール, 清掃に対する利便性, 防虫防鼠設備, （オイル）トラップ
	清掃道具	清掃道具（ブラシ, ホース, 水切り）, 保管設備（場所）
原料・製品	原材料の品質検査	品質証明書, 抜取り検査（頻度, 項目）, 鮮度, 品質（目視, 官能検査）
	原材料の保管（常温）	保管方法（直置き, 棚）, 原材料の区分け, 先入れ先出し, 防虫防鼠対策
	原材料の保管（冷蔵, 冷凍）	保管方法（直置き, 棚）, 原材料の区分け, 先入れ先出し, 温度管理, 霜取り時（停電）の管理方法

	食品添加物の管理	使用添加物名,内容成分の確認,計量方法,誤使用(高濃度側,低濃度側)の可能性と対策
	包装資材の品質検査	品質証明書,規格基準の適合性,回収容器包装の場合は洗浄・殺菌方法
	(包装)資材の管理	保管方法(直置き,棚),先入れ先出し,防虫防鼠対策,保管設備(清潔性)
	品質確認	表示,重量,容器包装の密封性,容器包装の印刷(製品との適合性,印刷のズレ)
	製品の管理	保管方法(直置き,棚),製品の区分け,温度管理,直射日光,保管設備(清潔性),防虫防鼠対策
	コンテナ,サンテナ	他メーカーとの混同使用,洗浄方法,保管方法
	配送	配送車の種類(常温・冷蔵・冷凍),温度管理(自記温度計),他社へ依頼している場合は会社名
製造工程	機械類の洗浄・殺菌	頻度(使用前・使用中・使用後),方法(使用薬剤,薬剤濃度など)
	機械類の使用方法*	用途・製造ライン(製品)の区分け,区分けができない場合の洗浄・殺菌
	機械類の作動管理	担当者の設置,記録,不良品発生時の管理(計測器,殺菌機,包装機)
	器具類の洗浄・殺菌	頻度(使用前・使用中・使用後),方法(使用薬剤,薬剤濃度など)
	器具類の管理保管	用途別区分け,保管方法,保管設備
	表示,量目の正確性	表示(品名,製造年月日,賞味期限,製造業者,住所,食品添加物,アレルギー物質,内容量など法令で定められている内容),量目検査
	仕掛け品の管理	保管方法(直置き,棚),保管温度,保管時間
	作業場内の清掃	頻度,場所(床,壁,天井)
	防虫防鼠対策	ゴキブリ(糞,形跡,防虫剤),ネズミ(糞,形跡,殺鼠剤),飛翔性あるいは歩行性昆虫対策,ハエなどの発生
	作業場内衛生対策	簡易クリーンルーム,クリーンルーム(クラス),金属探知機,洗瓶検査
従業員	訪問者への対応	原則製造現場には関係者以外立入禁止,標示,対応方法(服装など)
	私物・不要品の持ち込み	持ち込み禁止
	作業着	清潔性,クリーニング(頻度),予備
	服装	帽子・三角巾,ネット(毛髪混入帽子),靴(長靴,短靴),マスク
	切り傷,疾病	適切な処置,指サック・手袋,風邪防止対策(マスク)

爪，指，腕，頭髪	爪（長さ，垢），指輪，腕時計（ブレスレット），整髪着帽
着替え・喫煙	所定場所の設置
手洗い	手順の遵守，入室時，工程移動時，非汚染区域などへの移動時
検便	頻度（月1回以上），検査項目，記録保管，対応
健康診断	頻度（年1回以上）

* アレルギー原因物質を原材料として使用している場合，無農薬などのこだわり食品を製造している場合などでは，特に注意が必要である．

50点以上；早急な改善が必要，50点未満；製造中止あるいは取引停止である．また，この採点は全体のものではなく，各項目など，例えば製造工程（表9.3）などで1つでも低い点があることを対象としている場合が多く，非常に厳しいものである．

9.7 内 部 検 証

内部検証は，製造所規模，設備機器，製造品目などによって異なるが，その一例を表9.4，表9.5に示す．どちらも表の内容以外に備考，評価（採点）の項目が必要である．

表9.4は，総合的に検証を行うことを目的として作成され，表9.3と同様に採点制を採用している場合である．この採点制の検証リストを内部検証に利用する場合には，客観的な判断，検証項目の検討，細部を見逃さないなどに留意する必要があるが，第三者機関による検証と同様な内容・結果

表 9.4 製造工程の管理における検証項目[6]

1) 製造工程の管理は定められた管理基準に基づいて実施し，記録しているか
2) 管理基準は内容，頻度，担当者，措置，記録方法が明確になっているか
3) 管理基準は現場の実情に適合し無理のない，かつ適正な基準のものか
4) 各工程の危害を分析し適切な管理項目（重要管理点）が設定されているか
5) 管理基準を逸脱したときの措置について明確に定められ，確実に守られているか
6) 作業者は管理基準や作業手順書を理解し，決められた手順により作業をしているか
7) 作業者の作業の分担と責任は明確になっているか
8) 製造工程でのトラブルや改善すべき事項について検討し改善しているか
9) 責任者は記録を点検・確認しているか

表 9.5　内部検証における殺菌工程の検証項目例

1) 管理基準およびルールの適合性についての確認
 ・担当者が殺菌工程の管理基準を理解しているか
 ・担当者は殺菌工程の改善措置を理解し，逸脱したときに規定された行動をとれるか
 ・殺菌工程で管理基準を逸脱した場合，担当者が即時に分かるようになっているか
 ・現場で更新，増設，変更があった場合，それらが全員に連絡されているか
 ・殺菌方法（殺菌温度，時間）は適切か，また記録されているか
2) モニタリングの記録など点検
 ・モニタリングの結果は日報に記入もれがなく，即時に正しく記載しているか
 ・訂正方法は適切か
3) モニタリングに使用する測定機器の校正
 ・校正された正確な測定機器が使用されているか
 ・測定機器類は清掃，整備され読み取りに支障はないか
 ・校正された日や補正値が測定機器に表示されているか
4) 製造現場での作業内容およびその確認
 ・従業員は作業手順を理解し，決められた手順により作業を行っているか
 ・管理基準を逸脱したとき，上司に指示を仰いでいるか
 ・作業手順は従業員に明示されているか
 ・従業員は必要とする知識，経験などの技術的な教育を受けているか
5) 製造設備の保守点検および衛生管理
 ・機器類からの部品の脱落やオイル漏れはないか
 ・部品・工具類の管理は適切に行われているか
 ・バルブ，パイプなどのつなぎ部分から液漏れ，蒸気漏れがないか
 ・タンク類にひび割れ，ピンホールなどの不良箇所や汚れなどがないか
6) 殺菌工程での品質事故発生の対応
 ・殺菌工程で同様の品質事故やクレームはないか，ある場合は対応を行っているか
 ・関連する品質事故やクレームは従業員全員に連絡されているか
7) 検　証
 ・内部検証，外部検証，行政の指導項目についての改善を実行しているか

　これは牛乳の殺菌工程についての検証項目を，現場での検証と記録の検証に分ける方法をとり，さらに，一般衛生管理（10項目に沿ったもの）と，HACCPシステム（管理基準，モニタリング）とそれに関連した衛生管理などに分ける方法をとったものである．上記の内容は，現場でのHACCPシステムとそれに関連した衛生管理の検証項目を掲げてある．

になる利点がある．

　一方，表9.5は，検証項目を工程ごとに，HACCP関係と一般的衛生管理プログラム，あるいは現場と書類に分けて，細部に渡りチェック項目をあげ，主に○×式で行うことを目的として作成されたものである．この場合には管理クラスのみならず，各工程の長などが他の工程のチェックを行

えるなどの利点を有しているが，保存書類が多くなる欠点を有している．

どちらの検証方法にも利点欠点があり，交互に行うなどの工夫が必要と思われる．

参考文献

1) 川村邦夫：医薬品開発・製造におけるバリデーションの実際，薬業時報社（1997）
2) 川村邦夫：防菌防黴, **23**, 371（1995）
3) 川端俊治，春日三佐夫：HACCP—これからの食品工場の自主衛生管理—，中央法規出版（1992）
4) 厚生省生活衛生局乳肉衛生課監修：HACCP：衛生管理計画の作成と実践総論編，p.128，中央法規出版（1997）
5) 杉下吉一：HACCP実務者養成講座テキスト，p.J-1，北陸HACCPシステム研究会（2000）
6) 玄道征三：製造管理チェックリスト，牛乳の品質管理マニュアル，p.44，全国農協乳業協会（2002）

〈矢野俊博〉

第10章　液状・流動状食品の無菌充填包装の実際

　無菌包装食品は，食中毒菌が生育していないということから，世界各国において消費者に好まれている．なかでも，牛乳，コーヒー用ミルク，果汁飲料，スープ，タレなどが無菌充填包装されている．

　1951年，スイスで実験の行われた牛乳の無菌充填包装は，Tetra Pak（テトラパック）社の手で1961年に企業化され，ロングライフミルクと呼ばれて，ヨーロッパを初めとして世界各国で生産されるようになった．

　また，NASA（アメリカ航空宇宙局）のロケット組み立てのため開発された無菌室が，食品工場向けに改良されてバイオクリーンルームになり，牛乳や果汁飲料などの無菌充填包装工場で使われるようになった．

　わが国では，液状食品（低粘性食品）や流動状食品（高粘性食品）が，UHT（超高温短時間）殺菌され，無菌化された紙容器，PETボトル，プラスチック容器や金属缶に無菌充填包装されている．

　食品工場で使用するトマト原料や果汁原料は，海外から無菌充填包装されて日本へ輸入されてくる．また，濃縮スープやトマトケチャップなどの流動状食品も無菌充填包装され，業務用食品として流通している．

　この章では，液状・流動状食品の無菌充填包装の実際について説明しよう．

10.1　食品の無菌充填包装とは

　食品の無菌充填包装は，包装材料や容器を過酸化水素などで殺菌した後，乾燥し，UHT殺菌装置で殺菌した液状食品を無菌充填包装するものであり，茶飲料，牛乳，各種スープなどがある．表10.1に，世界各国で市販さ

表10.1 世界各国で市販されている無菌充填包装食品[1]

乳 製 品	フルーツ製品	ソース・酒類	そ の 他
発酵乳	パパイヤ飲料	ケチャップ	豆乳
ロングライフミルク	メロン飲料	醤 油	豆腐
ヨーグルト飲料	マンゴー飲料	チョコレート	ミックス果汁シロップ
コーヒー用ミルク	グアバ飲料	ソース	健康飲料
プディング	オレンジ飲料	酒	水
アイスクリームミックス	果汁ネクター	ワイン	コーヒー
泡だてクリーム			各種茶飲料
チーズスプレッド			

れている無菌充填包装食品[1] を示した.

最近,アメリカやヨーロッパで,Combibloc（コンビブロック）の紙カートンに無菌充填包装されたクッキングソースが出回ってきており,流動状食品や固液混合食品の無菌充填包装が注目されている.

近年,世界各国で無菌充填包装食品が伸びてきた理由として,食品の健康食化につれて,食塩,糖分の含有量が少なくなり,食品が腐敗しやすくなったこと,消費者がボツリヌス菌などの食中毒菌に強い関心を持ち,できるだけ微生物の増殖していない食品を求める傾向にあることなどがある.また,食品の生産者から見て,省エネルギーであること,ガラス容器から紙容器へ切り替えることによって包材費と輸送費のコストダウンができるメリットがあること[2] などがあげられている.

なお,食品の無菌充填包装では,ヒトによる微生物汚染を防ぐため包装の自動化が進み,オペレーターが極端に少なくなっている.人手不足の時代に入り,食品の無菌充填包装は,急ピッチで進んでいくものと思われる.

食品の無菌充填包装では,食品や包装容器の殺菌装置,バイオクリーンルームと無菌充填包装機がシステムとして組み込まれている.

10.2 液状・流動状食品の殺菌装置

食品の無菌充填包装では,液状・流動状食品のUHT (ultra high temperature) 殺菌装置と無菌充填包装機が連動され,食品中の微生物は完全に殺菌されている.表10.2に,世界各国で使用されているUHT殺菌装置[3]を示した.

表10.2 世界各国で使用されているUHT殺菌装置[3]

		装 置 名	メーカー	国 名
直接加熱方式	インジェクション式	Uperiser VTIS Aro Bac UHT	APV Alfa-Laval Cherry Burrell 岩井機械	イギリス スウェーデン アメリカ 日 本
	インフュージョン式	Pararistor Thermo Vac Vac-Heater	Paasch & Silkeborg Brell & Martel Cremery Package	デンマーク フランス アメリカ
間接加熱方式	プレート式	Sigma Thermodule Ultramatic Ahlborn Ster-in 3 UHT Steriglak Crescent UHT	Cherry Burrell Alfa-Laval APV Ahlborn Fran Sordi Cremery Package 日阪製作所・岩井機械	アメリカ スウェーデン イギリス ドイツ イタリア イタリア アメリカ 日 本
	チューブラー式	Sterideal Thermutator Spiratherm CJ-Ste-Vac-Heater CTA	Stork Cherry Burrell Cherry Burrell Chester Jensen Cremery Package	オランダ アメリカ アメリカ アメリカ アメリカ
	表面かき取り式	Contherm Thermo Cylinder Thermutator Votator Scraped Surface Heater Rototherm	Alfa-Laval 岩井機械 Cherry Burrell Votator Fran Rica Tito-Manzini & Figli	スウェーデン 日 本 アメリカ アメリカ アメリカ イタリア

直接加熱方式では，食品に直接蒸気を吹き込むインジェクション式，蒸気中に食品を注入して直接加熱するインフュージョン式がある．間接加熱方式では，プレートの間隙の交互に加熱媒体と食品を通して熱交換するプレート式と，缶胴内の蒸気あるいは熱水とチューブ内の食品の熱交換を行い加熱するチューブラー式とがある．また，高粘性食品や固形物を含んだ食品を加熱する場合は，表面かき取り式のUHT殺菌装置が使われている．

10.2.1 液状食品のUHT殺菌装置

UHT殺菌装置の代表的な機種である直接加熱方式では，吹き込み蒸気の凝縮により製品の希釈が生ずるので，凝縮水と等分の水分を取り除かねばならない．これはバキュームチャンバー（真空室）内で食品を瞬間的に加熱することによって行われる．わが国では，この直接法は加工乳の製造に使われている．

直接加熱殺菌装置の一例としてAlfa‐Laval（アルファ・ラバル）社のVTIS・UHT殺菌装置の工程図を図10.1に[4]示した．この装置では，原料牛乳に蒸気が直接噴射され，真空室で過剰の水分が取り除かれ，無菌冷却器で冷却されている．無菌充填包装システムに，この直接加熱殺菌装置を連動する場合，充填ヘッドに⑫の冷却牛乳パイプを接合するようにした

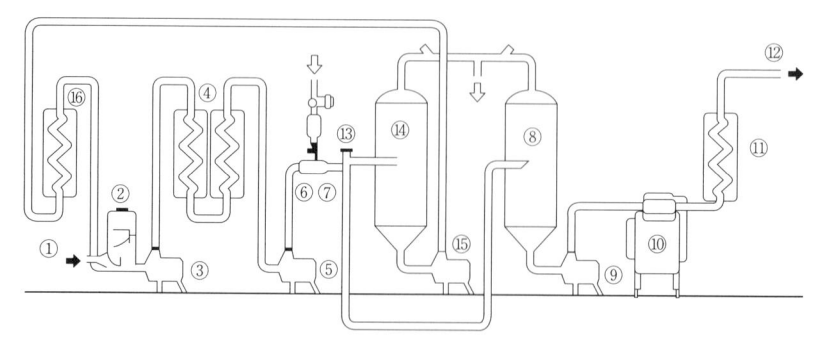

①原料牛乳，②フロートタンク，③ポンプ，④予熱器，⑤ポンプ，⑥蒸気噴射ヘッド，⑦ホルダー，⑧真空室，⑨ポンプ，⑩ホモジナイザー，⑪無菌冷却器，⑫牛乳出口，⑬流れ転換バルブ，⑭流れ転換乳真空室，⑮ポンプ，⑯冷却器

図10.1 Alfa‐Laval社VTIS・UHT殺菌装置の工程図[4]

らよい．

　液状食品のUHT殺菌装置として，間接加熱方式のプレート式が多く使われている．最近，乳製品，飲料分野では，高温加熱での焦げ付き防止，CIPによる洗浄が容易などの点から新タイプのチューブラー式[5]が使われてきている．

10.2.2　流動状食品のUHT殺菌装置

　濃縮スープ，トマトケチャップのUHT殺菌装置には，直接スチームで加熱する方式や間接加熱による表面かき取り式がある．ホワイトソースやクリームコーンなどは，表面かき取り式が使われている．この装置を使用して流動状食品を殺菌した結果[6]，ホワイトソースは135℃，29.5秒，中華ソースは135℃，25秒の殺菌で微生物が完全に死滅している．

　高粘性流動状食品のUHT殺菌装置が開発され，実用化されている．この装置は，高粘性流動状食品をスチーム混合により，高温（100～150℃）まで瞬時にかつ均一に加熱し，真空系における水分蒸発により瞬時冷却することができる．したがって，この装置[7]では従来のUHT殺菌装置では，食品が焦げ付いてしまったり，変色したり，風味の損失によって無菌にできなかったものが，連続的に食品を変質させずに殺菌することができる．

写真10.1　高粘性流動状食品のUHT殺菌装置（呉羽テクノ）[8]

表 10.3 高粘性流動状食品の UHT 殺菌装置による殺菌データ[8]

食品	食品性状		殺菌対象菌	殺菌条件		生菌数	
	粘度 (mPa·s)	pH		温度 (℃)	時間 (秒)	殺菌前 (個/g)	殺菌後 (個/g)
トマト食品	20 000 (常温)	3.5〜4.0	B. licheniformis	118 113	3.0 7.5	1.3×10^2	0 0
トマト食品	2 000〜3 000 (常温)	3.5〜4.0	B. licheniformis	129 117	5.0 6.1	2.0×10^3	0 0
クリーム	2 000〜3 000 (70℃)	6.0〜7.0	B. stearothermophilus	150 139 131	5.9 6.1 6.1	3.5×10^4	0 0 6.0×10^4
タレ類	400〜500 (常温)	4.5〜5.0	B. coagulans B. subtilis	149 130 120	3.5 3.5 3.5	4.0×10^2	0 0 2
チーズ類	200〜300 (80℃)	—	Cl. sporogenes	150 140 130	3.5 3.5 3.5	6.0×10^5	0 0 0
スープ類	200〜300 (10℃)	5.0〜5.5	B. subtilis	142 132 122	3.5 3.5 3.5	6.0×10^5	0 0 1×10^2
スープ類	500 (60℃)	6.0	B. cereus B. subtilis	143 137	3.5 3.5	4.7×10^3	0 1×10^2
デザート類	1 000 (80℃)	6.0	B. subtilis	150 140	10.0 10.0	3.0×10^3	0 0
デザート類	200 (90℃)	3.0	B. subtilis	120 110	3.5 3.5	2.0×10^3	0 1.0×10^1
油脂類	200 000 (80℃)	6.0〜7.0	Bacillus 胞子	150 145 135	10.0 10.0 10.0	3.7×10^4	0 2.0×10^1 1.0×10^1

粘度の ( ) 内は,測定時の温度.
殺菌対象菌は,食品中に含まれていた代表的な微生物(添加したものも含む).

写真10.1に,高粘性流動状食品のUHT殺菌装置[8]を示した.また,表10.3に,高粘性流動状食品のUHT殺菌装置による殺菌データ[8]を示した.この表から,タレ類に *Bacillus coagulans* や *B. subtilis* を1g当たり 4.0×10^2

個加えた製品を149℃，3.5秒加熱したところ，この細菌は完全に死滅することがわかる．

流動状食品の中でも，牛肉や野菜の入ったビーフシチューなどが無菌充填包装されている．これら食品のUHT殺菌装置には，表面かき取り式，ジュピターシステム，オーミック通電加熱殺菌装置とマイクロ波加熱殺菌装置がある．最近，海外では，通電加熱方式のオーミック通電加熱殺菌装置が使われてきている．この装置[9]はパイプの中を流れる固形食品と液状食品の混合食品に電圧をかけ，電流を流すことにより，瞬間的に発熱させ殺菌することができる（第6章6.3.3項参照）．

10.3 食品包装材料の微生物と殺菌方法

10.3.1 包装材料と容器に付着している微生物

ロングライフミルクには，アルミ箔をバリヤー層とし，紙とポリエチレンフィルムで構成された紙容器が使われている．茶飲料や果汁飲料には，ポリエステル（PET）ボトルが使われている．プラスチックフィルムは，190〜210℃の高温で押し出されるため，樹脂中に含まれている細菌などは完全に死滅するが，フィルム製造工程の巻取り工程で付着する微生物が問題となっている．通常のラミネート工程[10]では，押出しシート25cm^{2}当たり2〜3個のコロニーが付着しており，その細菌の中には耐熱性芽胞形成細菌や低温細菌が検出されている．表10.4に，食品包装材料に付着している微生物[11]を示した．紙容器には製紙に使用する水に由来する[12]細菌の *Bacillus*，*Achromobacter*，*Flavobacterium* や酵母の *Rhodotorula*，カビの *Cladosporium* などが生育しており，酢酸ビニルエマルション系接着剤では *Pseudomonas aeruginosa*（緑膿菌），*Bacillus subtilis*（枯草菌）などの細菌や *Aspergillus niger*（黒コウジカビ）などが生育している．一般の食品包装材料に使われているアルミ箔と薄い紙をラミネートしたものには，*B. subtilis*，*Aspergillus flavus* などの微生物が生育している．

牛乳の紙容器に使われる原紙には，1cm^{2}当たり平均0.02〜0.05コロニ

表 10.4　食品包装材料に付着している微生物[11]

包材の種類と工程	微生物の種類
紙容器 (長沼, 1977)	細菌 　Bacillus, Achromobacter, 　Micrococcus, Sarcina, 　Pseudomonas, Aerobacter, 　Escherichia, Flavobacterium 酵母 　Rhodotorula, Cryptococcus, 　Candida, Monilia カビ 　Cladosporium, Chaetomium
酢ビエマルション系 接着剤 (長沼, 1977)	細菌 　Pseudomonas aeruginosa（緑膿菌） 　Eschrichia coli（大腸菌） 　Bacillus subtilis（枯草菌） カビ 　Penicillium citrinum（アオカビ） 　Aspergillus niger（黒コウジカビ）
アルミ箔と薄い紙を ラミネートした包装 材料 (井上, 1977)	細菌 　Bacillus subtilis（枯草菌） 　Pseudomonas aeruginosa（緑膿菌） カビ 　Aspergillus niger（黒コウジカビ） 　Aspergillus flavus（コウジカビ）

一の微生物が検出された．この微生物の検出[13]は拭き取り法で行われ，1 L紙容器1個当たり約40コロニーとなり，カビが20％程度見られ，Oidium, Aspergillus, Mucorなどが検出され，酵母は10％程度であった．細菌は68.8％でMicrococcus，グラム陽性桿菌，グラム陰性桿菌など多くの種類が検出されている．これら原紙に付着している細菌は，ポリエチレン樹脂とルーダーラミネートされることによって，ほとんどの細菌は死滅してしまう．

　茶飲料，果汁飲料用のPETボトルは容器製造工場で作られ，飲料製造現場へ持ち込まれるか，飲料製造工場でのバイプラント方式で作られてい

る．1Lボトル1本中0.4コロニーの細菌が付着していると報告[14]されている．

10.3.2 包装材料の微生物殺菌

液状食品や流動状食品を無菌充填包装する場合，包装材料に生育している微生物は次のように殺菌される．

1） 加熱による殺菌

金属缶，ガラス瓶や耐熱性プラスチック容器などの殺菌に効果があるが，プラスチックフィルムのように加熱によって収縮する製品には，この方法は適用できない．この方式には，ドライホットエアーと過熱水蒸気によるものがある．Dole社の金属缶無菌充填方式では，缶胴の殺菌は220℃，45秒，缶蓋（かんぶた）は290℃，90秒となっている[15]．

2） エチレンオキサイドガスによる殺菌[16]

牛乳の紙容器やバッグ・イン・ボックス（BIB）用のプラスチックフィルムにはエチレンオキサイドガス（EOG）によって殺菌されているものがある．このEOGは，相対湿度（RH）30～70％，温度32～66℃の条件で，空気1L当たり450mg含まれているとき最も効果があるといわれている．EOGの条件を54.4℃，30～50％RHで空気1L当たり500mgとした場合，D値は，*B. subtilis*の胞子で6.66分，耐熱性の*Bacillus stearothermophilus*の胞子は2.63分であり，*Streptococcus faecalis*は3.04分になっている．

最近では，EOGの残留が問題となり，安全性の上から使用が規制されており，成形熱で細菌の発育を抑えた紙カートンブランクに代わってきている．

3） 過酸化水素による殺菌

ロングライフミルク，果汁飲料やコーヒー用ミルクなどの無菌充填包装機には，過酸化水素殺菌装置が組み込まれている．一般に，過酸化水素（H_2O_2）は常温で分解し，発生期の酸素ができる．この発生期の酸素により，微生物の細胞膜が変性したり，酵素活性が低下し，微生物の発育を阻止する[17]といわれている．

表10.5 包装材料に付着している好気性芽胞形成細菌の過酸化水素（30℃・30％）による死滅時間[18]

細菌の胞子	死滅時間（分）	
	最短時間	最長時間
Bacillus polymyxa	15	20
Bacillus subtilis （globigii）	25	—
Bacillus subtilis A	5	10
Bacillus AA 53-55	1	5
Bacillus C 52-324-4	1	5
Bacillus coagulans 56-186A	1	5
Bacillus stearothermophilus	1	5

表10.5に，包装材料に付着している好気性芽胞形成細菌のH_2O_2（30℃，30％）による死滅時間[18]を示した．表より，Bacillus polymyxa の細菌胞子は，死滅するのに最短時間で15分を要するが，B. stearothermophilus は，1～5分の短時間で死滅することが分かる．

30％ H_2O_2 濃度のとき，加熱温度と細菌の死滅作用について，Cerny[19]は，加熱温度が高くなれば細菌の死滅は早くなり，30％ H_2O_2 を80～90℃にした場合，B. stearothermophilus の胞子も10数秒で死滅すると報告している．

PETボトルの殺菌には，過酸化水素と過酢酸を主成分としたオキソニア（Oxonia）が使われている．この液の使用濃度は2.5～3.5％，温度は40～65℃の範囲である[20]．最近，プラスチック容器の殺菌に，ガス状のH_2O_2が使われている．

4）紫外線による殺菌

無菌充填包装用のカップやキャップの殺菌に高性能の紫外線殺菌装置が使われている．

これらの装置の試験[21]において，63mm深さのマーガリン容器の底面にBacillus subtilis 菌液を塗抹後，600Wの高性能紫外線殺菌装置で照射（50～100mW・s/cm²）したところ，99.9％以上殺菌された．また，23mm深さのプラスチックキャップの底にB. subtilis 菌液を塗抹後，30～50mW・cm²

で照射したところ，99.9％以上殺菌された．

5） 放射線による殺菌

　食品や包装材料の殺菌にガンマ線と電子線が使われている．アメリカでは，業務用の濃縮果汁などは，ガンマ線照射された包装材料で無菌充填包装されている．わが国の無菌充填包装用バッグは，電子線照射されたものが多い．電子線照射では，線量を増加すればするほど殺菌の確率は高くなるが，包装材料の損傷や照射コストが高くなる欠点がみられる．

　放射線（ガンマ線，電子線）が医療器具や包装材料の殺菌[22]に使われている理由は，① 温度上昇をあまり伴わず，加熱しにくいものにも利用できる，② 死滅効果が大きく確実で，線量は目的に応じて調節できる，③ 大量処理ができ，工程管理が簡単であることなどが挙げられる．

6） 過酢酸系殺菌剤による殺菌

　液状食品の無菌充填包装システムでは，PETボトルの殺菌に過酢酸系殺菌剤が使われいる．この殺菌剤はオキソニア・アクティブと呼ばれており，過酢酸・過酸化水素・酢酸の混合液剤である．Seracシステム[23]では，この液剤（3％・40℃）をPETボトルの内外に倒立した状態でスプレーし，その後正立させて殺菌液を充填・保持する．その後UHT殺菌機で滅菌された水を用いてリンスされる．この液剤の微生物に対する殺菌効果は，3％（40℃）の濃度では，*B. subtilis*（1.2×10^5）が0.5分で，*Clostridium botulinum*が0.5分で死滅し，酵母やカビも低濃度で死滅することが報告されている．この液剤について，アメリカ食品医薬品局（FDA）は，充填直後，過酸化水素の残留濃度が0.5ppmを超えないことを要求している[23]．

10.4　液状食品の無菌充填包装の実際

10.4.1　ロングライフミルク

　ロングライフミルク（LL牛乳）の無菌充填包装システムは，ロール紙供給方式では，テトラパック，コンビブロック，インターナショナルペーパー，四国化工機（UP-FUJI-MA60）が使われている．紙カートン供給方式

では，エクセロ，大日本印刷，凸版印刷，日本製紙，ピュアパックやリキパックなどが使われている．ロングライフミルクの包装材料は，バリヤー性の高いPE/紙/PE/Al/PE/PEの構成になっている．包装材料の殺菌方法は，ロール紙では過酸化水素殺菌を行い，紙カートンではエチレンオキサイドガスかホットエアーで殺菌されたものが，牛乳などの充填前に過酸化水素で殺菌されている．

UHT殺菌装置で殺菌する前の原料牛乳は，*Bacillus*, *Clostridium*, *Sporolactobacillus*, *Desulfotomaculum*などの有芽胞菌が生育している．*Bacillus*属の中では，*B. licheniformis*, *B. cereus*の両者で80％を占め，耐熱性のある*B. stearothermophilus*は少ないとされている．

図10.2に，ロングライフミルクの製造プロセス[24]を示した．このプロセスでは，ブレンドされた原料牛乳は，間接型UHT殺菌装置で135～

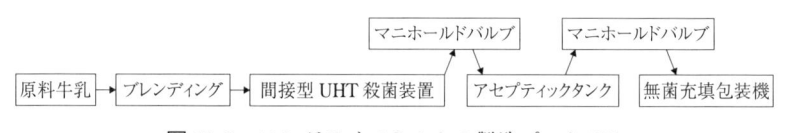

原料牛乳 → ブレンディング → 間接型UHT殺菌装置 → (マニホールドバルブ) → アセプティックタンク → (マニホールドバルブ) → 無菌充填包装機

図10.2　ロングライフミルクの製造プロセス[24]

145℃，2～6秒間殺菌され，無菌充填包装機で紙容器に無菌充填包装される．写真10.2に，ドイツで売られているロングライフミルクを示した．この製品は常温で売られている．

10.4.2　果汁飲料

果汁製品に生育する微生物として，細菌では*Acetobacter xylinum*, *A. molanogenus*などの酢酸菌や*Lactobacillus plantarum*, *Leuconostoc*, *Bacillus*, *Microbacterium*などが，また酵母では*Candida*, *Rhodotorula*, *Saccharomyces*などが，カビでは，*Penicillium expansum*, *Aspergillus*

写真10.2　ドイツで売られているロングライフミルク

*nidulans*などがあげられている.

　果汁飲料の無菌充填包装システムは，ロングライフミルクと同じシステムが使われているが，4角形と8角形を組み合わせた容器に充填されるテトラ・プリズム・アセプティック無菌充填包装システム[25]も使われている.この容器は，メタリックな質感をもたせるために，印刷面にアルミ真空蒸着フィルムを使用している.

　果汁飲料の無菌充填包装では，果汁のpHが4.0以下であるため，殺菌処理の対象となるのは，酵母，カビや乳酸菌などである.そのため，殺菌装置の最高温度は100℃以下にするのが普通である.写真10.3に，わが国で市販されている無菌充填包装されたオレンジジュースを示した.一般に，ウンシュウミカンの果汁飲料の例[26]では，93～100℃，5～20秒間殺菌された後，約20℃に急冷し，紙容器に無菌充填包装される.これら無菌充填包装機は，過酸化水素で紙容器の微生物を殺菌する方式がとられている.

写真10.3 日本で市販されている無菌充填包装オレンジジュース

10.4.3 茶　飲　料

　緑茶，麦茶，ミルク入り紅茶などの茶飲料は，PETボトルに無菌充填されているものが多い.これら茶飲料は，緑茶，ウーロン茶のように抗菌性のあるタンニン含量が高く，腐敗，発酵しやすい砂糖，異性化糖などの糖質を含まないものは準無菌充填包装システムが，砂糖を含むミルク入り紅茶などは完全無菌充填包装システムが採用されている.

　準無菌充填包装システム[27]では，耐熱PETボトルにUHT殺菌された茶飲料を準無菌的雰囲気（バイオクリーンルームほど清浄度が高くないブース）の中で熱間充填（ホットパック）する方式である.写真10.4に，準無菌充

写真 10.4 準無菌充填包装された緑茶とウーロン茶

填包装された緑茶とウーロン茶を示した．完全無菌充填包装システムには，フランスのSerac，イタリアのProcomacとドイツのBoschシステムがあり，わが国では，三菱重工，大和製罐，東洋製罐，大日本印刷と渋谷工業の共同開発のPETボトル無菌充填包装システムが稼働している．これらシステムでは，PETボトルの内外面の殺菌に過酸化水素と過酢酸の混合液，ガス化過酸化水素が使われている．

茶飲料（低酸性飲料）を変質・腐敗させる微生物には，*B. subtilis*，*B. licheniformis*，*B. stearothermophilus*，*Clostridium thermoaceticum*，*Desulfotomaculum nigrificans*などがある．

ブレンド茶飲料，ミルク入り紅茶は，これらの細菌の生育を防ぐため$6D$以上のUHT殺菌[27]が必要である．すなわち，130℃以上で，適当な保持時間がとられ，微生物が殺菌されている[28]．

10.4.4 金属缶入りコーヒー

一般の金属缶入りコーヒーは，充填密封後，120℃・20分以上殺菌されている．レトルト殺菌はコーヒーの香りが飛ぶので，砂糖の入っていない製品は，無菌充填包装するものが増えてきている．写真10.5に，無菌充填包装された無糖コーヒーを示した．図10.3には，無糖ミルクコーヒーの無

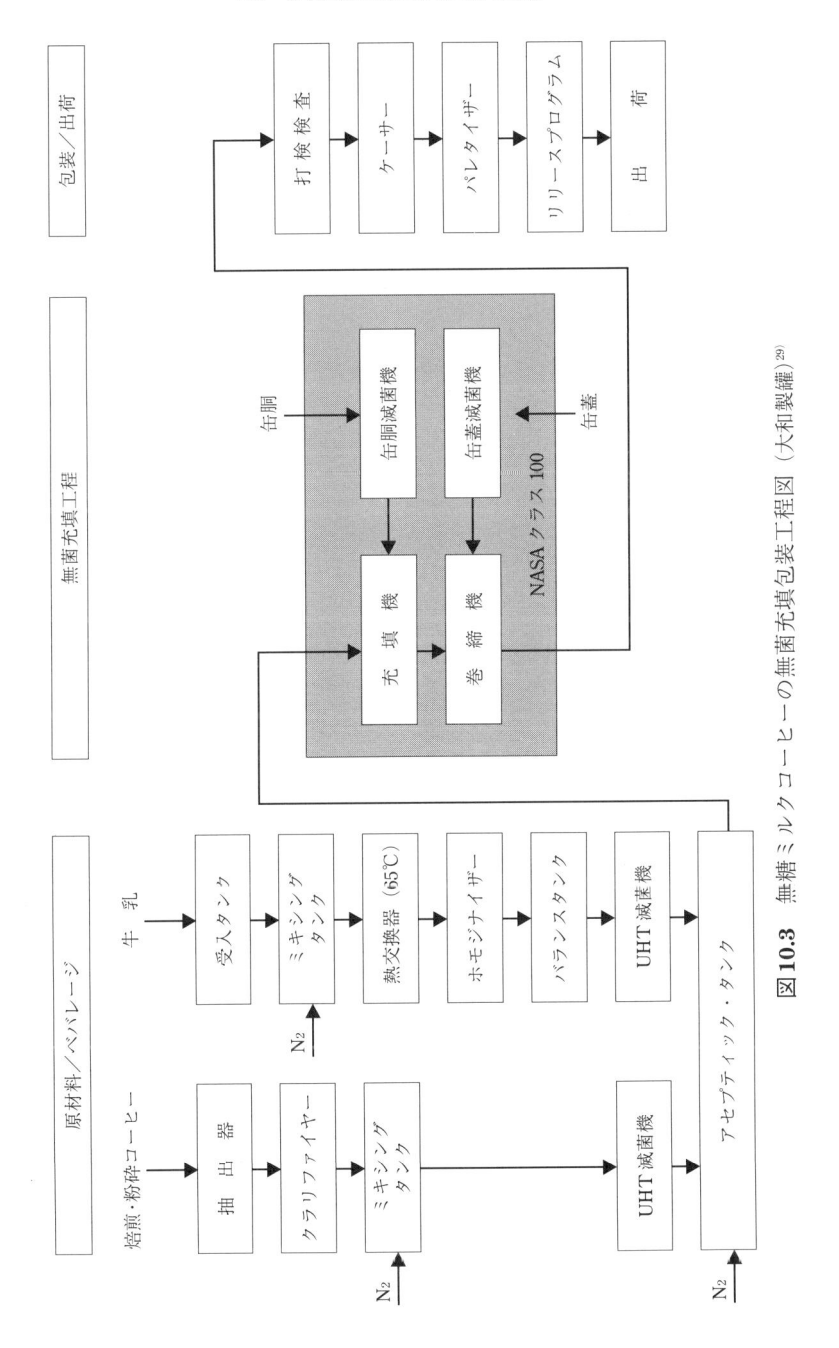

10.4 液状食品の無菌充填包装の実際

図10.3 無糖ミルクコーヒーの無菌充填包装工程図（大和製罐）[29]

菌充填包装工程図[29] を示した．この図から，抽出されたコーヒーと牛乳は別々のUHTで殺菌され，アセプティックタンクに窒素ガスを封入して貯蔵される．金属缶の缶胴と缶蓋(かんぶた)は，ミスト状の過酸化水素で殺菌された後，ミストは飛ばされ，無菌水でリンスの後，無菌充填密封される．

10.5 流動状食品の無菌充填包装の実際

流動状の介護食や健康補助食品（サプリメント）は，レトルト殺菌されているものが多いが，最近それらの一部は無菌充填包装されてきている．また，濃縮スープやタレは，味と風味を保持するため，無菌充填包装されてきている．

写真10.5 無菌充填包装された無糖コーヒー

10.5.1 タレ，濃縮スープ[30]

めんつゆ，タレ，清涼飲料水，清酒やスープ用の包装材料として平袋，自立袋（スタンディングパウチ）を使用する無菌充填包装システムが食品工場で使われている．このシステムは，藤森工業・東洋自動機の全自動運転システム（ザクロスFT-8C WAS型）であり，包装材料内部を過酸化水素で殺菌，乾燥の後，滅菌された液状食品などを無菌充填包装することができる．包装袋の寸法は横80〜140mm，縦130〜210mmであり，コンシューマーパック用と業務用の食品を充填することができる．

このフレキシブルパウチ（袋）以外に，スパウトパウチ（口栓付き）[31] を用いる果汁飲料やサプリメントなどの無菌充填包装システムも開発・実用化の段階にきている．

10.5.2 濃縮果汁，ジャム類[32]

小型ガラス瓶用の無菌充填包装システムが四国化工機で開発され，実用

化されている．このシステムはGA 18と呼ばれ，最大充填量は250mLのガラス瓶に濃縮果汁などを，毎時18 000本無菌充填包装することができる．このシステムでは，整列されたガラス瓶は，ボトル殺菌装置へと運ばれ，ガラス瓶内外が過酢酸および熱水で殺菌された後，無菌水でリンス（洗浄）され，無菌ゾーンで液状食品が無菌充填されて，蒸気殺菌されたキャップで打栓される．

10.5.3　プディング，ヨーグルト[33]

　ドイツGEA Finnah社のカップ用無菌充填包装システムは，成形済みカップ供給方式である．このシステムは，容器滅菌部，無菌充填部，シールステーションの3部より成り立っており，充填量60～1 000mL，最大カップ高さ140mm，1分間に42ストローク（4列で168個）の性能を持ち，プディングやヨーグルトを無菌充填包装することができる．

　このシステムのカップ滅菌工程では，超音波で作られた霧状の過酸化水素を無菌エアーで容器の表面に吹き付け，これに微量の電流を流して静電気を発生させ，カップ表面に均一に吸着させ，微生物を殺菌する新しい技術が組み込まれている．

10.5.4　トマトペースト[34]

　海外から，無菌充填包装された業務用のトマトペーストが輸入されている．これらの製品は，食品工場や外食産業で使われている．

　イタリアのDesco社[35]では，トマトペーストの無菌充填包装システムを完成し，夏期に1日750トンのトマトペーストを無菌充填包装している．このシステムは，高温で殺菌されたトマトペーストを30～35℃に急冷し，120℃で殺菌された金属ドラム缶（280L）に1時間に18ドラムのスピードで無菌充填包装することができる．

　また，アメリカのSholle, Fran Rica社では，トマトペースト，濃縮果汁ペーストを30ガロン（113.7L）から300ガロン（1 137L）まで無菌充填包装する装置を市場に出している．

参 考 文 献

1) Technical Report, *Food Engineering INT'L.*, Jan.-Feb., 21 (1984)
2) 高野光男, 横山理雄:食品の無菌充填包装, 食品の殺菌, 2刷, p.242, 幸書房 (2001)
3) 横山理雄:無菌化包装, 食品包装便覧, 日本包装技術協会編, p.163, 日本包装技術協会 (1988)
4) 高野光男, 横山理雄:超高温短時間 (UHT) 殺菌装置, 食品の殺菌, 2刷, p.116, 幸書房 (2001)
5) ツーヘンハーゲンジャパン:ジャパンフードサイエンス, **40** (8), 77 (2001)
6) 藤原　忠:各種無菌充填包装食品の試作品の品質と無菌性, 食品の無菌充填包装技術公開発表会要旨集, p.34, 日本缶詰協会 (1986)
7) 沢　祐司, 児玉健二:*Food Packaging*, **30** (11), 40 (1986)
8) 滑川明夫:濃縮スープ・調味料への展開, 食品の無菌包装システム2001講演会資料, p.2-2-1, サイエンスフォーラム (2001)
9) Technical Report, *Food Engineering*, **60** (1), 99 (1988)
10) 長谷川嗣夫:食品工業, **20** (10下), 20 (1977)
11) 横山理雄:食品工場における環境殺菌剤の適正利用, 日本防菌防黴学会講演会資料 (1981)
12) 長沼和男:包装技術, **15** (8), 26 (1977)
13) ベナード・フォン・ボッケルマン:食品工業, **18** (5下), 98 (1975)
14) 野沢英一:液体殺菌剤の利用, 無菌包装の最先端と無菌化技術, 高野光男, 横山理雄, 近藤浩司編, p.234, サイエンスフォーラム (1999)
15) 伊福　靖:ジャパンフードサイエンス, **40** (8), 45 (2001)
16) 芝崎　勲:食品工業, **18** (8下), 73 (1975)
17) 横山理雄:防菌防黴, **10**, 129 (1982)
18) 薄田　互:防菌防黴と包装に関する講演会, 日本防菌防黴学会, 東京 (1977)
19) G. Cerny:*Verpackungs-Rundschau*, **27**, 27 (1976)
20) 田端修蔵, 西田穣一郎:HACCP対応無菌充填包装機, HACCP必須技術, 横山理雄, 里見弘治, 矢野俊博編, p.164, 幸書房 (1999)
21) 黒田正也他:紫外線照射装置と利用技術, 新殺菌工学, 高野光男, 横山理雄編, p.324, サイエンスフォーラム (1991)
22) 大平猛雄:電離放射線の殺菌原理と微生物の殺菌効果, 同書, p.355.
23) 田辺忠裕:ビバリッジ ジャパン, No.175, 51 (1996)
24) 横山理雄:無菌化包装食品, 最新微生物制御システムデータ集, 春田三佐夫, 宇田川俊一, 横山理雄編, p.614, サイエンスフォーラム (1983)
25) 上田晃司:テトラ・プリズム・アセプティック容器, 無菌包装の最先端と無菌化技術, 高野光男, 横山理雄, 近藤浩司編, p.29, サイエンスフォーラム (1999)

26) 高野光男, 横山理雄：果汁飲料, 食品の殺菌, 2刷, p.250, 幸書房 (2001)
27) 松野 拓：ペットボトル入り清涼飲料の無菌充填, 無菌包装の最先端と無菌化技術, 高野光男, 横山理雄, 近藤浩司編, p.311, サイエンスフォーラム (1999)
28) 横山理雄：食品と容器, **42** (11), 660 (2001)
29) 佐藤 順：食品の無菌包装システム2002講演集, p.2-2-1, サイエンスフォーラム (2002)
30) 横山理雄：食品と容器, **42** (10), 602 (2001)
31) 高野光男, 横山理雄：食品包装材料, 食品科学の基礎, p.119, 日報 (2000)
32) 技術情報, *PACKPIA*, **46** (5), 4 (2002)
33) ツーヘンハーゲンジャパン：ジャパンフードサイエンス, **39** (7), 35 (2000)
34) 高野光男, 横山理雄：トマトペースト, 食品の殺菌, 2刷, p.251, 幸書房 (2001)
35) Technical Report, *Food Engineering.*, Dec., 28 (1981)

(横山理雄)

第11章　固形および固液混合食品の無菌包装の実際

　1970年代，スライスハムの無菌化包装がアメリカで生まれ，その製品が日本に輸入され，食肉加工業界にショックを与え，わが国独自のスライスハム無菌化包装システムを生むきっかけになった．その後，わが国では独自の改良・開発が行われ，現在，世界に誇れる食肉加工品の無菌化包装システムが完成，実用化されている．この技術を応用して，スライスチーズ，魚肉ねり製品や米飯の無菌化包装システムが生まれてきた．

　また，世界的にビーフシチュー，野菜と肉の混合食品や砂糖漬果実などの固液混合食品が無菌充填包装されている．

　この章では，固形および固液混合食品の無菌包装の実際について説明しよう．

11.1　固形食品の無菌化包装

11.1.1　固形食品の無菌化包装システム[1]

　固形食品の無菌化包装システム[1]は，バイオクリーンルーム，設備機械と食品の洗浄・殺菌システム，食品製造機械および無菌化包装機械より成り立っている．スライスハムを無菌化包装するシステムでは，バイオクリーンルーム，洗浄・殺菌装置と食肉加工品の加工機械や包装機械が一体化されている．それらのシステムでは，洗浄・殺菌されたハムは，バイオクリーンルーム内でスライス，無菌化包装されてから，自動秤量とラベリングが行われる．また，スライスチーズやそうざいなどは，バイオクリーンルーム内で無菌化包装とガス置換包装の両者が行われているものがある．低温で流通している米飯の中には，有機酸などでpHコントロールして無

菌化包装されているものがある．

　無菌化包装食品工場のバイオクリーンルームの清浄度は，ハム，ソーセージ，水産ねり製品，カステラなどはクラス10 000（微生物が1週間に1 ft² 当たり30 000個以下落下）であり，デザート食品やチーズ製品ではクラス1 000（同6 000個以下）である．

11.1.2　無菌化包装食品の新しい動き

　スライスハム，スライスチーズ，餅，米飯などの固形食品は無菌化包装されており，製品の微生物制御方式が確立されている．

　弁当・そうざい分野でも無菌化包装が積極的に取り入れられている．消費者の安全・健康志向により，これらの食品から，従来添加されていた食品添加物を取り除く動きが見られる．

　コンビニエンスストアでは，弁当の天然保存料を減らし，無菌化包装システムで製造して，チルド状態で各店に配送，販売を始めた[2]．このシステムでは，原料の洗浄・殺菌や食材の加熱に基準を設け，バイオクリーンルーム化した低温の包装室で弁当を製造し，2～8℃のチルド配送車で各チェーン店に配送している．

　また，そうざいについても原料，器具類の洗浄・殺菌と食材の加熱・冷却，バイオクリーンルームでの無菌化包装が行われている．写真11.1に，ドイツで売られている無菌化包装ポテトサラダを示した．この製品[3]は加熱・冷却したジャガイモをつぶし，細く切断されたハムやベーコンを加え，pH調整剤でpH 4.0～4.5にして容器に脱気パックしたもので，10℃の低温で販売されている．

写真11.1　ドイツで売られている無菌化包装ポテトサラダ

11.1.3 固形食品の無菌化包装の実際

食肉加工品,水産加工品,乳製品や農産加工品の分野では,無菌化包装で食品の安全と保存性を守っている.それら食品の無菌化包装の実際について説明しよう.

1) 食肉加工品

(1) バイオクリーンルームでの無菌化包装システム

スライスしたハム・ソーセージを無菌化包装するシステムは,図11.1のように,バイオクリーンルーム,洗浄・殺菌装置と食肉加工品の加工機械や包装機械が一体化されていなくてはならない[4].特に,バイオクリーンルームは,本格的にするか簡易型にするかを食肉加工メーカーで決定する必要がある.例えば,スライスハムやスライスソーセージでは清浄度を高くし,スライス焼き豚などでは簡易型にする.

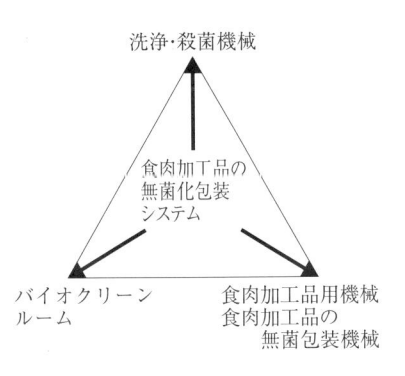

図11.1 食肉加工品の無菌化包装システム[4]

図11.2に,オフライン方式の食肉加工品の無菌化包装室のレイアウト[5]

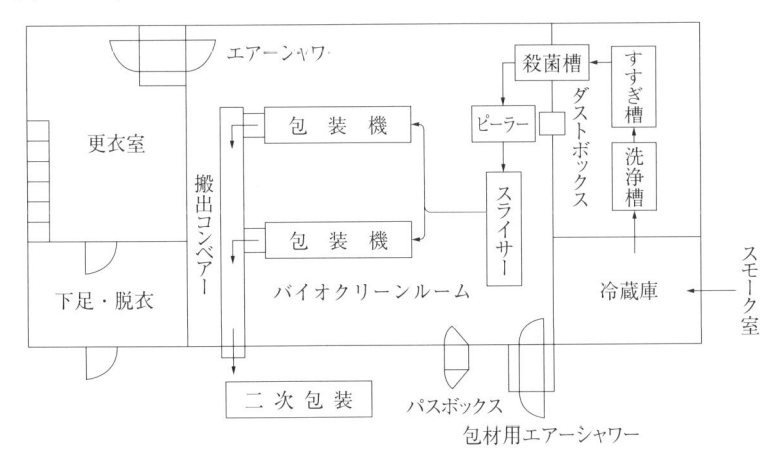

図11.2 オフライン方式の食肉加工品の無菌化包装室のレイアウト[5]

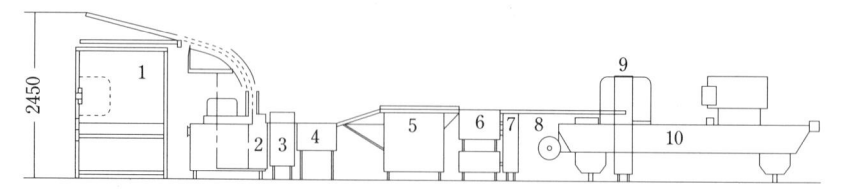

1：原木供給装置　　2：スライサー　　3：ウエイトチェッカー　　4：チャネライザー
5：秤量コンベアー　6：自動振分け装置　7：コンベアー駆動装置　8：整列コンベアー
9：供給装置本体（充填部）　10：連続深絞り真空包装機（大森機械 FV 603）

図11.3 オフライン方式の食肉加工品の無菌化包装システム[6]

を示した．図からも分かるように，スライスハム用原木（スライス前の長い製品）の表面を洗浄・殺菌する処理室に続き，バイオクリーンルームがあり，その部屋にハムスライサーや無菌包装機が設置されている．バイオクリーンルーム内で無菌化包装されたスライスハムは，外装室で秤量され，オートラベラーでラベルが貼られて外箱に入れられた後，低温室で保管される．

(2) 現在使用されているオフライン無菌化包装システム

現在は，図11.3のような連続深絞り真空包装機を中心とした食肉加工品の無菌化包装システム[6]が稼働している．このシステムは，スライサーと無菌包装機が連動され，ハムのスライスから無菌化包装まで人手をかけずに一貫して作業を行うようになっている．

(3) 食肉加工品に生育する微生物と無菌化包装

食肉加工品のうち，ハム製品[7]には*Bacillus*が最も多く，これに続いて*Staphylococcus*，*Micrococcus*などの細菌も多く生育している．塩漬を正常にしない製品には細菌が多く，スライス工程ではさらに数種類の細菌が付着することがある．食肉加工品を無菌化包装するためには，原料面での微生物チェックに始まり，スモーキング工程，スライス工程で微生物をいかに死滅させるかが大きなポイントになっている．

無菌化包装される食肉加工品の大部分は，スライスハムとスライスソーセージである．これらスライス用原木は，いったん3～5℃の冷蔵庫に保管された後，表面を洗浄・殺菌する．表11.1に，洗浄・殺菌によるロース

表 11.1　洗浄・殺菌によるロースハム原木表面の細菌数推移（個/100cm²）[8]

	一般生菌数	乳酸菌数	大腸菌群数
ロースハム・ファイブラス表面洗浄・殺菌前	1.2×10^6	8.5×10^6	3.9×10
同上　アルカリ洗剤洗浄後（濃度 0.2～0.3%，50℃）	4.0×10^3	2.4×10^3	<10
同上　次亜塩素酸ナトリウム殺菌後（200ppm，10分）	<10	<10	<10

（呉羽化学食品研究所）

ハム原木表面の細菌数推移を示した[8]．原木表面をアルカリ洗剤で洗浄後，次亜塩素酸ナトリウム200ppm溶液に10分間浸漬することによって表面の細菌は完全に死滅する．

実際にバイオクリーンルームでスライスハムを無菌化包装する場合，細菌類の付着や落下が問題になる．西野は測定結果[9]から，ハム原木表面，スライサーの刃とスライサーオペレーターの手には大腸菌は検出されないが，スライサーの床，スライサーオペレーターの手や前掛けに一般生菌や乳酸菌が検出され，作業台，コンベアーなどには細菌が検出されないと報告している．

写真11.2　無菌化包装スライスハム

写真11.2に，無菌化包装されたスライスハムを示した．

2）水産加工品

（1）水産ねり製品と微生物

一般的なカニ足風かまぼこの微生物[10]については，表11.2のような結果が得られている．蒸煮されたカニ足風かまぼこブロック原料では，大腸菌は検出されていないが，一般生菌数は1g当たり3.2×10^4，カビ数は1.8×10^2であった．その原料を二次切断したものでは，一般生菌数が2.7×10^6，大腸菌数は3.5×10^3，カビ数は1.4×10^3であった．カニ足風かまぼこを真空包装後，80℃，15分加熱した製品では，大腸菌とカビは検

表11.2 カニ足風かまぼこの原料に生育する微生物[10]

試　料	一般生菌数(n/g)	大腸菌数(n/g)	カビ数(n/g)
蒸煮カニ足ブロック原料	3.2×10^4	<10	1.8×10^2
上記原料を二次切断した原料	2.7×10^6	3.5×10^3	1.4×10^3
一次加熱後(着色後)	4.6×10^4	<10	3×10
上記製品を真空包装後80℃, 15分加熱	5.2×10^2	<10	<10

(呉羽化学食品研究所)

出されず, 一般生菌数は5.2×10^2と少なくなっている.

　水産ねり製品を腐敗させる細菌には, どのようなものがあるのであろうか. 茂木[11]は, 包装かまぼこの変敗品から, ガスを発生すると推定される*Bacillus polymyxa*, 軟化変敗品から*B. circulans*, *B. laterosporus*, 斑紋変敗品から*B. sphaericus*, *B. subtilis*などの耐熱性芽胞形成細菌が検出されたと報告している. 横関[12]は水産ねり製品の無デンプン製品では, 70℃以下の加熱製品から球菌類が主に検出されるのに対し, 70℃以上になると球菌は全く検出されず, 有芽胞桿菌がわずかに残存し, デンプン含有製品では60℃以上に加熱されると*Bacillus megaterium*, *B. subtilis*, *B. coagulans*などの有芽胞桿菌だけが残ると報告している.

(2) 水産ねり製品の無菌化包装

　水産ねり製品では, カニ足風かまぼこ, 笹かまぼこ, ちくわが無菌化包装されている. 図11.4に, 水産ねり製品の無菌化包装システム[13]を示し

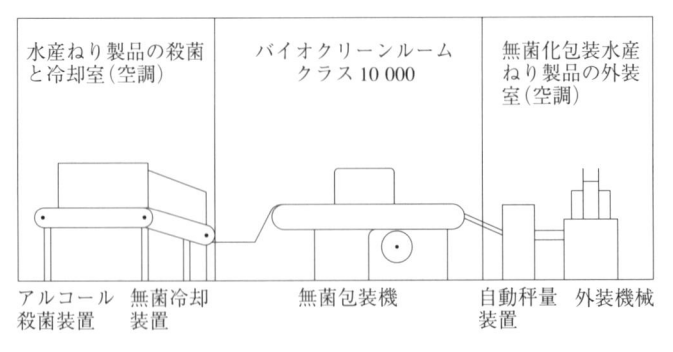

図11.4 水産ねり製品の無菌化包装システム[13]

た．図からも分かるように，水産ねり製品の殺菌と無菌冷却室に続き，バイオクリーンルームがあり，その部屋に無菌包装機が設置されている．バイオクリーンルーム内で無菌化包装された水産ねり製品は外装室で秤量された後，箱詰めされ低温室で保管される．

水産ねり製品の無菌化包装[13]では，次の点が重要な仕事になっている．① 原料魚や副資材は初発菌数が少ないものを使用し，製品はアルコールや紫外線殺菌装置で表面殺菌する．② 製造機械，工場内の設備，器具を洗浄・殺菌する．③ 水産ねり製品の無菌化包装材料には，細菌の付着がなく，バリヤー性の高いものを使用する．

写真11.3に，無菌化包装されたカニ足風かまぼこを示した．

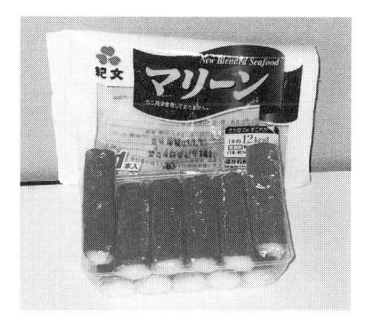

写真11.3 無菌化包装カニ足風かまぼこ

3）乳製品

(1) チーズと微生物

チーズは，ナチュラルチーズとプロセスチーズの2種類に大別することができる．ナチュラルチーズは，スターターカルチャー[14]として*Streptococcus*, *Lactobacillus*, *Leuconostoc*, *Brevibacterium*, *Propionibacterium*などの細菌や*Penicillium*属のアオカビ，*Candida*, *Debaryomyces*などの酵母が使われている．

ナチュラルチーズ[15]の製造方法は次のとおりである．75℃，15秒殺菌した牛乳にスターター（乳酸菌）とレンネット（レンニン）を加える．一定温度（30～32℃）になると牛乳が固まりカードができる．このカードより成形されたチーズを食塩水につけた後，室温で4～6か月発酵させて出来上がる．

プロセスチーズ[16]は，ナチュラルチーズに乳タンパク質やリン酸塩などが加えられ，高温で加熱乳化されるため，細菌，カビや酵母は死滅するが，*Bacillus*などの耐熱性芽胞細菌は生き残る可能性がある．

(2) スライスチーズの無菌化包装

図11.5に，スライスチーズの無菌化包装工場[16]を示した．スライスチーズ工場は，細菌，カビなどの微生物の侵入を防ぐため，無窓工場になっており，床面は洗浄・殺菌が容易にできるようにエポキシコーティングされている．スライスチーズを充填包装し，冷却した後，ガス充填包装する部屋はバイオクリーンルーム化され，クラス10 000の清浄度になっている．

表11.3に，スライスチーズ無菌化包装工場の空中落下菌と落下カビ[16]について示した．チーズ製造室の空中落下菌は20分間開放で16〜18個であり，落下カビは4個であった．この測定値は他の食品工場に比べて，非常に低い数値である．バイオクリーンルーム内のガス充填包装機の上で20分間開放したとき検出された落下菌は1個である．この数字から見ると，バイオクリーンルーム内の空中浮遊菌は全くないといっても差し支えない．

スライスチーズの製造方法[17]には，ホットパックとコールドパックの2

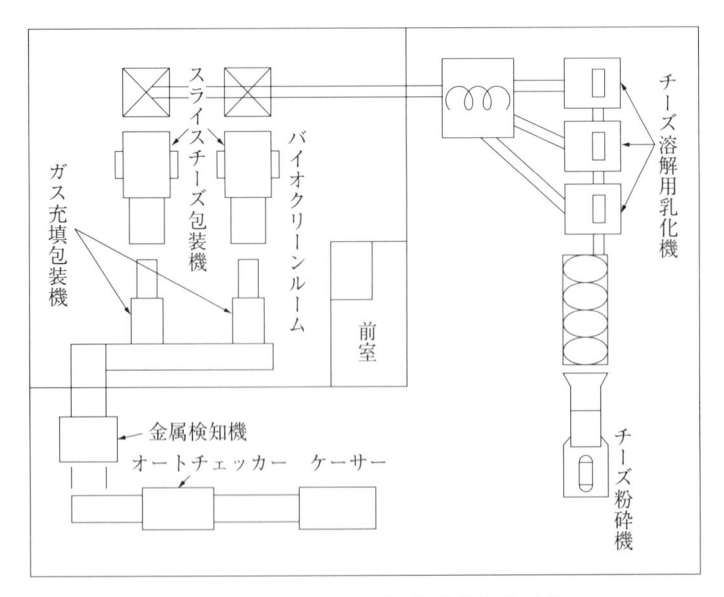

図11.5 スライスチーズの無菌化包装工場[16]

11.1 固形食品の無菌化包装

表11.3 スライスチーズ無菌化包装工場の空中落下菌と落下カビ[16]

サンプル No.	室 名	採取位置	落下菌 10分	落下菌 20分	落下カビ 10分	落下カビ 20分
1	チーズ製造室 ブロックチーズカッター	機械の上	12	18	3	4
2	チーズ溶解ミキサー	床上1.0m	10	16	2	4
3	バイオクリーンルーム内 スライスチーズ包装機	機械の上	0	0	0	0
4	ガス充填包装機	機械の上	0	1	0	0
5	オートチェッカー	機械の上	6	8	4	4
6	ケーサー	床上1.0m	8	10	3	6

85mmのポリシャーレに10分間,20分間開放.
落下菌:普通寒天培地,35℃,48時間培養.落下カビ:マルトース寒天培地,28℃,48時間培養.

方法がある.ホットパックは2つに折ったバリヤー性フィルムに溶解したチーズを流し込み,それを平らに押しつぶしながら冷却して,両端を規定の長さにカットしていく方法であり,わが国のスライスチーズの大部分は,この方法を採用している.ホットパックによって1枚ずつ無菌化包装されたチーズは,ナイロン/ポリエチレンかポリエステル/EVOH/ポリエチレンの外装材に窒素と炭酸ガスの混合ガスが入れられて包装される.

欧米では,コールドパック方式が採用されている.この方式では,乳化したチーズを薄いリボン状にして,冷却ベルトの上で冷却したのち切断し,それを重ねてバイオクリーンルームで無菌化包装される.

写真11.4に,無菌化包装されたスライスチーズを示した.

4) 包装米飯

(1) 米の微生物と加工米飯の保存性

米は立穂中から,細菌[18]では*Pseudomonas*属,カビ類では*Aspergillus*属,*Pen*-

写真11.4 無菌化包装スライスチーズ

icillium 属が生育しているといわれている．玄米中には *Pseudomonas* 属と並んで *Bacillus* 属が 1 kg 当たり 10^2 程度存在している．米飯の腐敗に関与する主な *Bacillus* 属には，*B. subtilis*，*B. megaterium*，*B. cereus* などがあり，特に *B. cereus* は食中毒の一次汚染源として注目されている．

加工米飯の中でも，おにぎりの占める割合が大きい．衛生的な状態で製造したおにぎりは，室温 48 時間後も一般生菌数は 10^3/g，大腸菌は 10/g 以下であったが，素手で従来どおり製造したおにぎりの一般生菌数は 3.2×10^6/g，大腸菌は 6×10^3/g と報告[19]されている．

(2) 無菌化包装米飯の製造

図 11.6 に，無菌化包装米飯の製造工程[20]を示した．無菌化包装米飯では，原料米に耐熱性菌が少なく，初発菌数を低くすることが必要であり，洗米・浸漬工程では十分な水量による洗米と洗米後の低温オゾン水への浸漬が効果的である．炊飯工程において原料米に付着していた微生物も殺菌される．しかし，通常の炊飯条件で殺菌した場合，耐熱性細菌の栄養細胞は完全に死滅するが，胞子は生き残る．そのため，米飯の pH 調整と脱酸素剤封入技術を併用しなければならない．計量充填，連続炊飯，充填包装は，バイオクリーンルームで行う必要がある．包装容器は，一般にはバリヤー性のある PP/EVOH/PP 構成の共押出し多層容器が使われている．写真 11.5 に，市販されている無菌化包装米飯を示した．

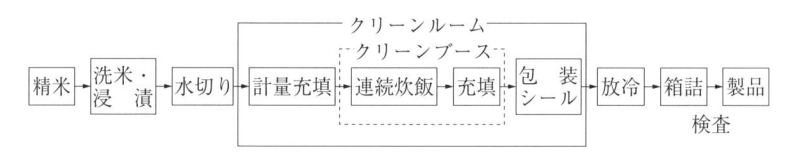

図 11.6 無菌化包装米飯の製造工程[20]

写真 11.5 市販の無菌化包装米飯

5) 切 り 餅

無菌化包装された切り餅が一年中売られて

いる．これらの餅は1個ずつ無菌化包装されており，常温で半年間保存できる．写真11.6に，市販の無菌化包装切り餅を示した．

無菌化包装切り餅の製造[21]においては，次の点に留意する必要がある．

① 原料玄米：*Bacillus* の少ない原料玄米を選ぶ，② 原料米の精白条件：精白歩留りは89～88％，③ 洗米条件：微小気泡含有水で一次洗米，多糖類分解質0.1％溶解水で二次洗米，④ 工場の清浄化：切り餅の製餅室・圧延室・冷蔵室・包装室のバイオクリーンルーム化，⑤ 製餅条件：70℃以上でポリカーボネート板に密閉，⑥ 切断・包装条件：汚染される度合いが強いのでバイオクリーンルームが必要．

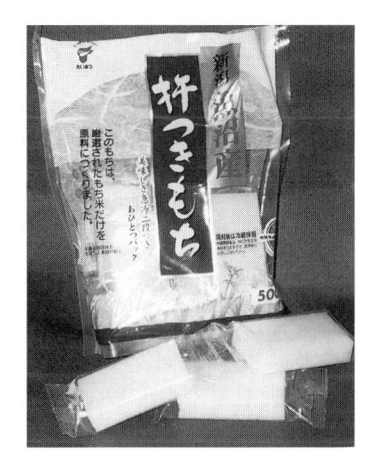

写真11.6 市販の無菌化包装切り餅

餅の製造[22]では，蒸し工程で100～105℃に熱せられ，製餅，圧延工程では85～75℃に温度が下がってくる．

図11.7に，切り餅製造工場におけるバイオクリーンルームの清浄度について示した[22]．この図から，製餅室，圧延室はクラス100，冷蔵室はクラス10 000，包装室はクラス100（局所的）から10 000になっていることが分かる．温度は冷蔵室以外は25±2℃，湿度はできるだけ低湿度としてい

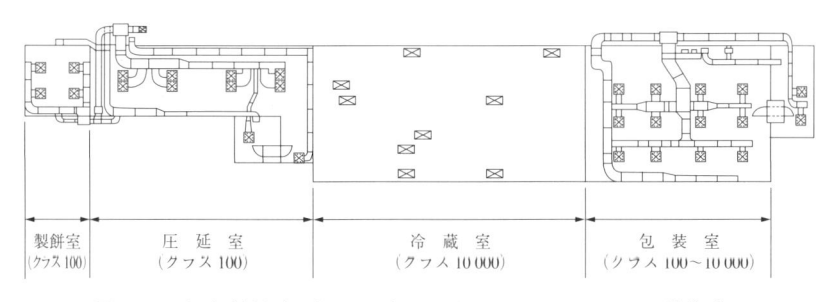

図11.7 切り餅製造工場におけるバイオクリーンルームの清浄度[22]

写真11.7 無菌的に製造された
シュークリーム

る[22]．

6) 洋（生）菓子

洋（生）菓子のうち，シュークリームは食中毒菌などの発育を抑えるため無菌化包装されている．その製造工程[23]は，シュー皮をバンドオーブンで焼き上げた後，バイオクリーンルーム内でクリーム注入，箱詰め，秤量とオーバーラップが行われ，その後，パック詰めされる．写真11.7に無菌的に製造されたシュークリームを示した．

シュークリームでは，① 原材料の微生物の加熱殺菌の徹底化，② 加熱後の製品に付着菌や空中落下菌を付けない，③ 製品を10℃以下の低温で流通販売することなどが守られている．

図11.8に，シュークリーム製造工場におけるバイオクリーンルームの清浄度について示した[22]．この図から，クリーム注入からオーバーラップまでクラス1 000になっており，焼き上がりシュークリームの付着菌や空中落下菌を防いでいることが分かる．この無菌化包装シュークリームは従来

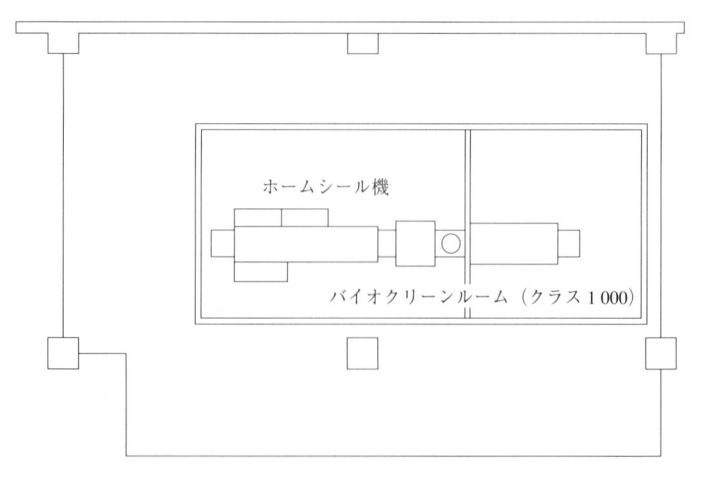

図11.8 シュークリーム製造工場におけるバイオクリーンルームの清浄度[22]

の方法に比べ，日持ちが2倍になったことが報告[22]されている．

11.2 固液混合食品の無菌充填包装

11.2.1 混合食品の無菌充填包装[24]

世界各国で肉と野菜，また日本ではカレールーと米飯のような混合食品が無菌充填包装されている．これら混合食品の無菌充填包装には，① 肉と野菜を殺菌装置で殺菌した後，UHT殺菌装置で無菌化した調味料を加える．② カレールーと肉の混合食品に電流を流して無菌化したものを無菌容器に詰める，③ 1つの容器を区切り，カレールーと米飯を詰めて，密封の後，マイクロ波加熱殺菌装置で無菌化する，の3つの方法がある．

11.2.2 無菌充填包装された混合食品の種類

海外では，肉と野菜にスープを加えた無菌缶詰が市販されている．プラスチックバッグにブロック状果実と食肉，調味料を入れた無菌充填包装食品も売られている．また，通電加熱殺菌装置を使い，柔らかく崩れやすい果実，イチゴ，バナナや大きな固形物を含む肉やジャガイモなどが無菌化されたのち無菌バッグで包装されている．

わが国では，この通電加熱殺菌装置を用いて，業務用の砂糖漬ホールイチゴが無菌充填包装され，乳製品メーカーや菓子メーカーに納入されている[25]．また，カレールーやビーフシチューと米飯が区切られた容器に詰められ，密封の後マイクロ波誘電加熱殺菌装置で殺菌された食品が売られている．

11.2.3 固液混合食品の無菌充填包装の実際

1） 肉と野菜・果実の混合食品

肉と野菜の無菌充填包装には，ジュピターシステムが使われている．このシステムには，APV社のダブルコーンロータリー式無菌処理ベッセル（DCAPV）が使われている．この装置では，3/4in（1.9cm）角に切断された

肉と野菜は，132℃，5分間殺菌したのち冷却され，その後，液状物タンクから無菌の液状食品がDCAPV内に供給混合され，それら混合食品は，221〜226℃の蒸気で45秒間殺菌された無菌缶に無菌充填包装される[24]．オーストラリアのSteriglenシステム[26]では，肉とブロック状果実は，加熱チューブで400kPaの圧力で155℃，2〜3分間殺菌し，冷却チューブ内で−190℃の液化窒素によって品温10℃まで下げられ，無菌バッグに無菌充填包装される．

2) 業務用フルーツプレパレーション

ヨーグルト，アイスクリーム，洋菓子に使われるフルーツ調製品は，間接加熱と直接加熱の両方式が使われている．最近では，カットパイナップル，砂糖漬ホールイチゴは，APV社のオーミック通電加熱方式で無菌化されている．

この通電加熱による無菌充填包装[25]方法では，25mm角にカットされたイチゴ，キウイフルーツと砂糖調味液が混合（フルーツ含有率40〜90％）されたものを，APV社の通電加熱殺菌装置で95℃・数分間加熱・保持して，無菌化バッグに無菌充填包装する．この製品の容器には，250〜1000kg入りの無菌ステンレスタンクと10〜1000Lの無菌プラスチックバッグが使われている．

3) 肉・野菜入りカレールー

肉と野菜の入ったカレールーの無菌充填包装食品[27]は，肉や野菜の具材は日阪製作所の開発した固形具入り食品の高温短時間殺菌装置（RIC）を使って作られている．その製造方法は，肉や野菜などの具材はRICで，調味料やカレールーなどの液体は連続殺菌機にて別々に殺菌し，それを1つに合わせて充填シールする．それをレトルト殺菌装置にて，低温で調理・殺菌し，製品化する．

参 考 文 献

1) 横山理雄：食品と容器，**42**（12），736（2001）
2) 豊福　元：*PACKPIA*，**47**（7），2（2003）
3) 横山理雄：食品の無菌化包装システムハンドブック，横山理雄，栗田守敏編，

p.11, サイエンスフォーラム (1993)
4) 横山理雄：*New Food Industry*, **20** (7), 29 (1978)
5) 上条豁史：食品包装便覧, 矢野俊正編, p.923, 日本包装技術協会 (1988)
6) 横山理雄：食肉加工の実際, p.260, 食品資材研究会 (1982)
7) 高野光男, 横山理雄：食品の殺菌, 2刷, p.255, 幸書房 (2001)
8) 横山理雄：食品工業における科学・技術の進歩 (Ⅲ), 日本食品工業学会編, p.121, 光琳 (1988)
9) 西野　甫：洗浄・殺菌に関する講演会資料, p.47, 日本防菌防黴学会 (1980)
10) 横山理雄：無菌化包装食品, 最新食品微生物制御システムデータ集, 春田三佐夫, 宇田川俊一, 横山理雄編, p.605, サイエンスフォーラム (1983)
11) 茂木幸夫他：食衛誌, **11** (1), 49 (1970)
12) 横関源延：日水誌, **23**, 539 (1958)
13) 横山理雄：ジャパンフードサイエンス, **19** (6), 37 (1980)
14) 津郷友吉：乳製品の科学, p.75, 地球出版 (1962)
15) 酒井勝司：乳製品, 食品保存便覧, 梅田圭司他編, p.782, クリエイティブジャパン (1992)
16) 横山理雄：防菌防黴, **10**, 171 (1982)
17) 高野光男, 横山理雄：食品の殺菌, 2刷, p.314, 幸書房 (2001)
18) 柚木　穣：食品の無菌化包装システムハンドブック, 横山理雄, 栗田守敏編, p.27, サイエンスフォーラム (1993)
19) 横山理雄：食品機械装置, **22** (2), 45 (1985)
20) 福田耕作：食品の無菌化包装システムハンドブック, 横山理雄, 栗田守敏編, p.19, サイエンスフォーラム (1993)
21) 江川和徳：餅, 同書, p.134.
22) 豊田直樹：バイオクリーンルームのシステムと温湿度・気流の制御, 同書, p.185.
23) 小野豊三：洋 (生) 菓子, 同書, p.124.
24) 高野光男, 横山理雄：食品の殺菌, 2刷, p.112, 幸書房 (2001)
25) 八橋亮介：フルーツプレパレーションの無菌化処理, 食品の無菌包装システム 2002 講演集, p.2-3-1, サイエンスフォーラム (2002)
26) 横山理雄：日本包装学会誌, **2** (2), 73 (1993)
27) 堤　隆一：食品と開発, **31** (11), 20 (1996)

〔横山理雄〕

第12章　高齢者・医療向け食品と無菌包装の動向

　2001年現在，日本人の平均寿命は女性84.62歳，男性77.64歳，65歳以上の高齢者の割合は17.69％に達している[1]．消費者が高齢化するにつれ，食品包装も急速に変化してきた．特に高齢者は，噛み切ることができ，咀嚼しやすい食事を好む傾向にある．また高齢者の中には，在宅で看護される人，病院に入院している人もいる．これらの人が食べる食品は，包装が完全であり，食中毒菌が生育していないことなど多くの制約がある．

　高齢者・医療向けの包装食品は，安全のためレトルト食品が大半を占めているが，ビタミン類が添加された食品や高栄養流動食品には，包装後高温・高圧で長時間加熱殺菌ができないものがある．このような食品類は，調理加熱後チューブ容器やスタンディングパウチなどにホットパックされたり，UHT殺菌された後，無菌容器に無菌充填包装されている．また，高齢者が好むコーンなどは，レトルト殺菌された後，プラスチック容器でガス封入・無菌化包装されている．

　この章では，高齢者・医療向け食品と無菌包装の動向について説明しよう．

12.1　高齢者・医療向け食品の形状と形態

　高齢者用の食品は，栄養，おいしさ，食べやすさの3点が備わっていなければならない．

　厚生労働省[2]では，高齢者用の食品について，次のように定義し表示を義務づけている．高齢者用食品とは，特別用途食品の1つであり，高齢者に適することを医学的，栄養学的表現で表示した食品である．現在のとこ

ろ，食物を噛み砕くことに問題のある人のための「そしゃく困難者用食品」と，それを飲み込むことに問題があって誤飲する可能性のある人のための「そしゃく・えん下困難者用食品」の2種類の食品群が表示許可の対象となっている．

また，高齢者用の食事は，咀嚼・嚥下機能から6つに分類[3]することができる．

①正常および軽症：主食・普通のご飯，おかず・一口大切り菜．②軽症・部分介助：主食・軟飯，おかず・荒刻み（さいの目切り菜）．③比較的軽症・部分介助：主食・軟飯，おかず・刻み（みじん切り菜）．④中程度の障害・部分介助：主食・全粥，おかず・刻み（みじん切りつぶし菜）．⑤重症・全介助：主食・七分粥，おかず・ミキサー食を中心に一部ペースト．⑥重症・全介助：主食・五分粥，パン粥，おかず・すべてミキサー食．

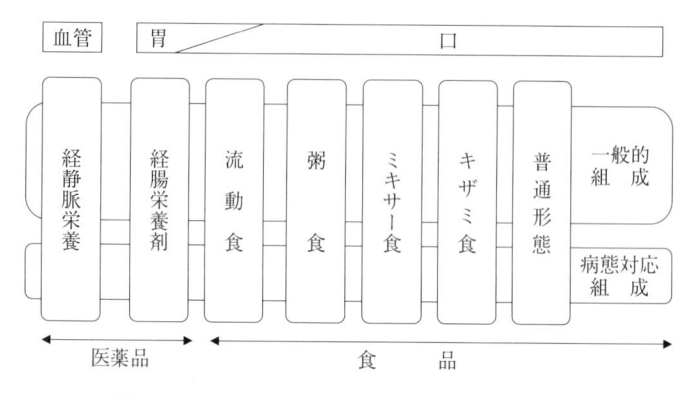

図12.1 高齢者用の食品と医薬品の形状と形態[4]

図12.1に，高齢者用の食品と医薬品の形状と形態[4]を示した．食品では，高齢者の病気の症状が重くなるにつれて，普通の固形食から，キザミ（刻み）食，ミキサー食，粥食，流動食と形状が変化していく．また，経腸栄養剤などの医薬品は液状のものが使われる．これら食品や医薬品の包装には，ラミネートパウチやプラスチック容器が使われている．

12.2 高齢者用食品の包装技法と包装材料

　高齢者用食品は，健常者と病人では包装形態も異なっている．健常者でも病気に対する抵抗性が弱くなっているので，食中毒菌などが存在せず，安全性が高く，そのうえ開封しやすい包装形態でなければならない．介護を必要とする人や病人では，レトルト殺菌食品，粉末食品，フリーズドライブロック状食品や冷凍食品[4]が主に使われている．
　これら食品の安全を守り，保存性を良くするために，各種包装技法が使われている．

12.2.1　食品の包装技法

　食品包装材料と包装機械の開発が進むにつれ，食品包装技法も進歩し，食品の保存性も向上してきている．特に高齢者は，食中毒菌に対する免疫力も弱いので，レトルト食品，無菌充填包装食品や無菌化包装食品が適している．
　表12.1に，食品会社で使用されている食品包装技法[5]を示した．真空包装は，容器中の空気を脱気し，密封する方式であり，真空後再加熱するものが多い．院外調理食として用いられる真空調理食品は，この方式で作られる．
　ガス置換包装は，容器中の空気を脱気して，窒素（N_2），炭酸ガス（CO_2），酸素（O_2）などのガスと置換して密封する方式である．高齢者のためにレトルト殺菌されたコーンは，バリヤー性容器に入れられ，N_2とCO_2の混合ガスで置換包装されている．
　レトルト殺菌包装は，バリヤー性容器に食品を入れ，脱気，密封の後120℃，4分以上の高温・高圧で殺菌されたものである．高齢者食，医療・介護食用に，おかゆやハンバーグをパウチに詰めて密封後，レトルト殺菌されている．
　無菌充填包装は，超高温短時間（UHT）殺菌装置で無菌にした液状食品を冷却し，過酸化水素で殺菌された紙容器やPETボトルに無菌充填包装

表 12.1　食品会社で使用されている食品包装技法[5]

包装技法	特徴	対象食品
真空包装	容器中の空気を脱気して密封，一般に再加熱する	乳製品，食肉加工品，水産加工品，そうざい，漬物
ガス置換包装	容器中の空気を脱気し，N_2，CO_2，O_2ガスと置換後密封	削り節，スライスハム，スライスチーズ，生肉，生鮮魚，スナック菓子，茶
レトルト殺菌包装	バリヤー性容器に入れ，脱気，密封した食品を120℃，4分以上の殺菌	カレー，米飯，食肉加工品，魚肉ねり製品，油揚げ，豆腐
脱酸素剤封入包装	バリヤー性容器に食品とともに脱酸素剤を入れ完全密封	菓子，餅，米飯，食肉加工品，乳製品
無菌充填包装	食品を高温短時間殺菌し，冷却後殺菌済み容器に無菌的に充填	ロングライフミルク，果汁飲料，酒，豆腐，豆乳
無菌化包装	食品を無菌化し，バイオクリーンルーム内で無菌的に包装する	スライスハム，スライスチーズ，無菌化米飯，魚肉ねり製品

するものであり，牛乳，スープ，豆腐や果汁飲料などがある．病人や高齢者にとって安心のおける食品である．

　無菌化包装は，食品を殺菌した後，殺菌された容器に無菌的に包装するものである．この食品には，米飯，スライスハム，スライスチーズなどがある．

12.2.2　レトルト殺菌食品の包装材料

　レトルト食品の包装材料は，100～135℃の高温・高圧下で殺菌されるので耐熱性があり，殺菌時の食品の酸化を防ぐためバリヤー性[6]がなければならない．また，レトルト食品の包装材料には，レトルトパウチとレトルト容器がある．

1）　レトルトパウチ[7]

　レトルトパウチには，①透明通常タイプ，②透明バリヤータイプ，③アルミ箔バリヤータイプ，④無機物蒸着フィルムの4種類がある．

(1) 透明通常タイプ

赤飯などのパックライスや低温で販売されるハンバーグ，業務用カレーなどの包装材料として多く使われている．この包装材料の構成は，外装にはナイロン（Ny）かポリエステル（PET）フィルムが，内装にはポリプロピレン（PP），ポリエチレン（PE）などのポリオレフィンが使われている．ハンバーグやミートボールの透明パウチ[8]には，Ny/CPP，PET/CPP，PET/Ny/CPPの構成のものが使われている．

これらのハンバーグ類は，調味料と共にレトルトパウチに入れ，若干空気を抜いて密封し，加圧して118℃，35〜40分間レトルト殺菌される．

(2) 透明バリヤータイプ

バリヤー性フィルムは酸素や水蒸気を透過しにくいフィルムで，ポリ塩化ビニリデン（PVDC），エチレン-ビニルアルコール共重合物（EVOH），MXD6ナイロン，非晶性ナイロン，芳香族ナイロン，非晶性ポリエステルと液晶性ポリマー[9]から作られるものがある．

レトルト食品用のレトルトパウチは，PET($12\mu m$)/PVDC($15\mu m$)/CPP($50\mu m$)，PET($12\mu m$)/EVOH($17\mu m$)/CPP($50\mu m$) 構成のものが主に使われているが，最近PETフィルムにアクリル酸系ガスバリヤー性ポリマーをコーティングした新しいタイプの有機物系バリヤー性フィルム（ベセーラ）が開発・実用化[10]されている．ベセーラ($13\mu m$)/CPP($50\mu m$) のラミネートフィルムの酸素透過量は，120℃，20分殺菌後$1.5cm^3/m^2$であり，PET/アルミ箔/CPP構成の酸素透過量は，120℃，20分殺菌後$1.1 cm^3/m^2$であった．このベセーララミネートフィルムは，レトルト殺菌時でも，アルミ箔と同程度のバリヤー性があり，クラック発生も少なく，電子レンジで使用できる．写真12.1に，

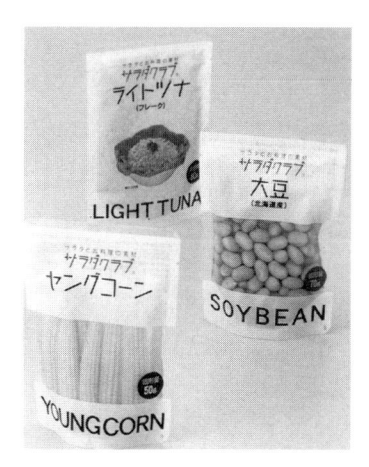

写真12.1 ベセーラ詰レトルト食品

ベセーラ詰レトルト食品を示した.
(3) アルミ箔バリヤータイプ
カレー，シチュー，ミートソースなどの食品は，アルミ箔ラミネートパウチに詰められている．図12.2に，アルミ箔パウチの断面図[11]を示した.

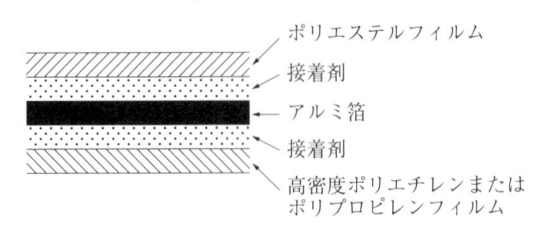

```
──────────────── ポリエステルフィルム
................ 接着剤
■■■■■■■■■■■■■■■ アルミ箔
................ 接着剤
──────────────── 高密度ポリエチレンまたは
                 ポリプロピレンフィルム
```

図12.2 アルミ箔パウチの断面図[11]

このパウチは，印刷したPETフィルムとアルミ箔をドライラミネートした後，PEまたはPPと再度ラミネートされている．最近のアルミ箔パウチ[12]は，アルミ箔の内装に延伸ナイロンフィルム（15μm）が貼り合わされている．酸素透過量は，PET/アルミ箔/CPP構成で，$1.1cm^3/m^2$（120℃，20分殺菌）であるが，折り曲げによるピンホールで酸素透過量が大きくなる欠点がある.

ビーフシチューは，PET/アルミ箔/CPPのパウチかPET/Ny/アルミ箔/CPPのスタンディングパウチに充填密封され，120℃，30分間レトルト殺菌される．写真12.2に，アルミ箔ラミネートパウチに詰められたミートソースとカレーを示した.

(4) 無機物蒸着フィルム

このフィルムには，アルミ蒸着，シリカ蒸着，アルミナ蒸着のポリエステルフィルム[10]がある．これら無機物蒸着ラミネートフィルムの中でも，シリカ蒸着ラミネートフィルムがレトルトパウチとして

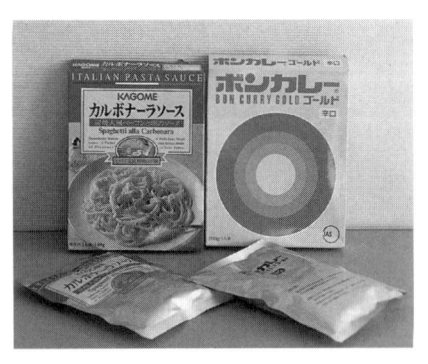

写真11.2 アルミ箔ラミネートパウチ詰ミートソースとカレー

多く使われている．このパウチは，PETフィルムに電子ビームによって酸化ケイ素（SiO）が蒸着されたフィルムがバリヤー材として使われている．シリカ蒸着パウチの酸素透過量は，PET(12μm)/GTフィルム（PET＋SiO)/CPP(70μm) 構成で，125℃，30分殺菌後，0.8mL/m^2·day·atmになっている[13]．

2) レトルト容器

レトルト殺菌用の容器としては，プラスチックでは深絞り容器とトレー，金属箔関係ではアルミ箔トレーとスチール箔トレーがあり，その他にプラスチック缶がある．

(1) 深絞り容器

バリヤータイプでは，底材がCPP/PVDCかEVOH/CPPと，MLDPE（中密度線状ポリエチレン）/PVDCかEVOH/MLDPE，蓋材はPET/PVDCかEVOH/CPPの構成のものが使われている．

(2) プラスチック容器

この容器には，通常タイプの350～450μm厚さのポリプロピレン単体シートから作られたものとバリヤータイプのものがある．

バリヤータイプはバリヤー層にPVDCかEVOHや特殊ナイロンが，内外層にCPPが使われている．電子レンジ向けそうざい・牛タンは，PP/EVOH/PPの容器に含気包装して，120℃，25分間レトルト殺菌されている[8]．

(3) アルミ箔トレー

ナイフカットタイプは，容器に100～150μmのアルミ箔を使い，蓋材には100μmのアルミ箔を使用する．シール面には容器，蓋材ともに50μmのCPPがラミネートされている．

イージーオープンタイプは，容器が外面保護層/アルミ箔(100～150μm)/CPP(50μm)であり，蓋材が外面保護層/アルミ箔(50μm)/CPP(15～20μm)になっている．

(4) スチール箔ラミネート容器

電子レンジでも使える高齢者向け食品の容器である．この容器は内外層

にポリプロピレンが使われ，バリヤー層に0.07mmのスチール箔が使われている．この容器[14]は，ロール状の材料からシワができないように打ち抜かれたものであり，イージーピーラブル蓋やイージーオープン蓋が使用できる．

スチール箔の代わりに，スチール缶の内外面に白いポリエステルをコーティングした電子レンジ適応スチール缶がアメリカのWeirton Steel社[15]によって開発され，スープ，シチューの容器として使われている．

(5) プラスチック缶

レトルト殺菌できるプラスチック容器が，世界各国の包装材料メーカーで開発され，実用化されている．スウェーデンのÄkerland & Rausing社[7]によって開発されたプラスチック缶は，Letpakと名付けられ，図12.3のように，胴部はPP/アルミ箔/PPの構成になっており，底部と蓋材はPP/アルミ箔/PP/PPの構成になっている．これらの容器には，ソーセージやミートソースが詰められている．ベルギーのCobelplast社[16]は，図12.4のような共押出しシート(PP/PVDC/PP構成)から成形したレトルト殺菌可能な容器を開発し，ビーフシチュー，スープ用として食品会社に供給している．アメリカでは，OMNI缶に詰められた各種シチュー，スープがスーパーに出回っている．このOMNI缶の構成[7]は，PP($190\mu m$)/接着層($32\mu m$)/EVOH($46\mu m$)/接着層($32\mu m$)/PP($160\mu m$)にな

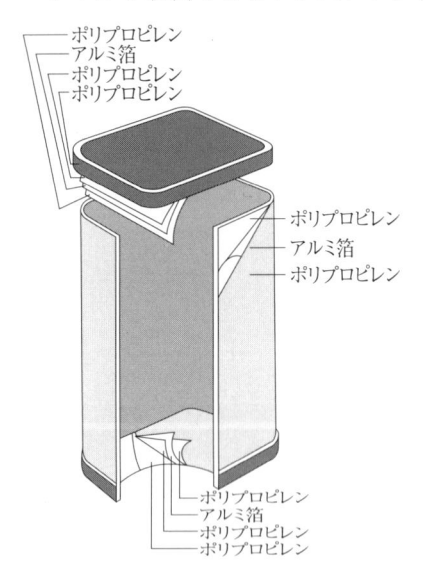

図12.3 Letpakの材料構成[7]

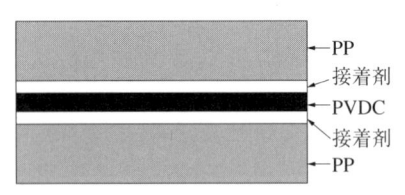

図12.4 レトルト殺菌可能な共押出し容器の構成[16]

表 12.2 わが国で使われている代表的なレトルト食品用プラスチック缶[7]

プラスチック缶名	容器製造メーカー	容器の構成	特徴と用途
FK缶	味の素	〔胴〕 PP/CPP/接着層/Al箔/接着層/CPP 〔トップ・底の蓋〕 CPP/接着層/Al箔/CPP/PP	イージーオープン，135℃，60分のレトルト殺菌可能 ミートソースまたはクリームスープ
NP缶	昭和電工・大洋漁業	CPP/接着層/Al箔/接着層/CPP	イージーオープン，120～135℃のレトルト殺菌可能 シーフードサラダ
トラストパック缶	大日本印刷	PP/EVOH/PP（胴） Alのプルトップまたはハリヤープラスチックのヒートシール	135℃，60分のレトルト殺菌可能 スープ，ミートソースなど
KP缶	三菱化学・三菱樹脂	透明品 PP/接着層/EVOH/接着層/PPの5層	135℃，60分のレトルト殺菌可能 魚，肉，ミートソース，スープ類

っている．

表12.2に，わが国で使われている代表的なレトルト食品用プラスチック缶[7]を示した．これらの缶は，アルミ箔またはEVOHをバリヤー層にしている．

12.3 院外調理はどこまで進むか

病院給食のコストダウンと食品衛生管理の必要から，病院外の食品工場などで病院食を作る動きが活発になってきている．院外調理はどこまで進むかについてふれてみる．

12.3.1 院外調理とは

厚生労働省では，医療法の一部を改正[17]して，業務委託による患者等の食事の提供の業務における関係法規を，各自治体の長に通達した．これ

までは病院内の給食施設を使用して調理を行う代行委託のみが認められていたが，この法律では，病院外の調理加工施設を使用して調理を行う，院外調理が認められた．この法律の概要は次のようである．

(1) 調理方法

院外の調理加工施設を使用して調理を行う場合，その調理加工方法としてクックチル，クックフリーズ，クックサーブおよび真空調理（真空パック）の4方式．

(2) いずれの調理方法であっても，HACCPの概念に基づく衛生管理を行うことが必要である．

(3) 受託業者の責任者は，厚生労働大臣が認定する講習を修了した者，または同等以上の知識を有すると認められた者．

(4) 受託者の選定

財団法人医療関連サービス振興会が定める認定基準をみたした者，厚生労働省令に定める基準に適合している者であれば，医療関連サービスマークの交付を受けていない者に受託することは差し支えない．

12.3.2 院外調理食の種類，包装と保存

1) 調理方法

厚生労働省では，院外調理の方法を規定している．表12.3に，院外調理における調理方法について示した[17]．

包装材料，包装方法は特に定められていない．しかし，真空調理については，真空包装後65〜75℃の温度で加熱されるので，収縮，非収縮タイプのバリヤー性包装材料を使うことになっている．

食品材料は，栄養面および衛生面に留意して選択し，食品の味に対しても配慮しなくてはならない．

2) 運搬方式

調理加工施設から病院へ運搬する場合には，原則として冷蔵（3℃以下）もしくは，冷凍状態（－18℃以下）を保って運搬すること．2時間以内に喫食する場合にあっては，65℃以上を保って運搬しても差し支えない．

表 12.3　院外調理における調理方法[17]

クックチル	クックフリーズ	クックサーブ	真 空 調 理
食材を加熱調理後，冷水または冷風により急速冷却を行い，冷蔵により運搬，保管し，提供時に再加熱して提供することを前提とした調理方法又はこれと同等以上の衛生管理の配慮がなされた調理方法であること．	食材を加熱調理後，急速に冷凍し，冷凍により運搬，保管のうえ提供時に再加熱して提供することを前提とした調理方法又はこれと同等以上の衛生管理の配慮がなされた調理方法であること．	食材を加熱調理後，冷凍又は冷蔵せずに運搬し，速やかに提供することを前提とした調理方法であること．	食材を真空包装のうえ低温にて加熱調理後，急速に冷却または冷凍して，冷蔵または冷凍により運搬，保管し，提供時に再加熱して提供することを前提とした調理方法又はこれと同等以上の衛生管理の配慮がなされた調理方法であること．

　缶詰等常温での保存が可能な食品については，この限りでない．

　原則として冷蔵もしくは冷凍状態を保つこととされているのは，食中毒など食品に起因する危害の発生を防止するためである．

3）食品の保存

（1）生鮮品，解凍品および調理加工後冷蔵した食品については，中心温度3℃以下で保存すること．

（2）冷凍された食品については，中心温度－18℃以下の均一な温度で保存すること．なお，運搬途中における3℃以内の変動は差し支えないものとする．

（3）調理加工された食品は，冷蔵または冷凍状態で保存することが原則であるが，中心温度が65℃以上に保たれている場合には，この限りではない．ただし，この場合には調理終了後から喫食までの時間が2時間を越えてはならない．

（4）常温保存が可能な食品については，製造者はあらかじめ保存すべき温度を定め，その温度で保存すること．

12.4 高齢者・医療向け食品の包装

2015年には，65歳以上が人口の1/4になるといわれている．日本も急に高齢者時代に入ってきた．現在，約270万人が介護的なケアを必要としている．また，在宅で高血圧，腎臓病，糖尿病治療をしている患者も増えてきている．それら高齢者や患者が食べる食品の包装についてふれる．

12.4.1 院外調理食の包装

院外調理では，クックチル食品の占める割合が高い．病院外のセントラルキッチンでは主菜，副菜は次の3方法で処理される[18]．①下処理—加熱調理—急速冷却—冷蔵．②下処理—加熱調理—パック—急速冷却—氷温貯蔵．③下処理—パック—加熱調理—急速冷却—氷温貯蔵．生野菜の処理は，洗浄・殺菌—脱水—パック—低温貯蔵の手順で行われている．このパックの包装材料には，85℃以上の高温に耐えるナイロン/ポリエチレンかポリプロピレン系のものが使われている．野菜などは，ポリエチレンなどの単体バッグが使われている．

クックチル食品のほか，冷凍食品，レトルト食品，調理済み食品は，冷凍，冷蔵または氷温状態でサテライトキッチンに配送される．

真空調理[6]は，食材を生のまま（一部熱を加えることもある），場合によっては調味料と一緒にNy/PE，PP/PVDCかEVOH/PPのバッグに入れ，真空包装し，低温（58～100℃）の湯せんやスチームオーブンの中で，空気に触れずに加熱加工する調理法である．この方式は，ホテル・レストランのセントラルキッチンでも採用されている．

12.4.2 高齢者・医療向け食品の包装

糖尿病，腎臓病，肝臓病患者の医療食が食品会社で作られている．それらの食品には，白粥，玄米粥，各種調理食品がある．これら食品は，PET/ONy/Al/CPP構成のレトルトパウチかスタンディングパウチに詰められ，118～120℃，16～20分殺菌されている．写真12.3に，レトルト殺

12.4 高齢者・医療向け食品の包装

写真 12.3 レトルト殺菌されたビーフシチュー

写真 12.4 高齢者・医療向け食品

菌されたビーフシチューを示した．

高齢者向けの食品は，肉，魚や野菜は細かく切られ，柔らかく煮込まれており，レトルトパウチに詰められてレトルト殺菌されている．また，茶飲料はとろみをつけ，リンゴ飲料はゼリー状になっている．これら飲料は，アルミ箔スタンドパウチに熱間密封（ホットパック）されている．写真12.4に，高齢者・医療向け食品を示した．

また最近，高齢者用・医療用流動食の包装に120℃，30分のレトルト殺菌が可能なラミネートチューブが使われだしてきた[19]．医療食・高齢者向け食品は，安全性と保存性の上から，容器はレトルト殺菌可能なPP/スチール箔/PP，PP/PVDCかEVOH/PP構成[20]のものが使われている．

現在,経腸栄養食は安全衛生のため，包装後レトルト殺菌されているものが多い．写真12.5に，ヨーロッパのレトルト殺菌された経腸栄養食チアーパック[21]を示した．この製品の包材構成

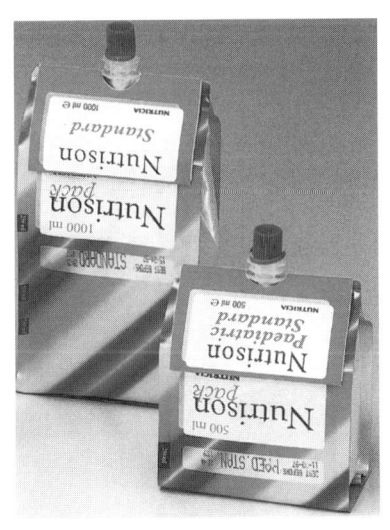

写真 12.5 レトルト殺菌された経腸栄養食チアーパック（ヨーロッパ）

は，ベースフィルム（パウチ表面および裏面）がPET/接着剤/Ny/接着剤/アルミ箔/接着剤/PPであり，サイドフィルム（パウチ側面）は，PET/接着剤/透明蒸着PET/接着剤/Ny/接着剤/PPである．

12.5　高齢者・医療向け食品の無菌包装

12.5.1　流動食・介護食の無菌充填包装

　高齢者は免疫力の低下により食中毒に罹りやすく，そのうえ咀嚼困難になるため，無菌包装された流動食が必要になってくる．写真12.6に，紙容器に無菌充填包装されたポタージュスープ（めいらく）を示した．このスープは，高粘性食品のUHT殺菌装置で125～140℃・5～8秒間殺菌した後，殺菌・乾燥された紙容器に無菌充填包装されたものである．他の食品会社でも，高齢者・医療向けの流動食・介護食を開発し，市販し始めた．

　カゴメ[22)]では，固形物入り野菜スープの無菌充填包装製品を市販している（写真12.7）．この製品は，固形物の入った野菜スープを加圧・短時間加熱装置で固形物が潰れないように調理・殺菌してから，過酸化水素（H_2O_2）または過熱飽和蒸気で殺菌されたPP/EVOH/PPの容器に充填し，

写真12.6　紙容器に無菌充填包装されたポタージュスープ

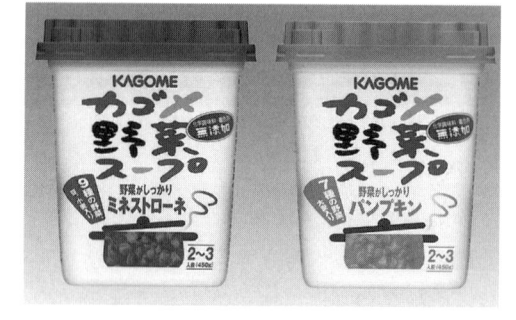

写真12.7　無菌充填包装の野菜スープ

12.5 高齢者・医療向け食品の無菌包装

N_2ガスを封入して密封したものである．

森永乳業[23]では，高齢者・医療向けに4種類の流動食を製造している．それらは，レトルトアルミパウチ，スパウト（飲み口）付きレトルトパウチ，テトラブリックとカートカンに詰められている．

高齢者向けの流動食は，タンパク質，脂質，糖質のほかに，ビタミンやミネラルが加えられているので，無菌充填包装製品が多くなってきている．それら無菌包装流動食は，50～100MPaの高圧ホモジナイザーで粒子径を小さくした後，流動食はUHT殺菌装置で殺菌してからテトラブリックかカートカン[23]に無菌充填包装されている．

写真12.8に，テトラブリックに無菌充填包装された高栄養流動食[24]を示した．これは，手術前・手術後のミキサー食を参考にして，天然食品をそのままブレンド・加熱の後，無菌充填包装したものである．この製品は，粘度が高いのでスチームインジェクション式のUHT殺菌装置で内容物が殺菌されてから，H_2O_2で殺菌し乾燥されたテトラブリック（紙/アルミ箔/

写真12.8 テトラブリックに無菌充填包装された高栄養流動食[24]

写真12.0 カートカンに無菌充填包装された高栄養流動食[25]

PE)に無菌充填包装されたものである.

　写真12.9に,カートカンに無菌充填包装された高栄養流動食[25]を示した.この製品は,紙/セラミック蒸着フィルム(PET)/PEの円筒形紙容器を,ガス化H_2O_2で殺菌・乾燥の後,UHT殺菌された流動食を入れ,N_2ガスを封入し密封したものである.また,この製品は,肝臓機能の低下した病人用に開発されたものであり,タンパク質,糖質・オリゴ糖,DHAやEPAを多く含んだ脂質,ビタミン・ミネラルから成っており,200mLのカートカンに1時間当たり7 200個のスピードで無菌充填包装されている.

12.5.2　高齢者用・医療用食品の無菌化包装

　高齢者は,缶切りを使って金属缶を開けるのに時間がかかる.そのため,金属缶に詰められていたコーンなどはプラスチック容器に詰められてきている.写真12.10に,ガス置換・無菌化包装されたコーンを示した.この製品は,レトルト殺菌したコーンを無菌冷却してから,バイオクリーンルームでN_2とCO_2の混合ガスを封入して無菌化包装されたものである.微生物の面で安全であり,取扱いが簡便なため,高齢者は無菌化包装されたスライスハムを好む傾向にある.写真12.11に,ガス置換・無菌化包装されたスライスハムを示した.この製品は,バイオクリーンルームでN_2とCO_2の混合ガスを封入して無菌化包装したものであり,10℃以下で3週間保存できる.

　これら無菌化包装された食品群は,食中毒菌などが生育していず,容易

写真12.10　ガス置換・無菌化包装コーン

写真12.11　ガス置換・無菌化包装スライスハム

に開封ができ，栄養に富んだものが多いため，高齢者用や医療用食品として今後は使われていくものと思われる．

参 考 文 献
1) 藤田美明：月刊総合ケア，**11**（11），12（2001）
2) 食品保健研究会編：食品衛生の手引き，p.752，新日本法規（1999）
3) 古川勝司：*PACKPIA*，**44**（7），8（2000）
4) 一色宏之：医療・福祉の場で必要な食品，医療食・介護食の実態と今後の展開，p.3-2-1，サイエンスフォーラム（2001）
5) 横山理雄：石川農短大報，**27**，141（1997）
6) 葛良忠彦：医療食・介護食のための包装システム，医療食・介護食の実態と今後の展開，p.5-1，サイエンスフォーラム（2001）
7) 清水　潮，横山理雄．レトルト食品の基礎と応用，2刷，p.180，幸書房（2002）
8) 清水　潮，横山理雄：同書，p.240．
9) 猪狩恭一郎：合成樹脂，**39**（10），19（1993）
10) 大場弘行：ジャパンフードサイエンス，**40**（3），59（2001）
11) 北条　弘：食品と科学，**19**（8），95（1977）
12) 荒井政春：食の科学，**69**，40（1982）
13) 佐々木仁，小林幸雄：包装技術，**27**（7），48（1989）
14) 沖　慶雄：機能性・食品包装技術ハンドブック，近藤浩司，横山理雄編，p.336，サイエンスフォーラム（1989）
15) J. Rice：*Food Processing*（USA），**53**（6），64（1992）
16) 横山理雄：*Food Packaging*，**31**（1），126（1987）
17) 厚生省健康政策局：平成5年2月15日健政第98号．
18) 廣瀬喜久子：クックチル入門，廣瀬喜久子，日本食環境研究所編，p.20，幸書房（1998）
19) 技術情報，包装タイムズ，10月29日（2001）
20) 横山理雄：高齢化時代の食品と包装，第29回日本包装学会シンポジウム要旨集，p.12，東京（2002）
21) 細川洋行：経腸栄養食品用チアーパック技術資料（2003）
22) カゴメ：*PACKPIA*，**47**（1），30（2003）
23) 武田安弘：流動食・介護食への展開，食品の無菌包装システム2001講演会資料，p.2-1-1，サイエンスフォーラム（2001）
24) クリニコ：高栄養流動食・MA-3技術資料（2003）
25) クリニコ：高栄養流動食・肝栄養ヘパス技術資料（2003）

（横山理雄）

索　　引

和　文

ア　行

アニサキス　51
アフラトキシン　33
アルミ箔スタンドパウチ　311
泡殺菌　230
泡洗浄　142, 229
泡洗浄装置　142
易焼却性（包材）　8

一次汚染微生物　21
一般的衛生管理プログラム　217, 245, 254
一般生菌数　101, 236
医療向け（医療用）食品　13, 299, 314
　　──の包装　310
院外調理　307
院外調理食　308
　　──の包装　310
インジェクション式UHT殺菌装置　68, 158, 266
インフュージョン式UHT殺菌装置　68, 266
インライン方式無菌化包装機　206

ウエルシュ菌　48, 103
運用基準　252

衛生規範　19, 133
衛生標準作業手順　217
衛生レベル　228
液状食品→低粘性食品
液体小袋無菌充填包装機　197
液卵　43
エチレンオキサイドガス　71, 271
ATPバイオルミネッセンス法　235
F 値　59
LL牛乳→ロングライフミルク
塩化カルシウム　112

エンテロトキシン　37, 44, 48
黄色ブドウ球菌　19, 44
OHラジカル　84, 95
オキソニア・アクティブ　195, 273
オーシスト　50, 126
汚染指標菌　238
汚染状態　224
オゾン　91
オゾンガス　93
オゾンガス発生装置　149
オゾン処理（水）　126
オゾン水　93, 110, 115
オゾン水発生装置　150
オゾン発生装置　148
オフライン方式無菌化包装機　206
オフライン方式無菌化包装システム　286
オーミック加熱　68, 165
オーミック通電加熱殺菌装置　12, 160, 164, 202, 269, 296
OMNI缶　306
温度履歴（微生物）　60

カ　行

加圧式マイクロ波殺菌装置　167
加圧・加熱蒸気殺菌装置　163
介護食　312
外食産業向け食品　203
改善措置　253
外部検証　248
撹拌・循環殺菌　230
撹拌・循環洗浄　228
過酢酸　94
過酢酸製剤　94, 273
過酸化水素　8, 95, 271
過酸化水素蒸気　95
果汁飲料　274
ガス置換包装　4, 112, 117, 301
ガス置換・無菌化包装　314

活性炭処理（水） 126
カット野菜 103
　——の洗浄・殺菌 107
　——の微生物汚染 105
カートカン 13, 189, 313
カートカン無菌充填包装システム 190
カニ足風かまぼこ 4, 287
加熱殺菌 58, 67, 154, 271
過熱水蒸気 7
過熱水蒸気殺菌 71, 154
カビ 28
　——汚染対策 32
　——の汚染経路 31
カビ毒 32
芽胞 26, 67, 104
紙カートン 264
紙カートン供給式無菌充填包装機 185, 273
紙容器 13, 269
紙容器詰め無菌充填包装機 185
　Tetra Rex/18 ESL—— 189
　ピュアパック・ゲーベルトップ——188
　UPN-SL50—— 185
　UP-FUJI-MA80—— 185
ガラス瓶詰め無菌充填包装機 11, 191
カルシウム製剤 112
カレールー 296
環境ホルモン 8
感染型食中毒 33
乾燥 223
カンピロバクター 38, 103
ガンマ線 121, 177
ガンマ線照射装置 177
管理基準 252

危害分析 251
機能性飲料 10
牛乳 266
強アルカリ性電解水 90
強アルカリ性溶液 145
強酸性次亜塩素酸水 85, 108
　——の殺菌効果 88

強酸性次亜塩素酸水製造装置 144
業務用食品 203
魚介類 42
　——の洗浄・殺菌 115
　——の微生物汚染 114
切り餅 292
気流式UHT殺菌装置 162
記録 255
金属缶入りコーヒー 276
金属缶詰め無菌充填包装機 193

空気清浄方法 135
空中浮遊菌 91, 131
空中浮遊微生物 25
空中落下菌 133, 290
クックサーブ 308
クックチル 308
クックフリーズ 308
クラドスポリウム 7
グラム陰性細菌 104, 108
グラム陽性細菌 26, 104
グリセリン脂肪酸エステル 110
クリプトスポリジウム 50, 80, 103, 126, 136
クロイツフェルトーヤコブ病 53

経腸栄養食 311
結合残留塩素 124
限外ろ過 135
検証 243
　——の目的 245
検証方法 253
原虫 49
玄米粥 310
減容化（包材） 8

高圧殺菌 80
高圧洗浄 229
高温殺菌 68
好乾性カビ 29
好湿性カビ 30
香辛料 161
酵素含有洗浄剤 111

酵素基質法　234
高速攪拌式UHT殺菌装置　162
好・耐冷性カビ　29
高粘性（流動状）食品　1, 157, 267, 278
高齢者用食品　13, 299, 314
　——の包装　310
固液混合食品　1
固液混合食品　159, 295
5S　219, 247
小型球形ウイルス　51, 103
固形食品　2, 205, 283
個食炊き無菌化包装米飯　207
　シンワ式——　207
コンタクトプレート法　233
コンベアー式マイクロ波殺菌装置　167

　　　　　サ　行

細菌数　19
サイクロスポラ　51
酢酸　109
殺菌　57, 153, 223, 225
　——のメカニズム　57
殺菌剤　81, 225
殺菌システムの要素　226
殺菌装置　156
殺菌方法　5, 230
サテライトキッチン　310
サニテーション　219
サルモネラ　43, 101, 122
3A規格　215
酸化還元電位　46, 48
酸ショックタンパク質　28, 60

CIP洗浄　229
CIP装置　137
　——の洗浄条件　140
次亜塩素酸　83
次亜塩素酸塩　85
　——の殺菌作用　87
次亜塩素酸ナトリウム　83, 108, 122, 124, 287
次亜塩素酸発生装置　144
シェル＆チューブ式熱交換器　157

ジェル洗浄　144, 299
GLフィルム　190
紫外線　74
　——の殺菌効果　174
紫外線殺菌　58, 74, 121, 272
紫外線殺菌装置　125, 173
志賀毒素　36
CCPの設定　252
Ct値　51, 126
指標微生物　67
遮蔽効果　76
ジャム類　278
臭化メチル　176
重要管理点（CCP）　245
シュークリーム　294
ジュピター殺菌　71
ジュピターシステム　160, 295
ジュール加熱　68
準無菌充填包装　193
準無菌充填包装機　189
準無菌充填包装システム　275
商業的無菌　2, 58
消毒　153, 226
消費期限　217
除菌（洗浄）　104, 131
食中毒　7, 33
食中毒菌　33, 101
食中毒防止3原則　217
食肉加工品　4, 206
　——の微生物　286
食肉類　119
　——の洗浄・殺菌　121
　——の微生物汚染　119
食品衛生法　17
食品工場　216
食品工場向け食品　204
食品製造設備　228
食品製造用水　123
食品包装技法　301
初発菌数　101
書類検証　251
白粥　310
真空調理　308

真空包装　301
シングルユース式CIP装置　140

水産加工品　287
水産食品　4
水産ねり製品　288
　──の微生物　287
水質基準　123
水蒸気洗浄　229
水生微生物　25
　──の除去　135
水道法　124
すすぎ　223
スタンディングパウチ　196
スタンプ法　233
スプレー殺菌　230
スライスチーズ　290
スライスハム　4, 206, 285
スワップ法→拭き取り法

清浄度管理　238
製造基準　21
製造工程　254
　──の管理　259
生物学的危害　5, 17
生物処理（水）　126
精密ろ過　135
Z値　59, 68
Seracシステム　12, 195, 273
セルラーゼ　111
閃光パルス　78
　──の殺菌効果　79
　──の殺菌効果　170
閃光パルス殺菌　78
閃光パルス殺菌装置　168
洗浄　220
洗浄剤　221, 224
洗浄・殺菌　101, 211
　　食品原材料の──　101
　　食品工場の──　216
　　食品製造設備の──　228
　　──の評価試験方法　231
　　──の評価方法　238

洗浄作用の要素　220
洗浄システムの要素　223
洗浄装置　137
洗浄方法　225, 228

総合衛生管理製造過程　216, 243
そうざい　19, 284
ゾーニング　32, 133
ソフトエレクトロン殺菌　76
ソルビン酸カリウム　115
損失係数　70
損傷菌　27

タ　行

大腸菌　19, 33, 234
大腸菌群　19, 234
大腸菌群数　101
耐熱性（微生物）　67
耐熱性カビ　31
耐熱性芽胞形成細菌　153, 288
大量調理施設衛生管理マニュアル　107
タレ　278
タワー式UHT殺菌装置　163
タンパク質呈色反応法　237

チアーパック　311
チーズ　289
チミンダイマー　74, 173
茶飲料　275
中間型食中毒　33
チューブラー式熱交換器　68, 266
腸炎ビブリオ　19, 39, 101, 115
　　──対策　41
超音波洗浄　229
腸管凝集付着性大腸菌　34
腸管出血性大腸菌　34, 103
腸管侵入性大腸菌　33
腸管病原性大腸菌　33, 37
超高温短時間殺菌→UHT殺菌
超高性能フィルター　133
超々高性能フィルター　133

通電加熱殺菌　68

索　引

通電加熱殺菌装置　13, 164
低温殺菌　68
呈色反応　231
D 値　59, 68
定置洗浄　137, 229
低粘性（液状）食品　1, 157, 266, 273
適正製造基準　216
テトラブリック　313
Ten Cate の評価法　239
電子線　76, 177
　——の殺菌効果（包材）　181
電子線照射装置　178

豆腐　4
毒素型食中毒　33
毒素原性大腸菌　34, 37
特別用途食品　299
土壌微生物　25
トマト製品　10
トマトペースト　279

ナ　行

内部検証　248, 259
ナグビブリオ　42
NASA 規格（BCR）　133
ナノろ過　135

肉と野菜・果実の混合食品　295
肉・野菜入りカレールー　296
二次汚染微生物　21
西ナイルウイルス　52
日本工業規格　216
乳製品　4, 289

熱交換器　68
熱殺菌→加熱殺菌
熱殺菌（製造装置）　230
熱ショックタンパク質　28, 60
熱抵抗性　213

濃縮果汁　278
濃縮スープ　278

ハ　行

バイオクリーンルーム　2, 132, 285
バイオフィルム　104, 211
　——の制御対策　213
　——の対策規格　215
パイプ式マイクロ波殺菌装置　166
培養不能生存菌　28
パウチ無菌充填包装機　197
薄膜洗浄　144
HACCP システム　65
バッグ・イン・ボックス　10, 203
バック・イン・ボックス用無菌充填包装
　機　198, 204
ハードル理論　61
バリデーション　243
バリヤー性フィルム　303
パルス電界殺菌装置　172
半減深度（マイクロ波）　70

非加熱殺菌　74
ピグシステム　142
微酸性次亜塩素酸水　90
　——の殺菌効果　91
微酸性次亜塩素酸水製造装置　146
ヒスタミン中毒　117
微生物汚染　102, 133
微生物基準　17, 101
微生物制御　57
ビーフシチュー　269, 311
ビブリオ　42
Pure Bright パルスライトプロセス　168
評価対象微生物　238
病原性微生物（細菌）　25
　——の熱死滅条件　60
病原大腸菌　33, 103
表面かき取り式熱交換器　68, 157, 266
表面被覆　214
表面付着菌測定法　233

拭き取り検査　235
　——の指導基準　239
拭き取り法　233

索引

プディング　279
腐敗　21
腐敗微生物　7, 21
浮遊粉塵　131
不溶化抗菌剤　214
プラスチックカップ　202
プラスチックカップ詰め無菌充填包装機　199
プラスチック缶　307
プラスチックシート　201
プラスチック軟包材詰め無菌充填包装機　196
プラスチックフィルム　269
プラスチック容器　13
ブラッシング洗浄　228
フラットサワー　28
プリオン　53
フルーツプレパレーション　296
フレキシブルバッグ　205
プレート式熱交換器　68, 157, 266
プロテアーゼ　112
粉末食品　161

米飯　15, 207
ベセーラ　303
β-グルクロニダーゼ活性　234
PETボトル　7, 13, 95, 269
PETボトル詰め無菌充填包装機　193
PETボトル詰め無菌充填包装システム　12
　ASIS────　195
　Serac────　12, 195
　　大日本印刷────　196
　　東洋製罐────　195
　　三菱重工────　196
ベビーフード　9
ベリフィケーション　244
ベロ毒素　36
弁当　19, 284
変敗　21

胞子　26, 30
放射線　76, 177
　──の殺菌効果　179
放射線殺菌　122, 273
放射線殺菌装置　176
包装材料（包材）　8, 172, 301
　──の殺菌　271
　──の殺菌装置　172
　──の殺菌　78
　──の微生物　269
包装米飯　291
包装容器　10
ポーションパック用無菌充填包装機　201
保存基準　21
ポタージュスープ　312
ボツリヌスA型菌芽胞　153
ボツリヌス菌　45, 68, 103
ボツリヌス毒素　47
ポテト入りスープ　10
ホワイトソース　267

マ 行

マイクロ波加熱殺菌　69
マイクロ波加熱殺菌装置　15, 161, 165
マイコトキシン　32
マルチユース式CIP装置　139

ミネラルウォーター　19, 30

無菌化包装システム　283
無菌化包装　2, 302
無菌化包装機　205
　大森機械 MS-2500────　206
無菌化包装切り餅　293
無菌化包装食品　2
無菌化包装米飯　3, 163, 292
無菌化ろ過　135
無菌充填包装　1, 263, 301
無菌充填包装機　14, 185
　Erca Conoffast────　201
　Conoffast────　9
　ザクロス FT-8C WAS型────　197
　ザクロス FT-8C WAS型────　278
　CKD社 CFF-400A────　201

索　引

四国化工機・凸版印刷 ULA-200 ─── 202
Star Asept IND ─── 205
Star Asept HRI ─── 204
大日本印刷 DN-ABR 型 ─── 198
Dny Asept ─── 197
凸版印刷 TL-PAK・AS ─── 198
HASSIA 社 TAS 24/28 ─── 201
Fran Rica 社 ABF-300 ─── 205
無菌充填包装システム
　アメリカの ─── 9
　小型ガラス瓶 ─── 14, 192, 278
　Steriglen ─── 296
　テトラ・プリズム・アセプティック ─── 275
　ヨーロッパの ─── 12
無菌充填包装食品　2
無菌処理　154
無菌米飯　167
無菌包装　1
　── の定義　1
　── の種類　2
無菌包装食品　1
無菌包装米飯　3
無糖ミルクコーヒー　14, 276

滅菌　58, 153

モニタリング　244, 252

ヤ 行

薬剤殺菌　58, 80
薬剤洗浄　224
薬剤耐性　213
薬剤耐性化　108
野菜スープ　312
野菜類の除菌　105

有機酸　109
有効塩素量　84, 124, 148
誘電加熱　60, 165
遊離残留塩素　124
UHT 殺菌　68

UHT 殺菌装置　7, 156, 265
　VTIS ─── 266

溶血毒　49
洋生菓子　294
ヨーグルト　279
予測微生物学　62
予備洗浄　221

ラ 行

ラミネートチューブ　311

リスクアセスメント　66
リスクアナリシス　66
リスクコミュニケーション　66
リステリア　49, 103
流通業界の検証　256
流動状食品 → 高粘性食品
流動食　312

冷殺菌　58, 154
レトルト殺菌食品　302
レトルト殺菌包装　301
レトルトパウチ　303
レトルト容器　305

ろ過　135
ろ過助剤ろ過　136
ろ過装置　131
ロール紙供給式無菌充填包装機　185
ロール供給式無菌充填包装機　273
ロールフィードタイプ無菌充填包装機　198
ロングライフミルク　4, 7, 11, 273

欧　文

A

Acetobacter molanogenus　274
Acetobacter xylinum　274
Achromobacter　269

AF   33
Alcaligenes   212
Alfa-Laval   266
Anisakis   51
Anisakis physeteris   51
Anisakis simplex   51
antimicrobial treatment   122
APV   160, 295
aseptic filling packaged food   2
Aspergillus   29, 291
Aspergillus flavus   33, 269
Aspergillus nidulans   275
Aspergillus niger   169, 269
Aspergillus parasiticus   33
ATP   235
Aureobasidium   30

B

Bacillus   26, 67, 212, 269, 286
Bacillus cereus   274, 292
Bacillus circulans   288
Bacillus laterosporus   288
Bacillus licheniformis   274, 276
Bacillus megaterium   292
Bacillus polymyxa   272, 288
Bacillus pumilus   170, 181
Bacillus sibtilis   174
Bacillus sphaericus   288
Bacillus stearothermophilus   174, 272, 276
Bacillus subtilis   181, 269, 273, 276, 288, 292
BCR   132
BIB   10, 2,3
Bosch   12, 202, 276
Brik Pak   8
BSE   53
Byssochlamys   31

C

Campylobacter   38
Campylobacter coli   38
Campylobacter jejuni   38

Candida   274
CCP   217, 245
CIP   137, 229
CL（control limit）   252
Cladosporium   7, 29, 269
Clostridium   26, 67
Clostridium botulinum   45, 273
Clostridium perfringens   48
Clostridium thermoaceticum   276
Cobelplast   306
ComBase   63
Combibloc   9, 264
Cryptosporidium parvum   50
Cyclospora cayetanensis   51
decimal reduction time   59

D

Desco   279
Desulfotomaculum nigrificans   276
dielectric heating   165
disinfection   153
Dole   193

E

EAggEC   34, 37
EHEC   34, 37
EHEDG   215
EIEC   34, 37
ELPO   13
EMAA   188
Enterobacter   212
EPEC   33, 37
Erca Conoffast   201
Escherichia coli   33, 174
ESL   2, 189
ETEC   34, 37
EVOH   8, 303
Exophiala   30
extended shelf life packaging food   2

F

FDA   8

Flavobacterium 212, 269
Fran Rica 204, 279
Fusarium 33

G

GEA Finnah 279
GMP 217

H

HACCP 20, 216, 243
Hama USA 191
Hamba 202
HASSIA 201
HDPE 8
HEPA 133

I

ISO 215

J

JIS 215

L

Lactobacillus plantarum 274
Letpak 306
Leuconostoc 274
Listeria monocytogenes 49, 213
Londreco 160

M

Metal Box 202
Micrococcus 286
microwave heating 166

N

Neosartorya 31

O

O 157 36, 103
OL (operational limit) 252

P

Parmalat 8, 11

pathogenic *E. coli* 33
Penicillium 29, 291
Penicillium citreonigrum 33
Penicillium expansum 274
pH 60, 84
Phialophora 30
PP (Prerequisite Program) 217, 245
Procomac 195, 276
Pseudomonas 212, 291
Pseudomonas aeruginosa 269, 212
Pure Bright 168
PVDC 303

R

Rhodotorula 269, 274

S

Saccharomyces 274
Saccharomyces cerevisiae 172
Salmonella 43
Salmonella Enteritidis 43, 103
Salmonella Typhimurium 43, 103
semi-aseptic packaging food 2
Serac 12, 195, 276
Sholle 204, 279
SRSV 51
SSOP 217
Staphylococcus 286
Staphylococcus aureus 44
STEC 36
sterile filtration 135
sterilization 153

T

Talaromyces 31
Tetra Pak 7, 10, 263
Thermokill Database E, R 64
thimine dimer 173
Thimmonier 13
three-A Standard 215

U

UHT 68, 156, 265

ULPA 133
UV 74

V

validation 243
VBNC 28, 40
verification 244
Vibrio 42
Vibrio cholerae non-O1 42
Vibrio parahaemolyticus 39
VPHP 95
VTEC 36

W

West Nile virus 52

食品の無菌包装

2003年11月25日　初版第1刷発行

著　者　横　山　理　雄
　　　　矢　野　俊　博

発行者　桑　野　知　章

発行所　株式会社　幸　書　房

〒101-0051 東京都千代田区神田神保町1-25
Tel 03-3292-3061　Fax 03-3292-3064
URL：http://www.saiwaishobo.co.jp

Printed in Japan
2003 ©

三美印刷

本書を引用または転載する場合は必ず出所を明記してください。
万一，乱丁，落丁がございましたらご連絡下さい．お取替えいたします．

ISBN 4-7821-0236-4 C 3058

食品微生物Ⅰ　基礎編
食品微生物の科学
■ 清水　潮 著
・B5判　206頁　定価4620円（本体4400円）送料340円

食品の腐敗・変敗や食中毒を引き起こす危害微生物について，それぞれに特徴をまとめ，殺菌，菌の方法を解説。
・ISBN4-7821-0179-1 C3047　2001年刊

食品微生物Ⅱ　制御編
食品の保全と微生物
■ 藤井建夫 編
・B5判　262頁　定価5880円（本体5600円）送料340円

食品ごとの腐敗，食中毒原因菌の挙動を解説し，食品保全の方法と微生物学的衛生管理の仕方をまとめた。
・ISBN4-7821-0180-5 C3047　2001年刊

改訂　ぜひ知っておきたい
食品添加物の常識
■ 日高　徹 著
・B6判　263頁　定価2520円（本体2400円）（品切）

食品添加物がどんなもので，どんな働きをしているのか。表示方法や安全性などをわかりやすく解説。
・ISBN4-7821-0143-0 C3058　1996年刊

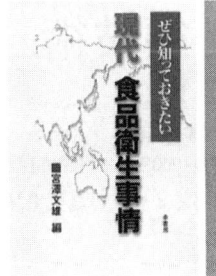

ぜひ知っておきたい
現代食品衛生事情
■ 宮澤文雄 編著
・B6判　170頁　定価2310円（本体2200円）送料290円

WHO／FAOの動き，食品添加物，残留農薬，抗菌剤，放射線殺菌，感染症，広域輸送を収録。
・ISBN4-7821-0155-4 C3077　1998年刊

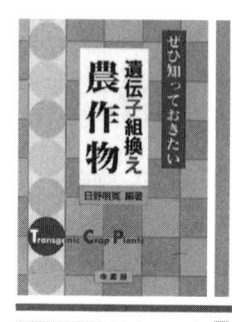

ぜひ知っておきたい
遺伝子組換え農作物

■ 日野明寛 編著
・B6判　170頁　定価1890円（本体1800円）送料290円

農業の技術革新の一つとして遺伝子組換えを位置づけ，その全体像と目的，安全性，方向性を伝える。

・ISBN4-7821-0166-X C1077　1999年刊

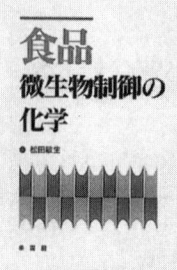

食品微生物制御の化学

■ 松田敏生 著
・A5判　361頁　定価7560円（本体7200円）送料340円

合成・天然を問わず化学物質の食品保存の効果，実験室と実際の食品中での効果の違いの原因に迫る。

・ISBN4-7821-0153-8 C3058　1998年刊

食品の殺菌

■ 高野光男・横山理雄 著
・A5判　300頁　定価7560円（本体7200円）送料340円

近年のO157事件など，HACCPが注目される現代に対応した食品殺菌についての実際を収録。

・ISBN4-7821-0158-9 C3058　1998年刊

ＨＡＣＣＰ必須技術
－殺菌からモニタリングまで－

■ 横山理雄・里見弘治・矢野俊博 編著
・A5判　250頁　定価4410円（本体4200円）送料290円

HACCPを中心に進められている，食品の品質保証を支える最新の技術動向と支援法をまとめた。

・ISBN4-7821-0164-3 C3058　1999年刊

バイオプリザベーション
－乳酸菌による食品微生物制御－

■ 森地敏樹・松田敏生 編著
・Ａ５判　180頁　定価3885円（本体3700円）送料290円

加熱殺菌等の難しい食品の安全性を乳酸菌利用によって行なう新しい方向。

・ISBN4-7821-0164-3 C3058　1999年刊

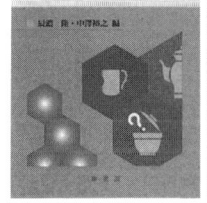

内分泌かく乱化学物質と食品容器

■ 辰濃　隆・中澤裕之 編
・Ａ５判　180頁　定価3990円（本体3800円）送料290円

食品容器からの溶出物として危惧されているホルモン様物質について，現時点での見解をまとめた。

・ISBN4-7821-0167-8 C3058　1999年刊

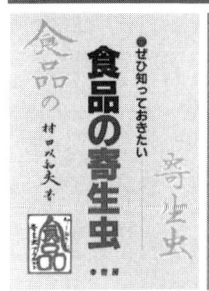

ぜひ知っておきたい
食品の寄生虫

■ 村田以和夫 著
・Ｂ６判　192頁　定価1890円（本体1800円）送料290円

寄生虫研究30年のキャリアを持つ著者が，その生態，感染経路，予防の心得をわかりやすく解説。

・ISBN4-7821-0174-0 C1077　2000年刊

新版　食品産業における
トラブルシューティング

■ 山本　敏・太田静行・土肥由長・一瀬太良 著
・Ａ５判　162頁　定価2940円（本体2800円）送料290円

食品産業に30数年関わり，今も現役で活躍している著者によって現場をつぶさに見た，トラブル対策書。

・ISBN4-7821-0151-1 C3058　1997年刊

食品の安全・衛生包装
防虫・異物・微生物対策と包装の品質保証

■ 横山理雄 監修
・Ａ５判　298頁　定価6300円（本体6000円）送料340円

食品の安全を脅かす異物（虫、その他）や微生物対策に焦点を絞り異物に関する知識と食品包装での防御並びに包装の品質に言及した。いたずら防止包装にも触れた。

・ISBN4-7821-0199-6　C3058　2002年刊

食品微生物標準問題集101問
（詳しい解説付き）

■ 藤井建夫 著
・Ａ５判　153頁　定価1890円（本体1800円）送料290円

食品微生物の基礎知識から、食中毒・腐敗・制御・利用・実験まで101問を集めた本邦初の問題集。

・ISBN4-7821-0221-6　C3058　2002年刊